建筑结构 CAD

（第 4 版）

主　编　樊　江

副主编　郭瑞霞　皇甫双娥　施静娴

重庆大学出版社

内容提要

本书是高等学校土木工程本科专业规划教材之一,内容丰富,重点突出。书中既概括了 AutoCAD 2014 版的绘图基础,也介绍了一些建筑工程专业应用广泛、影响大的典型的专业软件。

本书以 2014 新版的计算机系列软件在土木工程专业中的应用为重点,结合本科教学和实际工程,重点介绍了 PKPM 系列计算机辅助设计软件、天正建筑设计软件、探索者结构设计软件、Midas Civil 桥梁结构分析等。书中提供了天正建筑设计软件综合练习——住宅建筑;探索者结构设计软件的综合练习——钢筋混凝土肋梁楼盖;PKPM 建模实例——钢筋混凝土框架结构、框架剪力墙结构、独立基础、楼梯;钢结构门式刚架平法表示结构施工图解读及按现行规范要求 SATWE 计算结果分析;桥梁工程结构设计——Midas Civil 桥梁结构分析等内容。

本书适用于掌握一定专业知识的高校学生和土建设计人员,既可作为教材使用,又可作为土木工程专业学生课程设计和毕业设计的参考书。另外,本书为了便于读者应用,在附录中提供了适用于计算机辅助设计的建筑施工图及设计中有关《建筑抗震设计规范》(GB 50011—2010)、《混凝土结构设计规范》(GB 50010—2010)和《建筑结构荷载》(GB 50009—2012)的现行规范的部分条款。

图书在版编目(CIP)数据

建筑结构 CAD/樊江主编. —4 版.—重庆:重庆大学出版社,2015.7(2017.7 重印)
高等学校土木工程本科规划教材
ISBN 978-7-5624-9092-0

Ⅰ.①建… Ⅱ.①樊… Ⅲ. ①建筑结构—计算机辅助设计—AutoCAD 软件—高等学校—教材 Ⅳ. ①TU311.41

中国版本图书馆 CIP 数据核字(2015)第 101093 号

建筑结构 CAD
(第 4 版)
主 编 樊 江
副主编 郭瑞霞 皇甫双娥 施静娴
策划编辑:鲁 黎
责任编辑:文 鹏 版式设计:鲁 黎
责任校对:关德强 责任印制:赵 晟
*
重庆大学出版社出版发行
出版人:易树平
社址:重庆市沙坪坝区大学城西路 21 号
邮编:401331
电话:(023) 88617190 88617185(中小学)
传真:(023) 88617186 88617166
网址:http://www.cqup.com.cn
邮箱:fxk@ cqup.com.cn (营销中心)
全国新华书店经销
万州日报印刷厂印刷
*
开本:787mm×1092mm 1/16 印张:15.5 字数:387千 插页:8 开 2 页
2015 年 7 月第 4 版 2017 年 7 月第 10 次印刷
印数:20 001—22 000
ISBN 978-7-5624-9092-0 定价:36.00 元

第4版前言

本书作为高等学校土木工程本科规划教材之一，从第1版出版至今已经超过12年，这套土木工程专业的系列教材见证了中国经济高速发展的十余年。本系列其他教材早已完成数版修订，有的甚至已经修订了十几版。

伴随着我国土木工程专业快速和多层次的发展，本书第4版的修订是在新形势下国家对“应用型”土木工程专业人才培养要求的指导下进行的，第2章到第6章全部按照最新的版本AotuCAD 2014及2014版的PKPM系列软件进行重新编写。根据计算机应用及土木工程两个主要方向——建筑工程及桥梁工程，新版修订作出如下调整：将第2章5～6节实例（一）——住宅建筑、实例（二）——钢筋混凝土肋梁楼盖设，调整到第3章“AutoCAD数据共享及二次开发技术简介”中，并将第3章中原第5节“用VBA开发AutoCAD”的内容删除。新版教材力求把最新的内容介绍给读者。再版修订工作保留了原书的结构，体现了内容的更新、应用型、实用性的特点，新增加了第6章“桥梁工程结构分析”的内容。

编者根据多年积累的土木工程专业本科教学经验和工程[illegible]目前实际工程的要求，同时又考虑现行教学大纲[illegible]各阶段教学实践性环节的要求，精选书中[illegible]

[illegible]书修订工作的有：樊江负责全书的策划、内容的安[illegible]写、统稿及第1章的修订；郭瑞霞修订第2章、第3[illegible]节；皇甫双娥修订第3章1～4节、第4～5章；施静娴[illegible]第6章。

本书可作为土木工程专业课程设计、毕业设计的参考书，也可作为学习AotuCAD及PKPM系列软件的参考书。

由于编者水平有限，难免有疏漏和错误之处，敬请批评指正。

编　者

2014年12月

再版前言

随着时光的流逝和计算机技术的发展,早就应该对本书进行修订。目前,国内关于建筑结构 CAD 方面的书籍、教材至少有几十个版本,各有侧重。其他教材早已完成第 2 版的修订,有的甚至已经修订了两次。本书第 2 版的修订是在新形势下国家对“应用型”土木工程专业人才培养要求的指导下进行的,第 2 章到第 5 章全部按照最新的版本 AutoCAD 2008 及 2008 版的 PKPM 系列软件进行重新编写,力求把最新的内容介绍给读者。再版修订工作保留了原书的结构,重点在于内容的更新。编者根据多年积累的土木工程专业本科教学经验和工程经验,既按照目前实际工程的要求,同时又考虑现行教学大纲和土木工程专业各阶段教学实践性环节的要求,精选书中实例。

樊江负责全书的策划、内容的安排、组织编写、统稿及第 1 章的修订;杨庆丽为本书的修订也提出了许多宝贵的意见,同时还参与了第 2 章的校对工作。其余参与修订工作的有:陈晓辉编写第 2 章 1 ~5 节和第 5 章 1 ~2 节;宁建中编写第 2 章 6 节和第 5 章 3 ~4 节;刘茉编写第 2 章 7 节和第 4 章 5 节;皇甫双娥编写第 3 章 1 ~5 节和第 4 章 3 ~4 节,郭瑞霞编写第 4 章 1 ~2 节,郭明星编写第 3 章 6 节。在本书的修订过程中,文俊巍对书中一些 CAD 图形的修改作了许多工作,在此表示感谢。

本书可作为土木工程专业课程设计、毕业设计的参考书,也可作为学习 AutoCAD 及 PKPM 系列软件的参考书。

由于编者水平有限,难免有疏漏和错误之处,敬请批评指正。

编　者

2009 年 1 月

前言

近20多年以来，计算机辅助设计在建筑工程领域得到了迅速发展和广泛应用，对传统的设计、计算方法产生了变革性的影响。在我国土建行业，计算机用于结构分析、计算机辅助设计已有较长历史，现已进入成熟和普及的阶段。20世纪末，一些功能较好的CAD应用软件已大规模地推广应用，土木工程计算机辅助设计这一新兴学科不断地发展、完善，已成为建筑结构设计、结构分析、施工、科研、教学等方面的有力工具。

本书是根据西部地区土木工程专业本科专业教学基本要求编写的系列教材之一。本书内容丰富，在介绍AutoCAD绘图的基础上进一步介绍了AutoCAD的接口及数据共享、AutoCAD二次开发技术，同时也介绍一些应用广泛、影响大的典型专业软件。

本书是以计算机系列软件在建筑工程中的应用为重点，同时结合实际工程介绍我国建筑行业结构设计广泛应用的几个专业软件，如：PKPM系列计算机辅助设计软件、天正结构设计软件等内容。本书立足于土木工程专业，结合实际工程，适合于掌握一定专业知识的高校学生和一般土建设计人员，既可作为本门课程的教材，又可作为高校毕业生毕业设计时应用。另外，本书为了便于读者学以致用，在附录中提供了AutoCAD 2000的绘图常用命令和系统变量、建筑工程设计中有关的规范条例及适用于计算机辅助设计的建筑工程施工图。

参加本书编写的有：樊江（第1章，第5章），杨庆丽（第2章），王周胜（第3章，第4章），张雪松（第4章）。

在本书编写过程中，陶燕及研究生姚激、卯颖做了许多工作，在此表示感谢。书中不妥或错误之处，恳请读者批评指正。

编　者

2001年12月于昆明

目录

第1章
绪　论

1.1　CAD的发展概况

1.1.1　CAD技术的发展

自1946年电子计算机问世至今不过70年，但它的发展是如此之迅猛，以至于改变了我们这个时代的生活方式，使人类文明进入信息时代。电子计算机最初是为满足军事上计算弹道的需要而被开发出来的，随后它被应用于机械、航空、汽车制造等行业。今天，它几乎已渗透到金融、文化、教育、社会管理等生产和生活活动的一切领域。电子计算机的发展过程也是新技术从中不断产生并得到发展的过程。

CAD(计算机辅助设计)是随着计算机硬件及软件技术的进步而发展起来的。自从第一台电子计算机ENIAC(Electronic Numerical Integrator and Calculator)在1946年问世以来，利用计算机进行工程和产品辅助设计技术的发展大体经历了如下几个阶段。

20世纪40年代末至50年代末是孕育、形成阶段。此期间使用的是电子管式计算机，用户要用代码(机器语言)编写求解数学问题的程序，较难掌握，只有专家能够应用。计算机在解题中仅起数值计算作用。少数大公司开始实际使用，美国通用电气公司曾用于进行变压器、电动机等的设计计算。

20世纪50年代末至60年代中、后期是成长阶段。晶体管成为电子计算机的基本元件，计算机的运算与存储功能有较大提高，陆续开发出一批高级程序设计语言，如FOR Ⅱ(1958)、ALGOR-60(1960)、COBOL(l960)、FOR Ⅳ(1960)以及PL/I语言(1965)，能通用于科学计算与事务管理，且较易为广大工程技术人员掌握和使用。1962年，美国麻省理工学院学者I. E. Sutherland提出并阐述了交互式图形生成技术的基本概念与原理，研制了第一个计算机图形处理系统SKETCHPAD，采用与计算机连接的阴极射线管CRT和光笔，在屏幕上显示、定位与修改图形，实现人机交互式工作。不久，又出现了自动绘图机，解决了图形输出问题。在数据处理方面，由于直接访问设备——磁鼓和磁盘的出现及性能改进，出现了文件系统，并在20

世纪 60 年代中后期得到较大的完善,形成数据管理方法的雏形。在此阶段后期,由于计算机软、硬件的迅速进展,CAD 技术飞跃发展,它从简单的零部构件的设计计算,推广应用于大型电站锅炉、核反应堆热交换器等成套设备的设计。其中,美国通用汽车公司开发的 DAC-I (Design Augmented by Computer)系统被用于汽车车身外形和结构设计,是这方面的先例。

20 世纪 70 年代以后进入开发应用阶段。此时计算机已采用集成电路,计算速度与内存容量均有极大增长,发展了"分时系统",使大型机可与几十个终端连接。图形输出输入设备亦获得了进一步发展,质量不断提高,从 CRT 显示器发展出光栅扫描图形显示器、彩色图形终端等,使图形更加形象逼真,全电子式坐标数字化仪及其他图形输入设备取代了光笔并得到广泛应用,机控精密绘图机能高速、高质量地绘制实用图纸。图形信息处理技术问题已基本解决。数据处理亦从文件系统发展成数据库系统,使数据管理更趋完善。与此同时,各种数值分析技术(偏微分方程的数值解法、数值模拟、数值积分、离散数学、有限元等)和现代设计方法(如优化算法、可靠性设计)、系统工程等在计算机应用的刺激下有了很大的发展;它们反过来又推动 CAD 的应用,逐步开发出一批工程和产品设计的完整的 CAD 系统,大大提高了设计效率,设计质量与深度亦达到一个崭新的水平。

进入 20 世纪 80 年代以来,电子器件的集成度迅速提高,随着芯片技术的发展,小型机与微型机的性能日益完善,专门的图形处理与数据库处理机的出现,软件方面虚拟存储操作系统、分布式数据库技术与网络技术的应用,这些都使 CAD 技术有了长足的进展。过去因设备价格过于昂贵,只有大型企业与公司才能使用的 CAD 现在移植到小型机与微机上,已能为中、小企业甚至个人广泛使用。应用部门亦从航空、汽车、机械制造行业扩展到电子电器、化工、土木、水利、交通、纺织服装、资源勘探、医疗保健等各行各业。CAD 步入广泛实用阶段。

20 世纪 80 年代中期以后是 CAD 向标准化、集成化、智能化方向发展的时期。CAD 技术的集成化主要体现在系统构造由原来单一功能变成综合功能,出现由 CAD/CAM(计算机辅助制造 Computer Aided Manufacture)/CAE(计算机辅助工程 Computer Aided Engineering)/MIS(管理信息系统 Management Information System)构成的计算机集成制造系统(CIMS-Computer Integrated Manufacturing System)。

集成化还体现在下列几方面:

一是 CAD 中有关软件和算法不断地被固化,即用集成电路及其功能块来实现有关软件和算法的功能。

二是多处理机、并行处理技术用于 CAD 中,使工作速度成百倍增加。

三是网络技术在 CAD 中被采用,这样近程和远程资源都能即时共享。当前人工智能和专家系统技术已在 CAD 中逐步被应用,把工程数据库及其管理系统、知识库及专家系统、用户接口管理系统和应用程序系统集于一体,形成智能计算机辅助设计(AICAD),大大提高了设计自动化的程度。

CAD 的生产和应用目前以美国最发达,其次是日本、西欧诸国。我国在建筑行业的设计领域中 2000 年就已基本实现了计算机绘图。CAD 技术的进步与普及,大大促进了社会生产力的发展,正如美国科学基金中心指出的那样:对直接提高生产力而言,CAD 技术比电气化以来的任何发展具有更大的潜力。它触发了新的产业革命。

1.1.2　CAD技术的主要应用领域

(1)在航空和汽车工业中的应用

在机械加工、制造过程中,与CAD技术相对应的技术是CAM,即计算机辅助制造技术。通常把CAD与CAM结合起来使用,称为CAD/CAM技术。利用它,可以将设计过程和制造过程通过计算机统一起来。飞机制造和汽车制造是最早应用CAD/CAM技术的两个行业。在飞机制造业中,利用CAD/CAM技术除了进行机械设计、加工外,还进行机体表面形状的定义,并根据定义进行数控制造。在汽车制造业中,CAD/CAM技术也为外观造型设计、制图等方面提供了经济而有效的途径。

(2)在电子工业中的应用

CAD技术在电子工业中的应用最早始于印刷电路板的设计。现在,设计半导体的逻辑电路及其布局时,由于其复杂性的增加,已经到了非利用CAD技术不可的地步。据统计,目前75%的CAD设备均应用于电子工业的设计与生产。

(3)在机械制造行业中的应用

目前,在发达国家的机械制造行业主要生产环节中已应用了CAD技术。近几年,在CAD/CAM技术的基础上又产生了CIMS技术,它使多品种、中小批量生产的、实现总体利益的智能化制造成为可能。

(4)在土木建筑业中的应用

在土木建筑业中,CAD技术是发展最快的技术之一。现在CAD技术应用已从基本规划到详细设计,到建筑、结构、水电设计,到路桥工程、水利工程等的各个方面。使用CAD的水平已成为企业技术水平的象征,也是对外竞争投标的重要手段。

(5)在其他行业中的应用

利用CAD技术,在模具行业,可进行模具的自动设计和加工过程的仿真;在制衣行业,可根据体形自动设计剪裁形状、尺寸等;在化学行业,可进行分子模型的表示等。

我国CAD技术的应用与研究始于20世纪60年代末。经过50多年的努力,我国目前在工程设计、化工、煤炭、石油、电力、机电等工业部门已初步应用了CAD技术,特别是微机CAD技术的应用比较广泛。

1.2　CAD技术在土木建筑行业中的应用

在CAD技术出现以前,工程设计的全过程都是由人用笔、尺子加图板来完成的。其实,在工程设计中虽然包含着需要由人来完成的创造性的工作,但是也确实包含了很多重复性的工作,例如烦琐的计算、单调的绘图等。这些重复性的工作现在可以由计算机更快、更好地完成,这就是CAD技术的意义所在。

计算机的主要特点是运算速度快、存储数据多、精确度高、具有记忆和逻辑判断的能力、可以处理图形。所有这些特点都可被用来辅助设计过程。一般而言,利用CAD技术可以收到以下效果:

首先,缩短设计工期。由于计算机处理速度快,并能不间断地工作,因此可以大大地提高设计效率，从而缩短了设计工期。因为缩短设计工期就意味着能早日推出新产品，产生更多的设计方案，以便进行方案比较，选出最佳设计方案，从而更好地达到预期的目的。

其次，提高设计质量。使用自动化程度较高的 CAD 系统进行设计时，设计者只需输入一些有关设计初始条件的数据，由计算机调用结构分析程序进行分析计算，就可得到设计结果。此外，利用计算机可以得到清晰、整齐、美观的设计图纸和文档，便于校核和修改，从而有效地防止了手工绘图过程中尺寸标注错误、不同图纸在表达同一构件时的不一致等错误的产生，提高了设计质量。

最后，降低设计成本。应用 CAD 技术可以帮助设计者提高设计效率，当设计劳务费较高而 CAD 系统的费用较低时，就会使得设计成本降低。工程设计中应用了 CAD 技术以后，已取得明显的经济效益。

一般建筑物或构筑物的建设都要经过规划、设计、施工几个阶段，建成以后则进入维护管理阶段。目前，CAD 技术已经被应用在各个阶段中。在这里仅做一些简单的介绍。

(1)在规划中的应用

对任何工程项目，规划工作都是十分重要的。一般土木建筑工程的规划都需要考虑众多的因素，例如土地利用、经济、交通、法律、景观等有关社会经济的因素，气象、地质、地形、水等有关自然的因素，以及水质、噪声、土地污染、绿化等生活环境的因素。任何一项规划都是一项决策，其中，人始终是主体。

对应于该阶段的 CAD 系统主要有三类：

第一类是有关规划信息的存储和查询的系统。例如土质数据库系统、地域信息系统、地理信息系统、城市政策信息系统等。这一类系统多采用数据库系统的形式。

第二类为信息分析系统。例如规划信息分析系统等。

第三类为规划的辅助表现及作成系统。例如景观表现系统、交通规划辅助系统等。这里特别说明两点。首先，有关规划信息的数据库，由于其公共性较高，应由政府或公共部门建立并提供服务。这类数据库是否健全反映了一个国家的文明发展程度。其次，通过利用景观表现系统，可以在建造前就看到实物的形象及其和周围环境的协调情况，对于作出优秀的规划具有重要意义。

(2)在设计中的应用

一般土木建筑结构的设计都包含结构形式的选定、形状尺寸的假定、模型化、结构分析、验算、图面绘制、材料计算等过程。CAD 技术在土木建筑中最早的应用就是在结构设计中的。所以，有关设计 CAD 系统的历史较长，发展比较成熟。据有关资料，目前我国土木建筑领域各部级设计院 CAD 出图率一般都达到 100%。运用计算机进行分析计算达 98% 以上，进行方案设计已达 80% 以上。采用 CAD 技术进行设计，设计的出错率由手工设计的 5% 降低到 1%，提高工效一般在 6 ~ 8 倍，有的可达 20 倍。由于多方案优化，节省工程投资一般为 2% ~ 5%，个别专业可达 10% 以上。

对应于设计的 CAD 系统也可分为三类：

第一类为对应于各个设计过程的系统。例如结构形式选择系统、结构分析系统、设计系统、绘图系统、材料计算系统等。其中，每个系统都可以处理多种结构形式。其缺点是，为完成一项设计需使用多个系统，不但需要掌握每个系统的使用方法，还导致大量数据的重复输入。

第二类系统为通用 CAD 系统。例如 AutoCAD,这类系统只提供基本的图形处理功能,可用来绘制各个工程领域的设计图纸。

第三类系统为集成化设计系统。这类系统的自动化程度一般较高,只要输入少量的数据,利用一个系统即可完成设计的全过程。设计时,只需输入基本的参数,如结构尺寸、截面尺寸、材料性质等。系统可自动进行结构分析,以至生成施工图。这类系统虽可减轻人们学习新系统的负担并避免数据的重复输入,但一般在使用时有一定的限制,是面向对象的专用软件,或是根据专业要求进行二次开发的软件。与前面的两类系统相比,使用这类系统具有作业效率较高、专用性高、相关专业数据可共享等特点。如:我国目前在建筑工程设计中应用最广泛的系统是由中国建筑科学研究院 CAD 工程部开发的 PKPM 系列软件系统。

(3)在施工中的应用

一般的土木建筑工程的施工都包含以下过程,即投标报价→施工调查→施工组织设计→人员、器材和资金的调配→具体施工及项目工程管理→验收等。目前,CAD 技术在每个过程中均有应用。如投标报价与合同管理,工程项目管理,网络计划,质量和安全的评价与分析,劳动人事工资、材料物资、机械设备、财务会计和行政管理、施工图的绘制等系统。其中,应用计算机编绘网络计划图已成为参与国际投标的必要条件之一。由于 CAD 技术的应用,有效地提高了施工企业的工作效率和管理水平。

现在国外已开发出一些建筑物和构筑物的集成化施工系统,例如隧道的集成化施工系统。在该系统中,包含隧道设计子系统,施工图及施工平面图绘制子系统,施工管理子系统,材料表生成子系统以及施工组织设计书作成子系统等。虽然开发这种集成化系统都伴随着极其庞大的工作量,但使用它所得到的工作效率上的提高也是十分可观的。

(4)在维护管理中的应用

像人有生老病死一样,土木建筑结构物在使用期内也会出现老化、功能下降等,因此,对其必须进行适当的维护和管理。一般地,对土木建筑结构物的维护和管理包括定期检查、维修和加固等。

CAD 技术在维护管理中最早的应用是煤气、上下水管线图的计算机管理,其中包含管线的位置以及管线的埋设条件,例如管线的材质、管径、埋深等。这样的系统无疑对管路的分析、检查等提供了极大的方便。近年来,出现了以数据库为中心的、道路设施的维护管理 CAD 系统。这种系统具有两种作用:一种是用于保存定期检查结果等信息,另一种是用于辅助维修和加固的规划和设计。

随着 CAD 技术的发展,它在土木建筑行业中的应用也必将得到进一步的发展。目前最有希望应用的 CAD 新技术包括多媒体技术、人工现实技术和科学计算可视化技术等。多媒体技术集图、文、声、像于一体,在不同信息媒体之间建立了逻辑连接,实现有机的集成和交互控制。国内外已有将该技术用于工程教育的例子。

1.3 计算机系统

微机 CAD 系统与一般的微机系统一样也是由硬件系统和软件系统组成的。但它应具有较强的图形输入输出(硬件)设备和较强的图形处理软件。

1.3.1　微机 CAD 系统的硬件系统

硬件系统是由电子计算机和外围设备组成。

(1)微机

微机是整个系统的核心,通过执行实际运算与逻辑分析,控制、指挥着整个系统进行有效的工作。它主要包括中央处理机 CPU 和主存储器(简称内存)。

(2)输入设备

输入设备是用于向计算机输入数据、程序及各种字符、图形等信息的设备。它包括键盘、图形扫描仪、数字摄像仪。键盘是当前最广泛使用的一种输入设备。

专门用于图形、图像输入的设备有光笔、数字化图形输入板、鼠标器、跟踪球、操纵杆以及扫描仪。下面分述如下:

光笔是外形似笔的输入装置,它的前端装有透镜,以收集显示屏上发出的光。笔上还安装有触动开关,将光笔笔头对准显示器上的某点,同时按下触动开关,当电子束扫描经过屏幕上此点时,光透过笔端的小孔经透镜聚集后送出并经光电转换变成电信号,再反馈到图形控制器或计算机,以确定其位置。光笔的主要功能是定位写跟踪,与程序配合就可以用光笔在显示屏上直接画图和编辑修改图形;还可用来指点菜单,发出操作命令。

数字化图形输入板是平板状的输入设备,类似于绘图板有一支功能笔或游标定位器和一个控制用键盘。当专用的触笔或游标在平板上移动时,触笔或游标可检测到输入板读位置上的电、磁信息,这些信息经输入板中的译码器或微处理器处理后便可获得笔尖或游标中心的坐标数据。对于输入大量精确图形的工作,采用这种设备较为适用。

鼠标器、跟踪球和操纵杆这三种设备都装有电位计。调整电位计可控制显示形态,如控制屏幕上的光标位置。目前,由于鼠标器操作灵活方便,应用较广泛。操纵杆和跟踪球虽比鼠标出现早,但它们只适用于自由格式的绘图,实际中不常用。

扫描仪可直接把图形和图像扫描输入计算机中。其主要部件是电荷隅合器件(CCD),它以把光信号转变为电荷的方式将图形或图像输入计算机。图形扫描仪的机构很像复印机,长条形的光源照射于原稿,反射光线经过光学镜头将一行图形聚焦到 CCD 阵列上,转换成一行对应的电荷,经过模/数转换将逐个像素数据输入于计算机。与复印机所不同的是,复印机将原稿复印到纸上,而扫描仪是将原稿上的图形转变为计算机内一幅相应的电信息图形。根据所转换图形的要求不同,模/数转换器的精度要求也就不同,存储器上每一单元的存储量要求也有所不同。就存储器上每一单元的存储量而言,如仅输入线框图就只需要 1 位(以 0 表黑,1 表白),输入单色多灰度的图形就需要 4 位(16 种灰度)以上,对于要求输入彩色图形的彩色扫描仪就需要 8 位(伪彩色)或 16 ~ 24 位(真彩色)。扫描仪有两个主要指标:一是分辨率,分辨率是指在原稿的单位长度(in)上取的样点数,单位是 dpi ,常用的分辨率为 300 ~ 1 200 dpi;二是扫描幅面的大小,如 A0、Al 到 A4。

(3)输出设备

输出中间结果或最终结果的设备,可分为两类:软拷贝设备与硬拷贝设备。软拷贝设备的特点是只产生暂时性的景象,不能永久保留,如显示器;硬拷贝设备的特点是将输出的信息转变成永久性的物理记录,如打印机和绘图机等。

①图形显示器:其核心部件是阴极射线管(CRT)。它是利用电磁场产生的经过聚焦的高

速电子束,轰击屏幕表面的荧光材料而产生光亮点。通过控制电子束的偏转,使荧光屏上某些点被击亮,而其他点不被击亮,屏幕上便可呈现某一形状的图形。通过控制电子束的强度,可控制亮度,以使图形更加丰富。常用的光栅扫描显示器,其电子束周期性地扫描整个屏幕,屏幕按行和列分割成若干微小块(称为像素)。在帧存储器中存放的是各像素的明暗、灰度或彩色信息,当电子束作光栅扫描时,控制器亦同步扫读帧存储器中的数据,并把这些数据转换成亮度或色彩信号来控制电子束强度,从而使屏幕显示出丰富多彩的图像。为了得到稳定的图像,还需对帧存储器作重复扫描,不断进行屏幕刷新。光栅扫描图形显示器的优点是灰度和色彩丰富,能产生真实感很强的复杂图形,可和电视机兼容,价格低;缺点是当像素较少时,显示的曲线不光滑,造成所谓的阶梯效应。分辨率与显示速度是图形显示器的重要指标,目前,其物理分辨率可高达 2048 × 2048 点。采用的分辨率越高,显示的图形越清晰。

②打印机:按其结构分为击打式与非击打式两类。点阵式打印机是常用的一种击打式打印机,而非击打式打印机常用的有喷墨式、热敏式、静电式与激光式等。

③绘图机:有笔式绘图机、喷墨绘图机和静电绘图机等几种。笔式绘图通过矢量构成图像,将很短的矢量线段依次相接即可形成各种曲线。常用的又有平板式和滚筒式两种。此外还有喷墨式、热敏式、激光式绘图机。它们输出图形的质量都很高,目前也是较常用的。

④数字相机:是近几年出现的一种新型计算机图形获取工具。数字相机主要由摄像机透镜、CCD 列阵、模拟/数字(A/D)转换,内存/可读写光盘,I/O 接口等组成。数字相机可直接与计算机相连,将拍摄的图像数据从相机存储器传送到计算机中处理,可以立刻看到数字图像。

(4)外存储器

外存储器用来永久存放大量程序与数据。

①磁盘:是在金属盘片(硬盘)或聚酯薄膜片(软盘)表面涂覆层磁性物质。为了能在磁盘上指定区域写入或读出数据,要将磁盘划分为若干有地址编码的区域磁道与扇区,利用磁头感应来有序地读写数据。磁盘是目前应用最广泛的存储设备。

②光盘:是采用激光技术实现的一种海量存储器。它利用激光照射在光盘片表面,使表面物质变化,而将“0”与“1”的数据记录下来,在读出数据时,也是利用激光在光盘片上产生不同强度的反射光,判断出“0”或“1” 。由于其存储容量大,且和软盘一样具有可置换性,携带方便,因此,目前也被广泛采用。

1.3.2 微机 CAD 系统的软件

软件是指控制、指挥计算机运行的各种程序和文档的总称。CAD 系统的软件是决定微机绘图系统的效率与使用是否方便的关键因素。CAD 系统的软件大体上可分为三类:系统软件(一级软件),支撑软件(二级软件),工程(产品)应用软件(三级软件)。

(1)系统软件

系统软件用于计算机的管理、维护、控制和运行,提供了整个 CAD 系统内部的支持功能,控制着存储操作、指令执行与外围设备动作。

(2)支撑软件

支撑软件是 CAD 系统的核心软件,它以系统软件为基础,又作为开发应用软件的基础。支撑软件可由 CAD 厂商提供,亦可由用户自行开发。随着 CAD 技术日新月异,支撑软件的内容与功能也在发展。一般来说包括:图形设备驱动程序;几何造型系统;图形软件系统;真实图形生成系统;计算分析软件系统;优化算法软件系统;工程数据库及其管理系统;窗口管理系统;网络通信系统;汉字管理系统等。

(3)应用软件

这是用户针对工程计算或设计利用系统软件和支撑软件开发的,处理不同对象的专用程序。

1.4 CAD 应用软件的发展、选配及设计

1.4.1 CAD 应用软件的发展

CAD 是将人和计算机的最优特性结合起来,完成特定设计任务的一种技术。人具有逻辑思维、识别、判断、推理和自适应的能力,计算机则以运算速度快,存储量大,精确度高,能适应重复、烦琐的工作而见长。CAD 应用软件就是根据某一专业的特点和规定,将人和计算机有机地结合在一起,去完成该专业的设计任务而编写的专用软件。

结构分析与计算是工程设计行业应用计算机最早的领域。早期的结构分析程序一般采用数据文件方式提供数据。输入数据文件一般由用户事先准备好,然后再启动程序输入这些数据文件。这种方式容易产生数据错位或数据本身的错误,也不利于修改。目前国内外比较优秀的结构分析程序已不再采用这种方法,而是充分运用图形手段和人机对话技术,用友好的界面帮助用户在图形交互方式下输入数据。这种输入过程一般是由专门的前处理(Pre-processor)程序来完成。前处理程序一般具有相对的独立性,能对输入数据进行一些逻辑检查,对规则结构可以自动划分有限元网格,对用户输入的内容能用图形再现在屏幕上,一旦发现输入有误,就可以在图形状态下直接进行修改。这些手段的提供,大大提高了用户使用结构分析程序的可靠性和使用效率。

结构分析结果的输出,也从早期的数表形式过渡到数表加图形方式。图形输出一般有等值线、等高线、彩色区域图等,这些图与结构几何形状配合,非常直观、一目了然。原先用几十页、上百页打印输出的数表,可以在一两张图中表现无遗,因此深受用户欢迎。结构分析结果的图形输出一般是由专门的后处理(Post-processor)程序来完成。

大型、复杂的结构一般是用结构有限元分析程序来计算。这些程序分为专用程序和通用程序,专用程序可以根据计算要求自行开发,也可以是为某一专题研制的商业软件;通用程序一般是大型程序,由一些专门从事有限元分析研制工作的公司提供的。它们是通用性软件产品,其程序容量都很大,程序语句可以从几万行到几十万行。大型的有限元分析程序设有包含不同单元类型的单元库,如结构分析程序 SAP(Structural Analysis Program) 系列的单元库中就包含了三维桁架杆件单元、三维梁单元、平面应力单元、平面应变单元、三维块体单元、薄板单元、薄壳单元、管道单元等多种单元。

虽然有限元方法从原理上来讲带有普遍性,但是不同的程序常常具有不同的解题范围,程序编制方法和技巧也不同。所以,几乎没有一个有限元分析的前后处理程序能包络品种繁多的有限元软件的输入输出。在一般情况下,前后处理程序只对功能较强、流行较广的有限

元通用程序,例如 ANSYS、ABAQUS、MSC/PATRAN、MSC/NASTRAN、MARC 等,这些程序都配有标准接口。

ANSYS 软件是融静力、动力、线性及非线性问题,结构、流体、电磁场、声场和耦合场等分析于一体的大型通用有限元分析软件。它由世界上最大的有限元分析软件公司之一的美国 ANSYS 公司开发,能与多数 CAD 软件接口,实现数据的共享和交换,如 Pro/Engineer NASTRAN, Algor, AutoCAD 等,是现代产品设计中的高级 CAD 工具之一。

ABAQUS 是国际上最先进的大型通用有限元计算分析软件之一,具有惊人的广泛的模拟性能。它拥有大量不同种类的单元模型、材料模型、分析过程等。无论是分析一个简单的线弹性问题,或者是一个包括几种不同材料、承受复杂的机械和热载荷过程以及变化接触条件的非线性组合问题,应用该软件计算分析都会得到令人满意的结果。

MSC/PATRAN、MSC/NASTRAN、MARC 是世界上优秀的非线性分析的大型软件。Midas Civil 是韩国 MIDAS IT 公司开发的目前国内应用最广的桥梁结构分析软件。此外,有的软件公司或使用单位在结构分析程序前、后处理程序的基础上,增加结构细部设计的内容,如钢筋混凝土构件设计与计算,结点大样设计与绘图等,逐渐达到或接近结构 CAD 系统的基本功能和要求。

建筑设计对计算机软硬件的要求较高,因此,计算机在建筑设计中的应用滞后于结构设计。20 世纪 80 年代后期,计算机技术的飞速发展,使得建筑师要求的三维造型、着色渲染、光影效果、质感纹理等能够在工作站或高档微机上实现,从而导致了建筑 CAD 技术的普及与推广。计算机绘图软件(Computer-Aided Drafting)则大多以绘图为目的。它们一般具有生成基本图素(如直线、曲线、圆弧、字符)等功能和丰富的图形编辑功能,对图形进行擦除、移动、镜象、拷贝、缩放和插入等操作。人们可以利用这些功能在计算机屏幕上画图,再用绘图仪输出屏幕上的图形。就基本图素的生成过程来讲,用计算机绘图比手工绘图又快又好,绘图软件功能不断完善,手工能画的图形计算机都能做到,且计算机绘图强大的图形编辑功能是手工绘图所不可及的。此外,用计算机画的图,落笔准确,图面美观,因此很快受到人们的喜爱而得到迅速推广与普及。

1.4.2 CAD 应用软件的选配

近几年来,CAD 技术在建筑结构工程中的应用已经取得了长足的进步,CAD 应用软件的商品化程度也不断提高。不管是道路、桥梁、水利或建筑都可以根据设计任务的分类选购到一些应用软件。

使用单位配置 CAD 应用软件情况大致有以下几种:

(1)购买成套或单一的商品 CAD 系统

成套系统一般是指由计算机公司提供全套软件或软硬件产品的 CAD 系统。有的计算机公司将自己的产品做成若干个子系统,用户既可以购买全套系统,又可以根据需要选择其中的一部分;也可以根据用户选择,提供独立的子系统。

购买成套系统,对于缺乏计算机专门人材的单位有较大的吸引力。这类产品采用可分可合的办法后,越来越受到用户的欢迎。但是,在购买成套系统时一定要注意销售方是否有良好的售后服务和稳定可靠的开发维护力量。

(2)自主开发的专业软件

对于专业性很强、规格要求比较严格的项目,有时很难买到完全对口的商品软件。此外,有的设计院根据多年积累的设计经验,形成了自己的惯例和规定,也对 CAD 应用软件提出了特殊的要求。此时,使用单位就需要自行开发一些应用软件。

这种开发应选用一些比较通用的、开放性较好的支撑软件作为开发工具,常用的绘图支撑工具有 AutoCAD、MicroStation 和 Windows 等。

自主开发的软件应在对软件市场做好全面调查后,精心做好系统需求分析和系统设计。

(3)对商品化软件的二次开发

二次开发也叫做应用开发。

对商品化软件的二次开发有两种情况:一种是对从国外引进的专业软件的二次开发;另一种是在通用性软件基础上的二次开发。

我国前几年从国外引进了一些 CAD 应用软件,这些引进的软件常常是随计算机硬件设备一起引进的。在工业发达国家,由于使用 CAD 技术比较早,应用软件比较成熟,性能也比较可靠。但由于国情的不同,这些软件常常不能直接在国内工程上使用,而要进行所谓的二次开发。这时二次开发工作主要是对使用规范、材料规格、图例符号、工程习惯等的修改以及软件的汉化等,其工作量常常比较大,而且软件的可维护性一般都不太好。

在通用性软件基础上的二次开发,主要是当某一专业尚无合适的专业软件时,对通用软件所作的专业加工。比如上面提到的大型有限元分析程序,常常包含各种单元,可分析多种结构类型。而这些程序针对某一专业问题的功能却很弱。这时,我们就可以选择一个合适的结构分析程序,以此为基础开发出适用于专业问题的应用软件。

购买一个可供二次开发的商品软件是昂贵的。因此,在选购时应事先做好充分的市场调查和论证。比如,选购一个结构有限元分析软件时,就要充分了解软件的功能和解题范围,如单元库中包含哪些单元,分析类型是线性静力、线性动力还是非线性静力的,能处理哪些荷载和结构的材料特性,等等。

二次开发同样要做好系统需求分析和系统设计。系统中自主开发部分和商品软件之间要有清晰的接口,便于拆卸。此外,接口部分要尽量标准化,便于该商品软件以后可被其他软件替代。

应用软件的配置对使用单位的工作效率和应用水平是举足轻重的,应根据工作需要进行全面考虑。下面给出某单位在配置应用软件时的选购要点,供读者参考:

- 软件对用户的友好程度。
- 产品说明及相应文件是否完备。
- 软件的支撑环境。
- 开发背景。
- 该产品是否利于将来的发展。

近几年来,随着我国 CAD 应用工程的开展,已有不少国产的建筑结构 CAD 软件在设计院中得到普遍推广和应用。比如,中国建筑科学研究院的 PK、PM 系列、TAT、TBSA、STS、ABD,华远公司的 HOUSE,北京天正大光明程软件有限公司的天正系列等。这些软件已拥有很大的用户群,软件的功能越来越全,售后服务也越来越完善。

PK 是一个钢筋混凝土框、排架及连续梁结构计算与施工图绘制软件。它能以较高的自动化程度计算并生成各种框架、壁式框架、框排架、单跨及多跨排架和连续梁的结构施工图。

PMCAD 是一个结构平面 CAD 软件。该软件可以处理各种结构的平面施工图,并可进行砖石混合结构抗震分析和节点大样图绘制工作。PMCAD 采用人机交互方式,引导用户逐层地布置各层平面和各层楼面,输入各层层高,进而建立起一套描述建筑物整体结构的数据。此外,PMCAD 还具有较强的荷载统计和传导计算功能,除计算结构自重外,还自动完成从楼板到次梁,从次梁到主梁,从主梁到承重墙、柱,再从上部结构传到基础的全部计算。这些数据形成了 PK、PM 系列软件的核心。

TAT 是 PMCAD 系列软件中面向微机的高层建筑结构空间分析计算程序,它采用空间杆系、薄壁柱计算模型,可计算各种规则的或复杂体型的钢筋混凝土框架、框剪、剪力墙、筒体结构。TAT 还针对高层钢结构的特点,对水平支撑、垂直支撑、斜柱等均作了考虑,使该软件也可以用于高层钢结构的分析计算。

SATWE 是 PMCAD 系列软件中面向微机的空间组合结构有限元分析程序,与 TAT 的区别在于,TAT 是一个空间杆系结构程序,而 SATWE 软件采用空间杆单元模拟梁、柱及支撑等杆件,采用在壳元基础上凝聚而成的墙元模拟剪力墙,模型化误差小,分析精度高,计算速度快。该软件即可用于杆系结构,也可用于杆系及剪力墙的多层及高层结构分析。

STS 是 PMCAD 系列软件中面向微机的钢结构分析计算程序,它包括钢结构的模型输入、优化设计、结构计算、连接节点设计与施工图辅助设计。STS 以 PMCAD 和 PK 模块为基础,扩展出相应钢结构功能后组合而成。STS 主菜单包括两部分:第一部分 STS-1 是空间建模与导荷、接三维计算结果绘施工图部分,STS-1 的建模数据可以接口 TAT 和 SATWE,完成钢结构接三维空间杆系计算和应力验算,然后可以接三维计算结果进行框架、连梁的连接节点设计,绘制梁(连续梁)、柱、节点的施工图、结构平面布置图、全楼统计用钢量。第二部分 STS-2 是平面建模、计算、绘施工图部分,框架、桁架、门式钢架可以快速建模,可以进行单拉杆件的设计,可以进行平面杆系结构的内力计算和应力验算,自动进行节点设计,施工图包括框架梁、柱、节点施工图,钢桁架施工图,钢支架施工图,门式钢架施工图,钢排架柱施工图等,还可以设计钢吊车梁、檩条、墙梁等构件。

1.4.3 CAD 应用软件的设计

借助计算机来完成某项工作,通常都要先编写相应的计算机程序或程序设计。完成一个结构 CAD 系统也必然要经过程序设计才能实现。程序设计要使用专门的程序语言。我国结构程序设计中所采用的语言,在 20 世纪 60 年代和 70 年代初以 ALGOL 语言为主。此后逐步广泛使用的主要是 BASIC 语言和 FORTRAN 语言。随着 CAD 和人工智能的发展,PASCAL、C、LISP、PROLOG、VB、VC、C ++ 等有着各自特长的程序语言也逐步进入土木工程领域的计算机程序设计中。

过去人们通常认为,程序设计的中心问题就是学会使用一种程序语言,以编写程序。然而学会用程序语言编程只是整个程序设计中的一部分。据有关资料介绍,编写程序在整个系统的研制过程中仅占 15% 的工作量,一个大型程序设计系统在投入使用后的维护工作量为原来研制工作量的两倍。维护工作量是如此之高,这就使我们必须注意在程序研制阶段就应考虑为以后的维护工作提供方便。

要编制一个好的程序系统并没有一种绝对的规则，就像工程设计没有一种绝对规则一样。但对于程序设计的好坏，现在已逐渐形成了一套评价的客观标准。这些标准大致分为以下几个主要方面：

- 程序的可读性。
- 正确性与可靠性。
- 使用方便且效率高。
- 软件的可移植性。
- 易于调试与维护。

要开发一个优秀的结构 CAD 软件，除采用科学的软件工程方法外，还要有一批科学工作者的优良组合和他们长期不懈的努力，而且他们在结构理论、工程力学、结构设计、计算机科学和专业工程实践上都应该是有广泛和长期的工作经验的。

直到 20 世纪 70 年代中期，人们才认识到软件的维护是软件研究的一个关键领域。造成软件维护工作量大的原因之一是程序研制过程中所采用的设计方法不够科学。为了解决这一问题，人们开展了对于程序设计方法论的研究与实践，其目标是使软件正确可靠和降低软件研制活动的费用。总的来说，程序设计已从强调灵活的技巧和局部效率向着强调程序结构化和整体集成功能的方向发展。这实际上是逐步发展起来的关于程序的设计编写与调试的一套方法论，其要点可归纳为以下几方面：

①编程结构化。为了使程序设计者能按照一定的结构形式，而不是随心所欲地设计编写程序，使编制的程序易读、易修改，以提高程序设计和维护工作的效率，荷兰 Dijkctra 提出了“结构化程序设计方法”。结构化程序规定了三种基本的结构，它们是顺序结构、分支选择结构和循环结构。编程结构化又称结构化程序设计，它可使编写的程序层次分明、逻辑清楚、容易阅读。

②分层处理技术。为了解决现实世界中的许多复杂问题，人们往往需要根据问题的内在联系将其分割成有层次的一系列问题来分别求解。对于一个大型程序系统设计来说，也需采用分层的办法来处理，在每一层里集中解决一个问题，并为下一层的执行做好准备。分层处理技术的主要内容是将程序划分为多个层次的若干模块，每个模块完成一个或几个预定功能。

为了保证模块的独立性，各模块之间只能通过接口与其他模块连接。另外，对于一个较大的软件系统，要由多人合作才能完成，模块化也为此提供了较好的合作条件。

③避免过多使用 GOTO 语句，特别是逆转的 GOTO 语句。这是结构化程序设计的基本要求之一。

对于应用软件，特别是大型的 CAD 软件，可移植性高低同样是衡量软件质量的重要指标。因为研制一个大型应用软件系统不但要耗费大量的人力物力，而且还要花费相当长的时间才能研制成功。在其研制和应用期间，不可避免地发生运行环境的变化，如计算机硬件设备的换代和系统软件的更新。可移植性强即等于延长了软件的生存期，从而可节省新的开发投资。可移植性主要表现在软件对支撑环境的独立性和软件本身的封闭性。提高可移植性的办法是尽可能采用标准的高级语言文本编写程序。例如，用 FORTRAN、VB、VC 等语言编写,并尽量避免采用非标准语句和函数。此外,在软件中采用统一的I/O模块,也是提高可移植性的手段之一。

应当指出,程序设计方法论仍在发展探索之中,千万不能把上述有关内容当作一成不变的教条套用,而应当通过实践来发展和丰富其内容。然而程序设计发展到今天,已经奠定了很多必要的理论基础。我们正在达到一个可以认为程序设计是一门科学而不仅仅是一种技巧的阶段。

1.5 建筑工程设计绘图

建筑工程设计是以施工图的形式最终完成的,因此我们的设计必须要用图形来表示。从前手工绘图需要使用绘图笔画出各种线条,现在使用计算机绘图也大致如此,一个CAD系统是必不可少的。CAD的应用是多方位的,它不仅仅可以应用于建筑方案设计,也可以用来生成环境条件的文档资料、工程进度表和工程概算。计算机的应用为建筑设计和结构设计实现重新统一带来了希望,为设计的规模化、标准化带来了巨大的发展。

建筑工程图纸

(1)图纸是一门语言

图纸是工程师的语言,而图例符号是这种语言的基本组成元素。设计部门用图纸表达设计思想和设计意图,生产部门用图纸指导加工与制造,使用部门用图纸作为编制招标书的依据,或用以指导使用和维护,施工部门要用图纸编制施工组织计划、编制投标报价及准备材料、组织施工等的依据。因此图纸的绘制应按行业的有关标准来绘制。

(2)图纸的分类

图纸的种类很多,我们常见的工程图纸分两类:建筑工程图和机械工程图。建筑工程领域中使用的图纸是建筑工程图。它按专业可划分为建筑图、结构图、采暖空调图、给排水图、电气图等。

建筑不同专业的图纸有其不同的表达方式和各自的特点。在不同的设计单位,尤其是各大设计院,往往自成体系,存在着不同的规定画法和习惯做法。但也有许多基本规定和格式是各设计院统一遵守的,那就是国家制图标准。

施工图的任务是表达设计方便施工,因建筑专业是房屋建筑工程的“龙头”,所以还必须为各专业开展工作创造条件。施工图的绘制必须准确表达设计人的设计意图,设计只能通过施工图来实施。一个好的设计要通过娴熟的制图技巧来体现。提高图面质量是提高总的设计质量的重要手段。设计图纸的绘制必须遵循“房屋建筑制图统一标准”和各专业现行国家制图标准规范进行。

(3)图纸的规格

1)图幅尺寸

设计图纸的图幅尺寸有六种规格。对同一个项目尽量使用同一种规格的图纸,这样显得整齐,适合存档和使用,施工方便。应尽量避免大小幅面的图纸混合使用。

建筑图纸的幅面是A类。一般分为六种,从0号到5号,4、5号图纸建筑设计中几乎用不到。具体尺寸(长×宽,mm)为:A0(841×1 189);A1(594×841);A2(420×594);A3(297×420);A4(210×297);A5(148×210)。

各种图纸一般不加宽,但是有的时候为了表达狭长的建筑,需要将某些规格的图纸加长。加长图纸不是任意的,应该按照图纸长边的八分之一的比例加长。常用的是2号加长图,规格为420 × 822。特殊情况下,允许加长1~3号图纸的长度和宽度,0号图纸只能加长长边,不得加宽。4 ~ 5号图纸不得加长或加宽。1~3号图纸加代帖的边长不得超过1 931 mm。还有一种图纸大小的分类方法,称为B类,有B3,B4,B5等,主要用于文字稿件的尺寸。计算机中允许自己定义纸张的大小,可以根据自己的需要和可能定义任意大小的纸张。

2)图标

图标一定要填写清楚。0~4号图纸,无论采用横式或立式图幅,工程设计图标均应设置在图纸的右下方,紧靠图框线。图标相当于商品的商标。图标的主要内容可能因设计院的不同而有所不同,大致包括:工程名称、图纸的名称、比例、设计单位、制图人、设计人、专业负责人、工程负责人、审核人、审定人、完成日期、图别等。

3)尺寸标注

工程图纸上标注的尺寸通常采用毫米(mm)为单位,只有总平面图或特大设备用米(m)为单位,所以建筑工程图纸一般不标注尺寸单位。

4)比例和方位标志

施工图常用的比例有1:200,1:150,1:100,1:50。大样图的比例可以用1:20,1:10或1:5。建筑总图常用小比例。做概预算统计工程量时就需要用到这个比例尺。图纸中的方位按国际惯例通常是上北下南,左西右东。有时为了使图面布局更加合理,也有可能采用其他方位,但必须标明指北针。

5)标高

建筑图纸中的标高通常是相对标高。一般将±0.00设定在建筑物首层室内地平,往上为正值,往下为负值。室外安装工程常用绝对标高,这是以中国青岛市外海平面为零点而确定的高度尺寸,又称海拔高度。

6)图例

为了简化作图,国家有关标准和一些设计单位有针对性地将常见的材料构件、施工方法等规定了一些固定的画法式样,有的还附有文字符号标注。要看懂施工图,就要明白图上这些符号的含义。建筑工程图纸中的图例如果是由国家统一规定的称为国标符号,由有关部委颁布的符号称为部标符号。另外一些大的设计院还有其内部的补充规定,即所谓院标,或称之为习惯标注符号。如果设计中采用了非标准符号,应列出图例。

(4)设计中的图线

图纸中的各种线条均应符合制图标准中的有关要求。标准实线宽度应在0.1~1.6 mm选择,其余各种图形的线宽基本要求是:大小配合得当、重点突出、主次分明。

(5)字体

墨线图应采取仿宋字。图中书写的各种字母和数字,可采用向右倾斜与水平成75°角的斜体字。当与汉字混合书写时,可采用直体字,但物理符号推荐采用斜体字。汉字的笔画粗细约为字高的1/15。各种文种字母和数字的笔画粗细约为字高的1/8或1/7。各种字体应从左往右,排列整齐,笔画清晰,不得滥用不规范的简化字和繁体字。

计算机绘图时,同字号的中文和西文字体看起来西文字体要大一些。这尽管不是什么大问题,可为了美观起见,笔者还是建议采用大小一致的为好。这样一来,中西文需要分别输入,字体比例大约是黄金分割率,即西文字高设为3 mm,中文字高为5 mm为宜。值得一提的是:工程图纸不宜使用许多字体,尽管有的字体很漂亮,但工程设计中规范化要胜过美观的要求,我们应该遵照国家制图标准,而不要以个人的喜好而随心所欲。

第2章
AutoCAD 简介及应用

2.1 AutoCAD 入门基础

AutoCAD 是由美国 Autodesk 公司开发的通用计算机辅助设计(Computer Aided Design, CAD)软件,具有易于掌握、使用方便、体系结构开放等优点,能够绘制二维图形与三维图形,可标注尺寸、渲染图形以及打印输出图纸。目前,作为国际公认的最有权威的图形设计管理软件,AutoCAD 已广泛应用于机械、建筑、电子、土木工程、冶金、地质、轻工、商业等多种领域。

本章以最新一代的 AutoCAD 2014 版本为基础,介绍目前国内外应用最为广泛的计算机辅助设计软件 AutoCAD 的基本操作及其在建筑工程中的应用。与 AutoCAD 先前的版本相比,AutoCAD 2014 在绘图性能、图形管理等方面都有较大的增强,同时保证与低版本完全兼容。

2.1.1 AutoCAD 2014 的工作界面

启动 AutoCAD 后,系统即进入如图 2.1 所示的 AutoCAD 2014 的工作界面。

中文版 AutoCAD 2014 为用户提供了【AutoCAD 经典】、【三维基础】、【三维建模】和【草图与注释】四种工作空间模式。对于习惯于 AutoCAD 传统界面用户来说,可以采用〔AutoCAD 经典〕工作空间。它主要由标题栏、菜单栏、工具栏、快捷菜单、工具选项面板、绘图窗口、文本窗口与命令行、状态行等元素组成。

(1)标题栏

标题栏位于应用程序窗口的最上面,用于显示当前正在运行的程序名及文件名等信息,如果是 AutoCAD 默认的图形文件,其名称为 Drawing*.dwg(*是数字),右上角是 AutoCAD 2014 的窗口管理按钮,即最小化(或还原)、最大化(或还原)和关闭按钮。

(2)菜单栏和快捷菜单

中文版 AutoCAD 2014 的菜单栏由 12 个下拉式菜单组成,分别为【文件】、【编辑】、【视图】、【插入】、【格式】、【工具】、【绘图】、【标注】、【修改】、【参数】、【窗口】、【帮助】,几乎包括了 AutoCAD 中全部的功能和命令。按如图 2.2 所示操作,用鼠标指向其任意一个主菜单,单

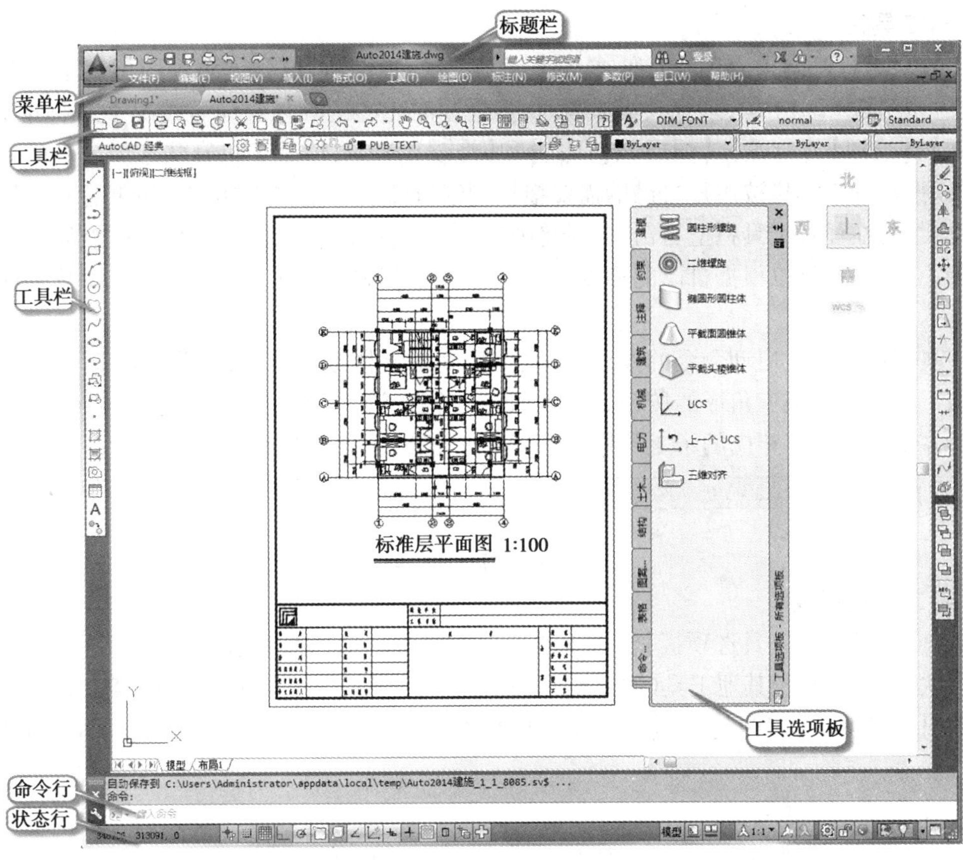

图 2.1　AutoCAD 2014 经典工作界面

击左键，弹出一个相应的下拉菜单。在该区域内移动光标列到欲选菜单项，单击左键即选中此项。用 <Esc> 键或将鼠标移至绘图区内单击鼠标左键，菜单即可消失，返回原来状态。

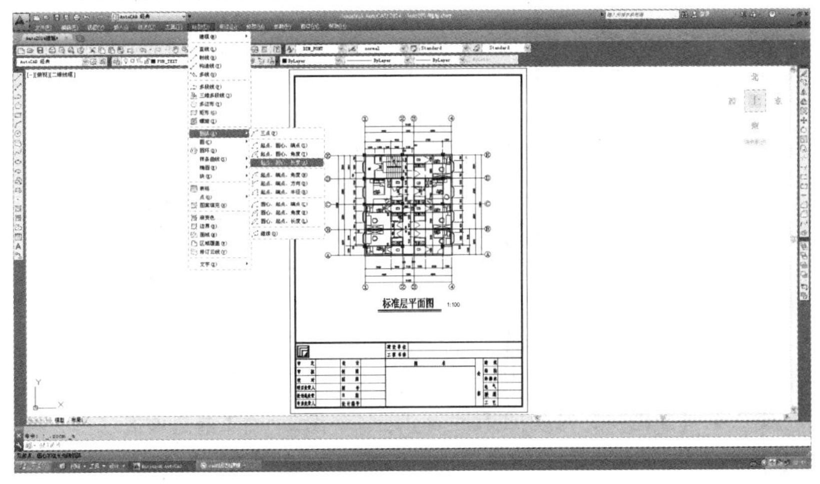

图 2.2　【绘图】菜单栏的操作显示

快捷菜单又称为上下文相关菜单。在绘图区域、工具栏、状态行、模型与布局选项卡以及一些对话框上右击鼠标时，将弹出一个快捷菜单，该菜单中的命令与 AutoCAD 当前状态相关，使用它们可以在不启动菜单栏的情况下快速、高效地完成绘图操作。

(3)工具栏

工具栏是程序调用命令的一种非常快捷、直观的操作,它包含许多由图标表示的命令按钮。在 AutoCAD 2014 中,系统共提供了 50 多个标准化的工具栏。缺省情况下,【标准】、【工作空间】、【绘图】、【特性】、【图层】、【样式】和【修改】等工具栏处于打开状态。工具栏是浮动的,可以把每种工具栏按用户自己的需要拖拉到窗口的上下左右边框上。如果需要添加或隐藏工具栏,可在任意工具栏上右击,此时将弹出一个快捷菜单,通过选择命令可以显示或关闭相应的工具栏;也可以根据自己的需要通过菜单栏中【视图】→【工具栏】进行各类工具栏的定制。

工具栏中包含了启动命令的按钮,将鼠标移到工具栏按钮上时,工具栏将显示按钮的名称。右下角带有小黑三角形的按钮是包含相关命令的弹出工具栏。将光标放在图标上,然后按鼠标左键可以弹出相应的子工具栏对话框。如图 2.3、图 2.4 所示。

图 2.3 【标准】工具栏

(4)工具选项板

工具选项板是【工具选项板】窗口中的选项卡形式区域,它们提供了一种用来组织、共享和放置块、图案填充及其他工具的快捷有效方法。工具选项板还可以包含由第三方开发人员提供的自定义工具。其包括了【建模】、【机械】、【建筑】、【土木】等各功能小块,如图 2.5 所示。

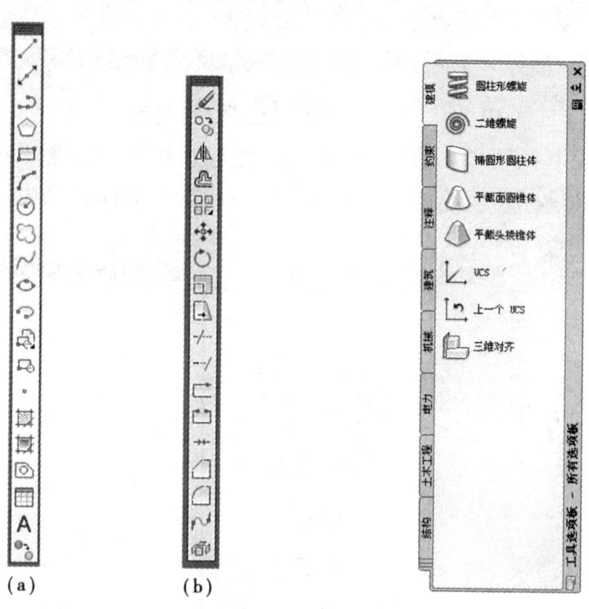

图 2.4 【绘图】和【修改】工具栏　　图 2.5 工具选项板

(5)绘图窗口

在 AutoCAD 中,绘图窗口是用户绘图的主要工作区域,在该区域内进行绘制、显示和编辑图形。所有的绘图结果也都反映在这个窗口中。可以根据自己需要关闭其周围和里面的各个工具栏,以增大绘图空间。如果图纸比较大,需要查看未显示部分时,可以单击窗口右边与下边滚动条上的箭头,或拖动滚动条上的滑块来移动图纸。

在绘图窗口中，除了显示当前的绘图结果外，还显示了当前使用的坐标系类型以及十字光标等。坐标系有世界坐标系（WCS）和用户坐标系（UCS）两种，世界坐标系为缺省设置。绘图窗口的左下方有【模型】和【布局】选项，单击可以在模型空间或图纸空间之间来回切换显示。

(6)文本窗口与命令行

命令行窗口位于绘图窗口的底部，是显示从键盘输入 AutoCAD 的各种命令和显示信息的地方。在 AutoCAD 2014 中，命令行窗口可以拖放为浮动窗口。

如图 2.6 所示，AutoCAD 文本窗口是记录 AutoCAD 命令的窗口，是放大的【命令行】窗口。它记录了已执行的命令，也可以用来输入新命令。在 AutoCAD 2014 中，可以选择【视图】→【显示】→【文本窗口】命令，执行 TEXTSCR 命令或按 F2 键来打开此文本窗口，它记录了对图形文件进行的所有操作。

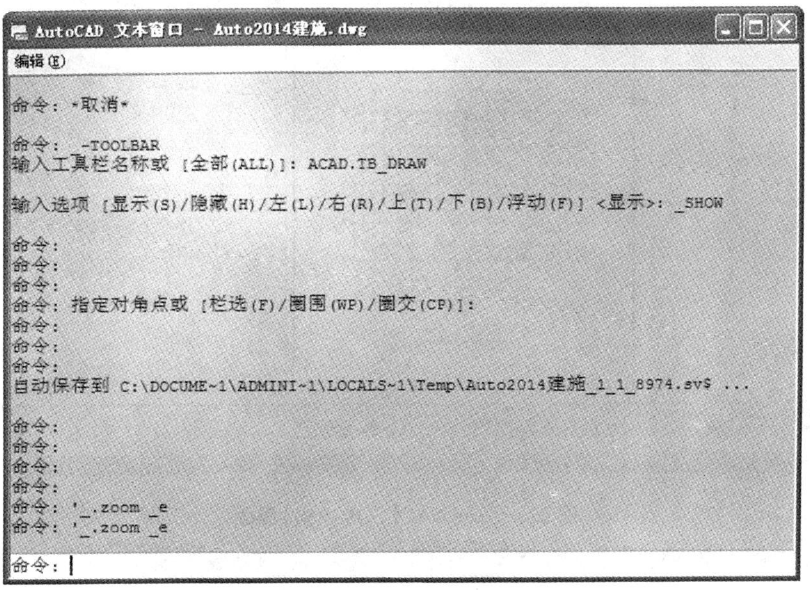

图 2.6　AutoCAD 文本窗口

在 AutoCAD 2014 中，命令行得到了增强，可以提供更智能、更高效的访问命令和系统变量。用户可以使用命令行来找到其他诸如阴影图案、可视化风格以及联网帮助等内容。命令行的颜色和透明度可以随意改变。其半透明的提示历史可显示多达 50 行。

通过工具栏图标、菜单操作实际上都是以不同方式完成命令操作，即命令行操作和工具栏图标、菜单操作在实质上一样的。绘图专业人员习惯以直接输入命令的方式来作图，快捷方便，但如果输入全部命令名就显得繁琐。AutoCAD 提供了“创建命令别名”功能，用户可以根据自己的习惯设定简单易记的命令别名，来代替整个命令的输入。例如，【LINE】命令表示绘制一条直线，简单地记为“L”，在命令行中输入“L”，即启动绘制直线命令操作。

(7)状态行

状态栏用于显示当前绘图形态。其左边显示当前光标移动时的绘图坐标，中间有 15 种辅助绘图按钮，它们分别是【推断约束】、【捕捉模式】、【栅格显示】、【正交模式】、【极轴追踪】、【对象捕捉】、【三维对象捕捉】、【对象捕捉追踪】、【允许/禁止动态】、【动态输入】、【显示/隐藏线宽】、【显示/隐藏透明度】、【快捷特性】、【选择循环】和【注释监视器】。当图标被点击发亮时，表示该功能已经启动。可以通过鼠标单击开启和关闭各项辅助功能。右边有【模型】、【快速查看布局】、【快速查看图形】、【注释比例】、【注视可见性】、【切换空间】等相关功能按钮。

(8) AutoCAD 2014 的其他工作空间

在 AutoCAD 2014 中，除了上述用户比较熟悉的【AutoCAD 经典】工作空间，还提供了如图 2.7 所示的【三维建模】，如图 2.8 所示的【三维基础】，【草图与注释】三种工作空间模式。需要处理不同任务时，可以通过选择【工具】→【工作空间】，或鼠标点击【工作空间】工具栏的下拉列表框都可以随时切换到另一个工作空间。

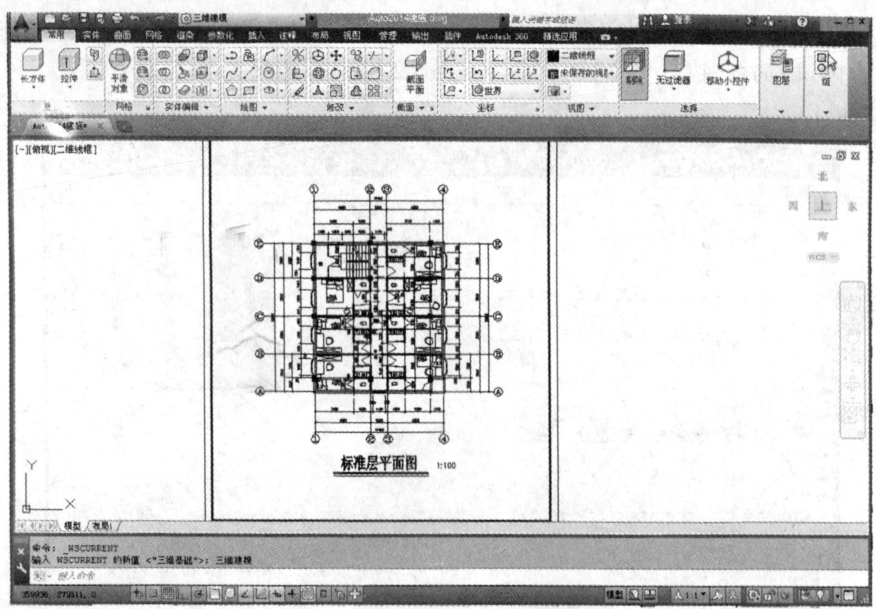

图 2.7 AutoCAD【三维建模】界面

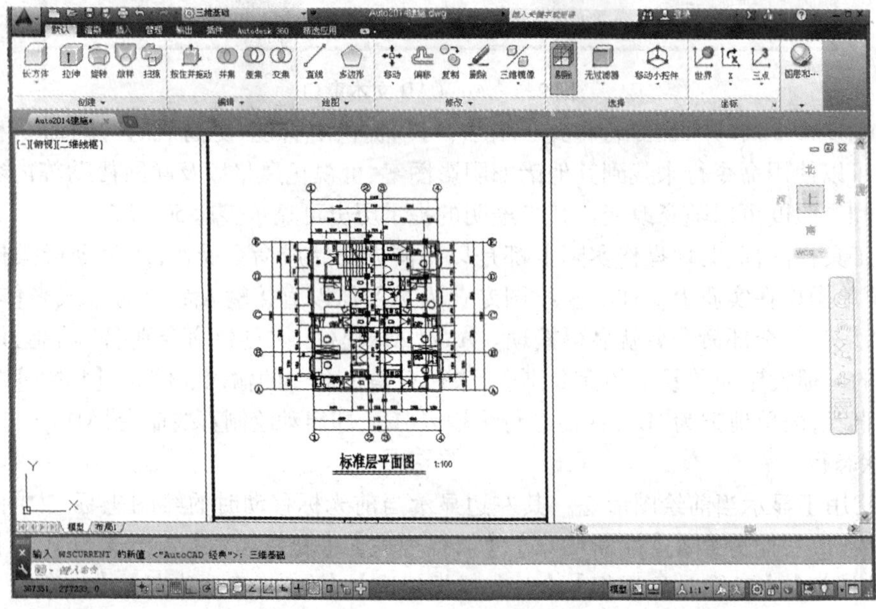

图 2.8 AutoCAD【三维基础】界面

2.1.2　图形文件的管理

(1)新建图形文件

在 AutoCAD 2014 中,用户可以通过如下方法创建新图形文件:

①在命令行输入 new;

②选择【文件】→【新建】命令;

③在【标准】工具栏中单击按钮;

④使用快捷键 <Ctrl> + N。

用上述方法中的任一种方法,都将打开如图 2.9 所示【选择样板】对话框。

图 2.9　【选择样板】对话框

在【选择样板】对话框中,可以在【名称】列表框中选中某一样板文件,这时在其右面的【预览】框中将显示出该样板的预览图像。单击【打开】按钮,可以以选中的样板文件为样板创建新图形,此时会显示图形文件的布局(选择样板文件 acad.dwt 或 acadiso.dwt 除外)。

(2)打开图形文件

在建筑制图中,如果想在原有图形上进行修改,必须在 AutoCAD 中打开现有图形,用户可以通过如下方法打开原有图形文件:

①在命令行输入 open;

②选择【文件】→【打开】命令;

③在【标准】工具栏中单击按钮;

④使用快捷键 <Ctrl> + O。

用上述方法中的任一种方法,将打开如图 2.10 所示【选择文件】对话框。

选择需要打开的图形文件,在右面的【预览】框中将显示出该图形的预览图像。默认情况下,打开的图形文件的格式为 *.dwg。

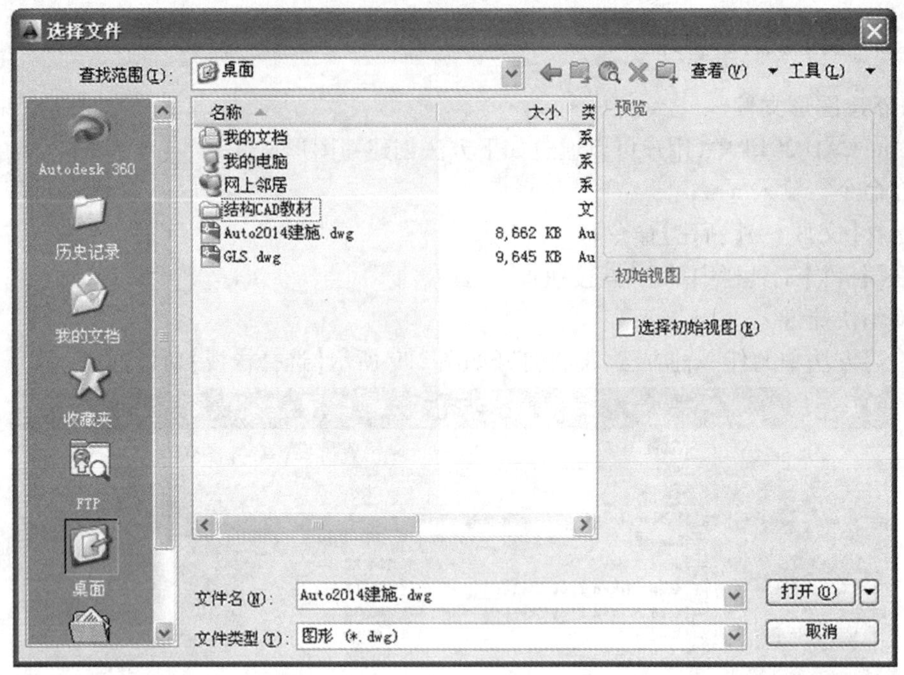

图 2.10 【选择文件】对话框

在 AutoCAD 中，可以以【打开】、【以只读方式打开】、【局部打开】和【以只读方式局部打开】4 种方式打开图形文件。当以【打开】、【局部打开】方式打开图形时，可以对打开的图形进行编辑。如果以【以只读方式打开】、【以只读方式局部打开】方式打开图形时，则无法对打开的图形进行编辑。如果选择以【局部打开】、【以只读方式局部打开】打开图形，这时将打开【局部打开】对话框。可以在【要加载几何图形的视图】选项组中选择要打开的视图，在【要加载几何图形的图层】选项组中选择要打开的图层，然后单击【打开】按钮，即可在视图中打开选中图层上的对象。

(3)保存图形文件

在 AutoCAD 2014 中，用户可以通过如下方法存储图形文件：

①在命令行输入 save 或 qsave；

②选择【文件】→【保存】命令或【另存为】命令；

③在【标准】工具栏中单击按钮；

④使用快捷键 <Ctrl> + S。

用上述方法中的任一种方法，可以将所绘图形以文件形式存储。在第一次保存创建的图形时，系统将打开【图形另存为】对话框。默认情况下，文件以“Auto 2014 图形(*.dwg)”格式保存，也可以在【文件类型】下拉列表框中选择其他格式，如 AutoCAD 2004/LT2004 图形(*.dwg)、AutoCAD 图形标准(*.dws)等格式。

(4)改变图形文件的输出格式

在 AutoCAD 2014 中，用户可以通过如下方法将任意图形文件以其他文件格式保存：

①在 AutoCAD 中选取需要以其他格式保存的图形，选择【文件】→【输出】命令，此时 AutoCAD 会弹出如图 2.11 所示【输出数据】对话框，从【文件类型】的下拉选项中选择自己需要的文件格式，单击【保存】即可。

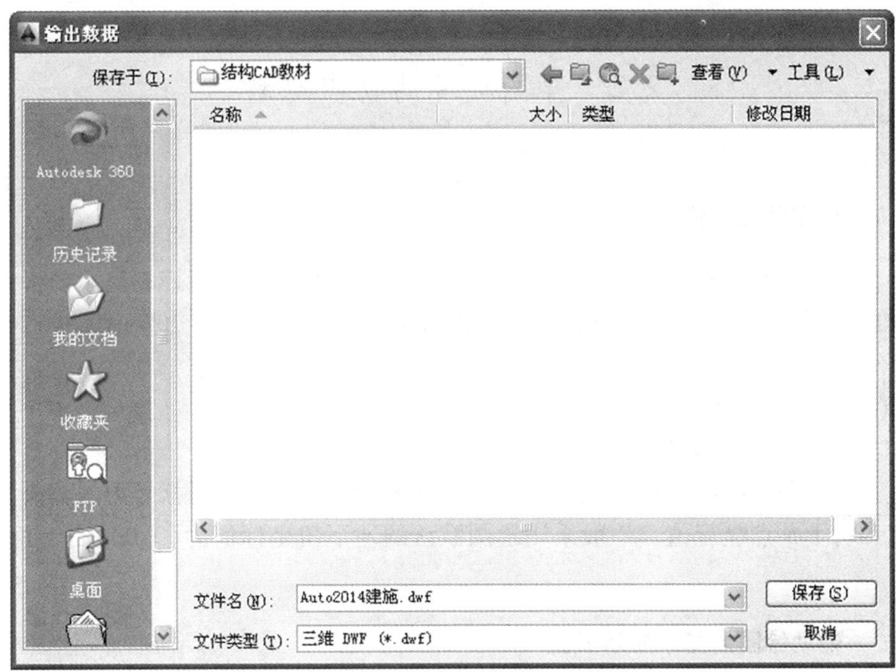

图2.11　【输出数据】对话框

②也可以通过【保存图形】命令将图形文件保存为其他所需的格式文件，具体操作如前文所述。

2.1.3　多文档设计环境

(1)同时打开多个图形

用户可以同时打开多个图形，并且保持原图形各自当前命令不中断的情况下，实现多个图形之间的快速复制和粘贴。

一次打开多个图形的方法是：在绘图状态下，单击工具栏的【打开】按钮，出现【选择文件】对话框，按下<Ctrl>键，依次单击要打开的图形文件；或者按下<Shift>键，单击要打开的其他图形文件，单击【打开】按钮，则将所选图形打开。

(2)在多个图形之间快速复制和粘贴

在多个图形之间快速复制、粘贴对象有两种方法：

①在当前图形上单击鼠标左健，弹出快捷菜单，选择【带基点复制】选项。先选择基点，再选择要复制的对象，回车结束选择；然后单击要粘贴到的图形，使它成为当前图形；最后单击鼠标右键，在弹出的快捷菜单中选择【粘贴】，移动位置，单击鼠标左键，完成复制粘贴。

②在两个图形之间直接进行复制，用这种方法复制图形快捷方便，在当前图形中选择要复制的对象，按住<Ctrl>+C完成复制；鼠标左键激活需要粘贴的图形，按住<Ctrl>+V完成粘贴。

2.2 绘图环境的初步定制

2.2.1 绘图区域设置

图形界限是表明用户工作区域和图形的边界。设置绘图界限,能控制显示栅格点区域的大小、ZOOM 命令的比例选项显示的区域,可以避免绘制的图形超出边界而无法打印。启动 Limits 命令的方法有如下几种:

(1)在命令行输入 Limits;

(2)选择【格式】→【图形界限】命令。

按上述任一种方法执行 Limits 命令,Limits 命令执行后,命令行后括号内的数值为当前的左下角点和右上角点坐标值。一般采用绘图默认的左下角坐标值为(0,0),右上角为(420,297)。

2.2.2 辅助绘图的基本显示设置

在 AutoCAD 中,用户可以根据自己的需要,选择【工具】→【选项】命令,在弹出如图 2.12 所示的【选项】菜单中,包括有【文件】、【显示】、【打开】和【保存】、【打印】、【系统】等多个选项卡。单击每个选项卡,即可进行相关选项的设定。例如,利用【显示】选项卡中【窗口元素】的【颜色】按钮,可以进行绘图背景颜色样式等的设定;利用【草图】选项卡,可以进行与辅助绘图功能相关的一些显示设置, 如感觉自动捕捉标记过大或过小时,可通过左右拖动【自动捕捉标记大小】上的滑块来改变标记大小。一般情况下,各项设定以默认的设置为宜。

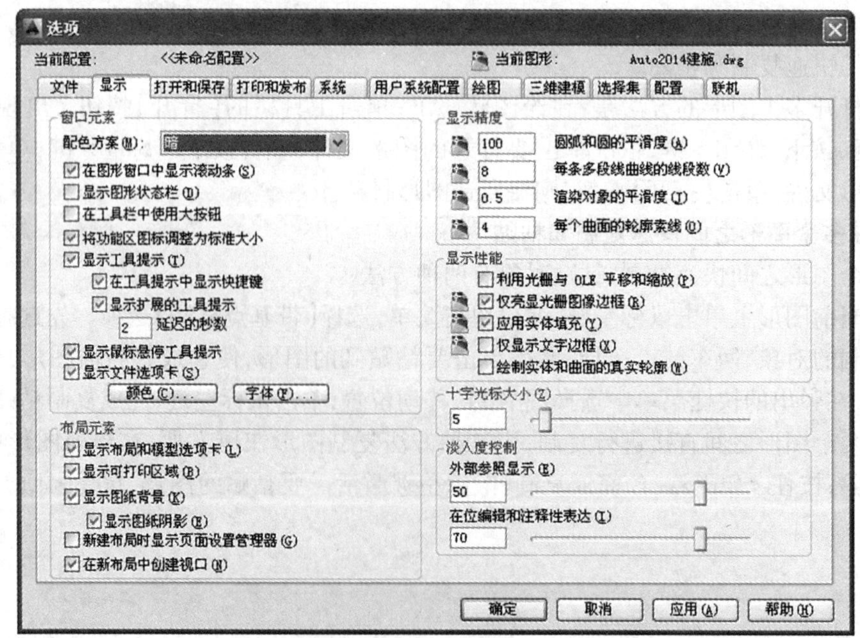

图 2.12 【选项】设置对话框中的【显示】选项卡

2.2.3　图层管理

图层是 AutoCAD 提供的一个管理图形对象的工具，用户可以根据图层对图形几何对象、文字、标注等进行归类处理，这样不仅能使图形的各种信息清晰、有序，便于观察，而且也会给图形的编辑、修改和输出带来很大的方便。例如，在建筑绘图中，经常把轴线、墙线、门、窗、文字、尺寸标注等设定在不同的图层中，方便整个图形的绘制和修改。

AutoCAD 提供了如图 2.13 所示的图层特性管理器，利用该工具可以很方便地创建图层以及设置其基本属性。启动该命令的方法有如下几种：

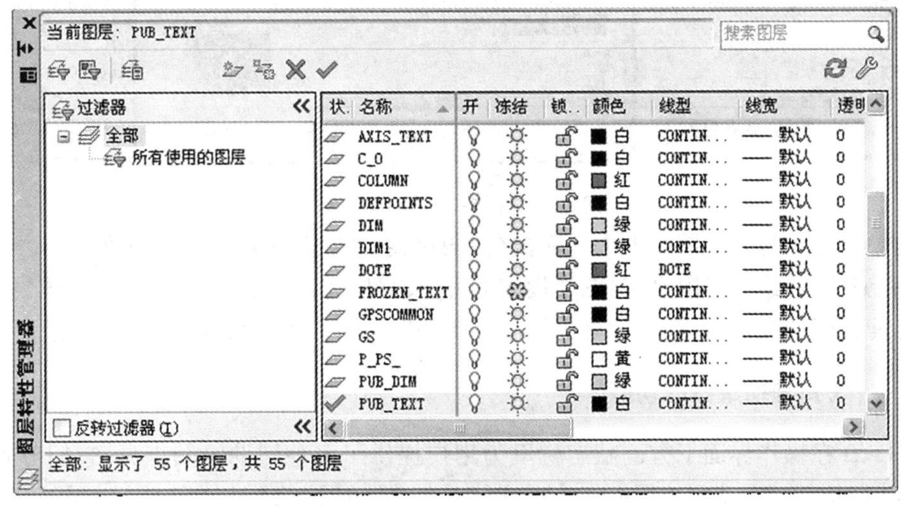

图 2.13　【图层特性管理器】对话框

①在命令行输入 layer 或 la。

②选择【格式】→【图层】命令。

③在【特性】工具栏中单击按钮。

按上述任一种方法即可打开【图层特性管理器】对话框。开始绘制新图形时，AutoCAD 将自动创建一个名为 0 的特殊图层。默认情况下，图层 0 将被指定使用 7 号颜色（白色或黑色，由背景色决定，本书中将背景色设置为黑色，因此，图层颜色就是白色）、Continuous 线型、默认线宽及 normal 打印样式，用户不能删除或重命名该图层 0。

在【图层特性管理器】对话框中单击【新建图层】按钮，可以创建一个名称为【图层 1】的新图层。默认情况下，新建图层与当前图层的状态、颜色、线性、线宽等设置相同。创建了图层后，图层的名称将显示在图层列表框中。如果要更改图层名称，可单击该图层名，然后输入一个新的图层名并按 <Enter> 键即可。颜色在图形中具有非常重要的作用，每个图层都拥有自己的颜色，绘制复杂图形时就可以很容易区分图形的各部分。新建图层后，要改变图层的颜色，可在【图层特性管理器】对话框中单击图层【颜色】列对应的图标，打开如图 2.14 所示的【选择颜色】对话框，选择相应层的颜色即可。

在 AutoCAD 2014 中，显示功能区上的图层数量增加了。图层是以自然排序显示出来。例如，图层名称是 1、4、25、6、21、2、10，现在的排序法是 1、2、4、6、10、21、25，而不是以前的 1、10、2、21、25、4、6。

图层管理器上新增了【合并选择】，它可以从图层列表中选择一个或多个图层并将在这些

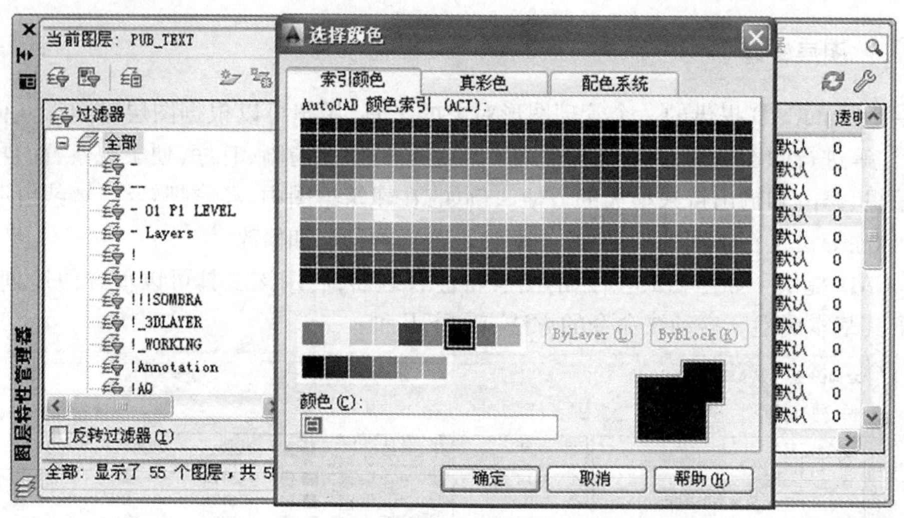

图 2.14 【选择颜色】对话框

层上的对象合并到另外的图层上去。而被合并的图层将会自动被图形清理掉。

除以上介绍的绘图界限设定、图层设定的方法以外，还可以打开一张选定的样图，删除图素留下已配置好的模板，包括设定好的绘图界限、图层等，作为新设定的绘图环境。

2.2.4 常用辅助绘图的功能

AutoCAD 在操作界面下方的状态栏里为用户提供了多种辅助绘图工具，它们分别是【推断约束】、【捕捉模式】、【栅格显示】、【正交模式】、【极轴追踪】、【对象捕捉】、【三维对象捕捉】、【对象捕捉追踪】、【允许/禁止动态】、【动态输入】、【显示/隐藏线宽】、【显示/隐藏透明度】、【快捷特性】、【选择循环】和【注释监视器】。下面将简要介绍几个常用的辅助绘图工具：

(1)正交模式

使用此工具可以绘制出完全平行或者垂直的直线。启动【正交模式】有以下几种方法：

①在命令行输入 ortho；

②单击【状态栏】上的按钮。

以上方法都可以实现正交功能的开启或关闭。按钮激活发亮时，为启用状态。

(2)对象捕捉

对象捕捉是使新的实体定位于已有实体上的功能。启动该工具有以下几种方法：

①按 F3 键开启或关闭对象捕捉状态；

②单击【状态栏】上的按钮。

以上方法都可以实现【对象捕捉】功能的开启与关闭。按钮激活发亮时，为启用状态。选择【工具】→【绘图设置】命令，在弹出的【草图设置】对话框中选择【对象捕捉】选项卡，将显示如图 2.15 所示的【对象捕捉】模式设置状态。

如图 2.15 中所示的为 AutoCAD 默认状态选项，用鼠标单击捕捉模式前的复选框，就可以实现某项捕捉模式的开启或关闭。实际的操作中，需要定位图形的中点、端点、垂足点或者其他特殊的点，对象捕捉模式就可以帮助用户准确地找到这些点。

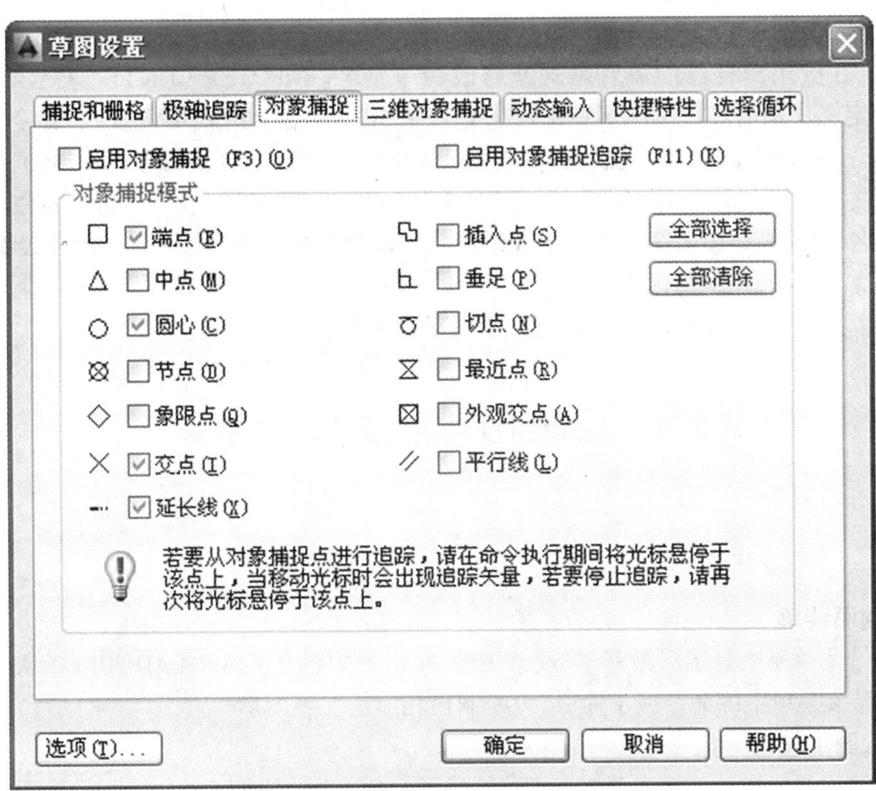

图 2.15　【对象捕捉】模式设置

2.2.5　AutoCAD 个性命令别名的创建

AutoCAD 允许用户根据个人习惯定义简单熟记的命令别名，以代替输入整个命令名。选择【工具】→【自定义】→【编辑程序参数】命令，打开如图 2.16 所示的文本文件 acad. pgp。

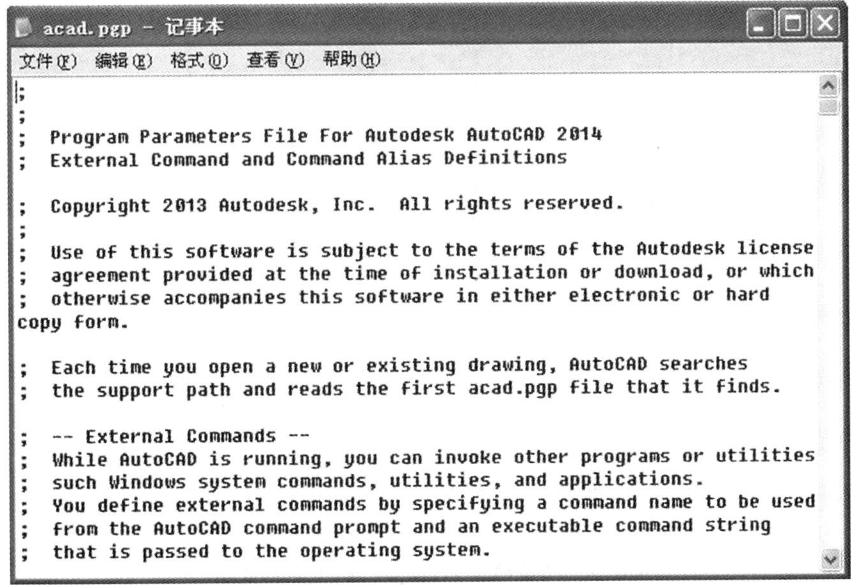
acad.pgp - 记事本

文件(F)　编辑(E)　格式(O)　查看(V)　帮助(H)

```
;
;
;  Program Parameters File For Autodesk AutoCAD 2014
;  External Command and Command Alias Definitions

;  Copyright 2013 Autodesk, Inc.  All rights reserved.
;
;  Use of this software is subject to the terms of the Autodesk license
;  agreement provided at the time of installation or download, or which
;  otherwise accompanies this software in either electronic or hard
copy form.

;  Each time you open a new or existing drawing, AutoCAD searches
;  the support path and reads the first acad.pgp file that it finds.

;  -- External Commands --
;  While AutoCAD is running, you can invoke other programs or utilities
;  such Windows system commands, utilities, and applications.
;  You define external commands by specifying a command name to be used
;  from the AutoCAD command prompt and an executable command string
;  that is passed to the operating system.
```

图 2.16　文本文件 acad. pgp

acad.pgp 文件记录了 AutoCAD 默认指定的各项命令对应的命令别名,可以用记事本对其进行编辑,并按用户自己的需要增加或修改命令别名。如"C, * CIRCLE"表示给 CIRCLE(圆)命令定义了别名 C。"CO, * COPY","CP, * COPY"表示给 COPY(复制)命令定义了别名 CO,CP。绘图用到 COPY(复制)命令要远比 CIRCLE(圆)命令多得多,所以我们就可以在 acad.pgp 文本里修改命令别名:"CI, * CIRCLE","C, * COPY"。用简单熟记的命令别名代替命令全名,可提高绘图效率。本书中介绍的相关命令的命令别名都是采用默认设置值。

值得注意的是,在编辑修改 acad.pgp 之前,最好能先创建备份,以便将来根据需要可以恢复默认设置。注意:不要用 AutoCAD 系统默认的命令名作命令别名。

2.3 AutoCAD 常用二维绘图基础

2.3.1 绘图方法

(1)绘图菜单

【绘图】菜单是绘制图形最基本、最常用的工具,其中包含了 AutoCAD 2014 的大部分绘图命令。选择该菜单中的命令或子命令,可绘制出相应的二维图形。

(2)绘图工具栏

【绘图】工具栏中的每个工具按钮都与【绘图】菜单中的绘图命令相对应,是图形化的绘图命令。

(3)屏幕菜单

如图 2.17 所示的【屏幕菜单】是 AutoCAD 2014 的另一种菜单形式。选择其中的各子菜单,可以使用绘图及编辑的相关工具,每个命令分别与 AutoCAD 2014 的绘图命令相对应。

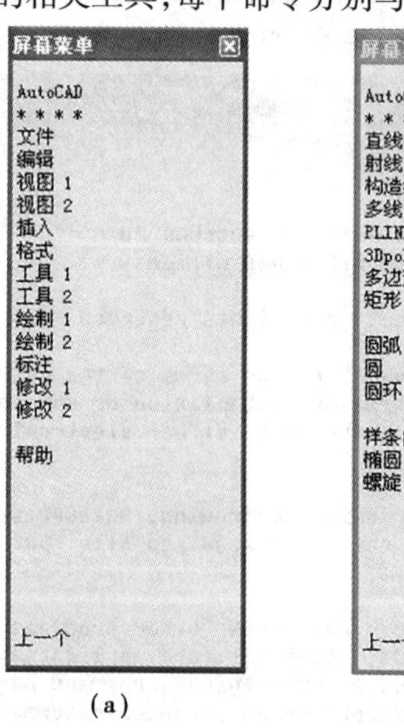

(a)

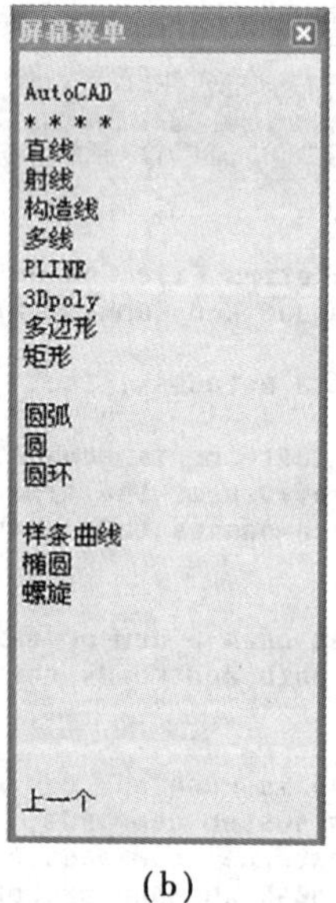

(b)

图 2.17 【屏幕菜单】及【绘制】子菜单选项

默认情况下,系统不显示【屏幕菜单】,在 CAD 低版本中可以通过选择【工具】→【选项】

命令,打开【选项】对话框,在【显示】选项卡的【窗口元素】选项组中选中【显示屏幕菜单】复选框将其显示。在 CAD 高版本中取消此选项,但可以通过以下步骤将它调出来:

命令:REDEFINE

输入命令名:SCREENMENU

命令:SCREENMENU

输入 SCREENMENU 的新值 <0>:1

(4)绘图命令

使用绘图命令也可以绘制图形,在命令提示行中输入绘图命令,按 <Enter> 键,并根据命令行的提示信息进行绘图操作。这种方法快捷,准确性高,但要求掌握绘图命令及其选择项的具体用法。

AutoCAD 2014 在实际绘图时采用命令行工作机制,以命令的方式实现用户与系统的信息交互,而前面介绍的 3 种绘图方法是为了方便操作而设置的,是 3 种不同的调用绘图命令的方式。

2.3.2　绘制点对象

点是 AutoCAD 绘图中最基本的图形元素,所有 AutoCAD 的绘图命令都离不开点的确定。在 AutoCAD 2014 中,选择【绘图】→【点】命令,弹出【点】子菜单,包括单点、多点、定数等分和定距等分 4 种。

(1)单点对象的创建

启动单点命令的方法有如下几种:

①在命令行输入 point。

②选择【绘图】→【点】→【单点】命令。

③在【标准】工具栏中单击 按钮。

按上述任一种方法执行【单点】命令,在命令行的提示下直接输入点的三维坐标或用鼠标在屏幕上单击,如果省略 Z 坐标值,则假定为当前标高,完成单点绘制。

(2)多点对象的创建

选择【绘图】→【点】→【多点】命令,在命令行的提示下直接输入多个点的坐标。

(3)点样式的创建

在实际绘图的过程中,用户可能需要多种的点的样式来丰富绘图效果。在 AutoCAD 中,点的样式可以由用户自行设定:

①在命令行输入 ddptype;

②选择【格式】→【点样式】命令。

按上述任一种方法执行【点样式设定】命令,弹出如图 2.18 所示【点样式】对话框,用户可以根据自己的需要在该对话框中选取合适的点样式。

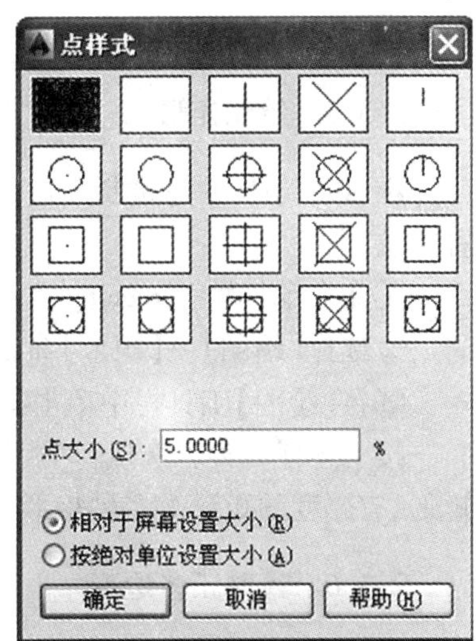

图 2.18　【点样式】对话框

2.3.3 绘制直线

直线是各种绘图中最常用、最简单的一类图形对象，启动【直线】命令有以下几种方法：

①在命令行键盘输入 line 或 L；

②选择【绘图】→【直线】命令；

③在【绘图】工具栏中单击⁄按钮。

按上述任一种方法执行【Line】命令，只要指定了起点和终点即可绘制一条直线。在 AutoCAD 中，可以用二维坐标(x,y)或三维坐标(x,y,z)来指定端点，也可以混合使用二维坐标和三维坐标。如果输入二维坐标，AutoCAD 将会用当前的高度作为 Z 轴坐标值，默认值为 0。

值得注意的是：

①绘制直线时，如出现错误，使用【Line】命令，在"指定下一点或[放弃(U)]："提示后输入"U"，可以取消上一步已发布的命令，系统仍然处于【Line】命令状态。连续使用"U"命令，可以按绘图的相反次序取消已绘线段回到起始点。

②当绘制完两条或两条以上线段后，在"指定下一点或[闭合(C)/放弃(U)]："提示后输入"C"，可以使最后一条线段的终点与第 1 条线的起点相连，构成封闭多边形，并结束【Line】命令。

③在"指定下一点或[闭合(C)/放弃(U)]："提示后直接回车，表示画直线命令结束。

④【LINE】命令一次可以连续绘制多条直线段，但它们分别是独立的对象，而不是一个整体。各条直线段都可以有自己独立的属性设置。

2.3.4 绘制射线

射线为一端固定、另一端无限延伸的直线。启动【射线】命令有以下几种方法：

①在命令行输入 ray；

②选择【绘图】→【射线】命令。

按上述任一种方法执行【射线】命令，指定射线的起点和通过点即可绘制一条射线。在 AutoCAD 中，射线主要用于绘制辅助线。

指定射线的起点后，可在"指定通过点："提示下指定多个通过点，绘制以起点为端点的多条射线，直到按 <Esc> 或 <Enter> 键退出为止。

2.3.5 绘制矩形

在 AutoCAD 的建筑制图过程中矩形是最为常见的结构样式。启动【矩形】命令有以下几种方法：

①在命令行输入 rectang 或 rectangle；

②选择【绘图】→【矩形】命令；

③在【绘图】工具栏中单击□按钮。

按上述任一种方法执行"矩形"命令，按照命令行的命令提示即可绘制出倒角矩形、圆角矩形、有厚度的矩形等多种矩形。

2.3.6 绘制正多边形

正多边形是指由三条以上的线段组成的封闭图形。启动【正多边形】命令有以下几种方法：

①在命令行输入 polygon;

②选择【绘图】→【正多边形】命令;

③在【绘图】工具栏中单击⬠按钮。

按上述任一种方法执行【正多边形】命令,按照命令行的命令提示即可以绘制边数为 3 ~ 1 024 的正多边形。

2.3.7　绘制圆、圆弧

圆、圆弧也是建筑结构绘图中常见的几何形式。启动【圆】命令有以下几种方法:

①在命令行输入 circle 或 c。

②选择【绘图】→【圆】命令。

③在【绘图】工具栏中单击⊙按钮。

按上述任一种方法执行【圆】命令,按照命令行的命令提示即可以绘制圆。在 AutoCAD 2014 中,可以使用 6 种方法绘制圆,如图 2.19 所示。

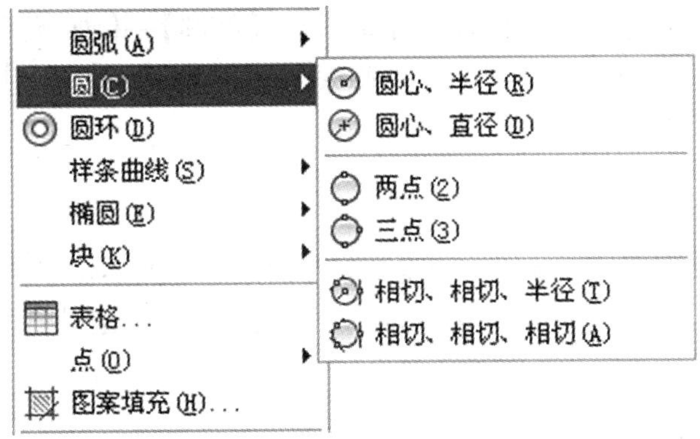

图 2.19　圆的绘制方法

启动【圆弧】命令也有以下几种方法:

①在命令行输入 arc 或 a;

②选择【绘图】→【圆弧】命令;

③在【绘图】工具栏中单击⌒按钮。

按上述任一种方法执行【圆弧】命令,按照命令行的命令提示即可以绘制圆弧。在 AutoCAD2014 中,可以使用 11 种方法绘制圆弧。按住 < Ctrl > 键来切换所要绘制的圆弧的方向,这样可以轻松地绘制不同方向的圆弧,如图 2.20 所示。

2.3.8　绘制椭圆或椭圆弧

椭圆或椭圆弧也是建筑结构绘图中常见的几何形式,启动【椭圆】命令有以下几种方法:

①在命令行输入 ellipse;

②选择【绘图】→【椭圆】命令;

③在【绘图】工具栏中单击⬭按钮。

按上述任一种方法执行【椭圆】命令,按照命令行的命令提示即可以绘制椭圆。

其中可以选择【绘图】→【椭圆】→【中心点】命令,指定椭圆中心、一个轴的端点(主轴)以

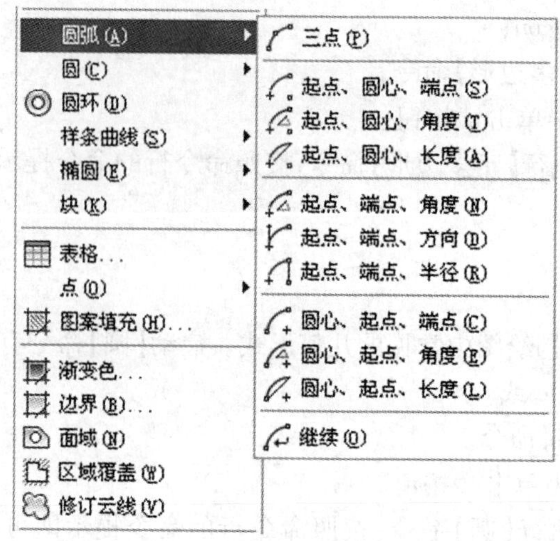

图 2.20　圆弧的绘制方法

及另一个轴的半轴长度绘制椭圆;可以选择【绘图】→【椭圆】→【轴、端点】命令,指定一个轴的两个端点(主轴)和另一个轴的半轴长度绘制椭圆;也可以选择【绘图】→【椭圆】→【圆弧】命令,启动【椭圆弧】命令。

2.3.9　创建定数等分点

Divide 命令提供了在指定对象上按指定数目等间距创建点的功能,以及按指定划分数目等间距插入块的功能,是建筑制图中比较常用的命令。启动【定数等分】命令有以下几种方法:

①在命令行输入 divide;

②选择【绘图】→【点】→【定数等分】命令。

按上述任一种方法执行【定数等分】命令,按照命令行的命令提示,即可在指定对象上按指定数目等间距创建点,以及按指定划分数目等间距插入块。

2.3.10　图块编辑

使用 AutoCAD 绘图时,经常会碰到需要重复调用一些常用的图形,如果每次都单独绘制,将耗费大量的时间和精力。如果能把这些图形定义为一个整体,根据绘图需要插入图形,就可以极大地提高绘图效率,同时还可以大大节约绘图空间。AutoCAD 的图块功能就可以实现这个操作。

(1)图块的定义

一张图纸中可以定义多个不同的图块,定义过程如下:

①在命令行键盘输入 block 或 b;

②选择【绘图】→【块】命令;

③在【绘图】工具栏中单击按钮。

按上述任一种方法执行【块】命令,弹出如图 2.21 所示的【块定义】对话框。在【名称】中输入块名称;在【对象】选择框中选择【转换为块】项,选择【选择对象】按钮,在命令行【选择对象】命令的提示下,选择要包括在块中的图形元素,直到按回车键完成选择。在【块定义】对话框的【基点】选择框中使用【拾取点】或以坐标的方法指定块插入点，单击【确定】按钮完成块定义。

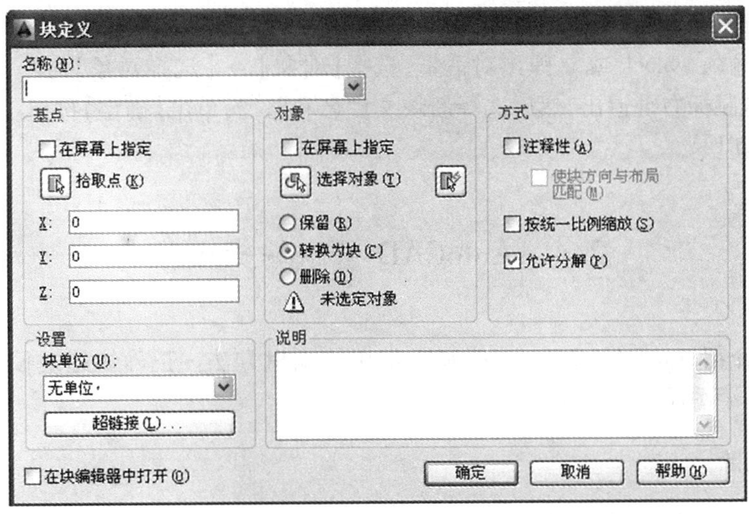

图 2.21　【块定义】对话框

(2)图块的插入

图块的插入功能可以实现把已经定义的图块插入到图形中，在插入的同时可以改变所插图块的比例和旋转角度，方法如下：

①在命令行输入 insert 或 i；

②选择【插入】→【块】命令；

③在【插入】工具栏中单击按钮。

按上述任一种方法执行【块】命令，在弹出如图 2.22 所示的【插入】对话框；在【名称】栏中选择要插入的块名称；在【插入点】选择框、【比例】选择框和【旋转】选择框中定义相应的选项可以完成图块不同比例和不同旋转角度的插入。

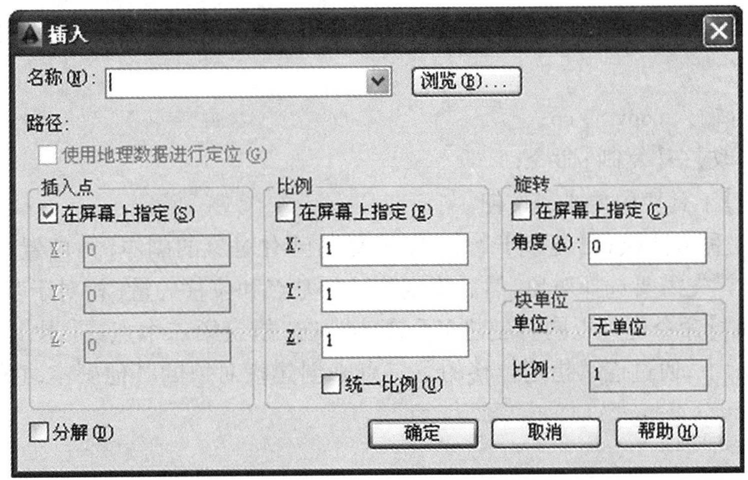

图 2.22　【插入】对话框

(3)写图块

写图块功能可以将一张图中的一部分图块选中另存到一个文件中,即复制一张图中的一部分并另存为一个文件。操作过程如下:

在命令行输入 wblock 或 w 弹出对话框,选择【对象】→【选择对象】命令,用鼠标框住所选图块,再单击鼠标右键退出,然后选择新块文件名和路径,单击【确定】按钮。在选定的路径下即可打开该新块。

2.4 AutoCAD 基本编辑操作

本节主要介绍 AutoCAD 2014 一些基本常用的编辑方法。正确快速地使用这些编辑命令,将大大提高绘图质量和效率。

2.4.1 删除

在 AutoCAD 绘图过程中,难免出现一些错误的图形,可以用【删除】命令删除选中的对象。启动【删除】命令有以下几种方法:

①在命令行输入 erase 或 e;

②选择【修改】→【删除】命令;

③在【修改】工具栏中单击按钮。

按上述任一种方法执行【删除】命令,都可删除图形中选中的对象。通常,当发出【删除】命令后,需要选择要删除的对象,然后按 <Enter> 键或 <Space> 键结束对象选择,同时删除已选择的对象。如果在【选项】对话框的【选择】选项卡中选中【选择模式】选项组中的【先选择后执行】复选框,就可以先选择对象,然后单击【删除】按钮删除对象。

2.4.2 复制

在 AutoCAD 中,可以使用【复制】命令创建与原有对象相同的图形。启动【复制】命令有以下几种方法:

①在命令行输入 copy 或 co;

②选择【修改】→【复制】命令;

③在【修改】工具栏中单击按钮。

按上述任一种方法执行【复制】命令,即可复制已有对象的副本,并放置到指定的位置。执行该命令时,首先需要选择对象,然后指定位移的基点和位移矢量(相对于基点的方向和大小)。使用【复制】命令还可以同时创建多个副本。在"指定第二个点或[退出(E)/放弃(U)<退出>:"提示下,通过连续指定位移的第二点来创建该对象的其他副本,直到按 <Enter> 键结束。

2.4.3 镜像

在 AutoCAD 中,可以使用【镜像】命令将对象以镜像线对称复制。启动【镜像】命令有以下几种方法:

①在命令行输入 mirror 或 mi；

②选择【修改】→【镜像】命令；

③在【修改】工具栏中单击按钮。

按上述任一种方法即可执行【镜像】命令。执行该命令时，需要选择要镜像的对象，然后依次指定镜线上的两个端点，命令行将显示“要删除源对象吗？［是(Y)/否(N)］ <N>：”的提示信息。如果直接按 <Enter> 键，则镜像复制对象，并保留原来的对象；如果输入【Y】，则在镜像复制对象的同时删除原对象。

在 AutoCAD 2014 中，使用 MIRRTEXT 命令可以控制文字对象的镜像方向。如果 MIRRTEXT 的值为 1，则文字对象完全镜像，镜像出来的文字变得不可读；如果 MIRRTEXT 的值为 0，则文字对象方向不镜像。

2.4.4　偏移

在 AutoCAD 中，使用偏移命令可以创建与选定对象完全平行的新对象，偏移圆或圆弧可以创建一系列同心圆或圆弧。实际操作中，常用偏移命令生成轴线、墙线等。启动【偏移】命令有以下几种方法：

①在命令行输入 offset 或 o；

②选择【修改】→【偏移】命令；

③在“修改】工具栏中单击按钮。

按上述任一种方法即可执行【偏移】命令，其命令行显示：“指定偏移距离或［通过(T)/删除(E)/图层(L)］ <通过>：”的提示。默认情况下，需要指定偏移距离，再选择要偏移复制的对象，然后指定偏移方向，以复制出对象。

2.4.5　阵列

在 AutoCAD 中，使用阵列命令可以把一个实体组成矩形方阵或环形方阵。AutoCAD 2014 有 3 种阵列方式，即矩形阵列、环形阵列、路径阵列。其中，路径阵列是新增加的阵列方式。启动【矩形阵列】命令有以下几种方法：

①在命令行输入 array 或 ar；

②选择【修改】→【阵列】→【矩形阵列】命令；

③在【修改】工具栏中单击按钮。

按上述任一种方法即可执行【矩形阵列】命令。命令行显示：ARRAYRECT 选择对象：，用鼠标选择要阵列的对象，单击鼠标右键确认，CAD 会按照默认值自动生成矩形阵列，并在命令行显示：ARRAYRECT 选择夹点以编辑阵列或 [关联(AS) 基点(B) 计数(COU) 间距(S) 列数(COL) 行数(R) 层数(L) 退出(X)] <退出>：，用户可以自行选择参数进行调整。

启动【环形阵列】命令用以下方法：

选择【修改】→【阵列】→【环形阵列】命令，命令行显示：ARRAYPOLAR 选择对象：，用鼠标选择要阵列的对象，再单击鼠标右键确认，命令行显示 ARRAYPOLAR 指定阵列的中心点或 [基点(B) 旋转轴(A)]：。用鼠标指定中心点后，CAD 会按照默认值自动生成环形阵列，并在命令行显示：ARRAYPOLAR 选择夹点以编辑阵列或 [关联(AS) 基点(B) 项目(I) 项目间角度(A) 填充角度(F) 行(ROW) 层(L)

旋转项目(ROT) 退出(X)] <退出>:,用户可以自行选择参数进行调整。

2.4.6 移动

移动命令可以使被选元素移动一定的距离,以达到重新定位对象的目的。启动【移动】命令有以下几种方法:

①在命令行输入 move 或 m;

②选择【修改】→【移动】命令;

③在【修改】工具栏中单击按钮。

按上述任一种方法即可执行【移动】命令,可以在指定方向上按指定距离移动对象,对象的位置发生了改变,但方向和大小不改变。首先选择要移动的对象,然后指定位移的基点和位移矢量。在命令行的"指定基点或[位移]<位移>"提示下,如果单击或以键盘输入形式给出了基点坐标,命令行将显示"指定第二点或<使用第一个点作位移>:"的提示;如果按<Enter>键,那么所给出的基点坐标值就作为偏移量,即将该点作为原点(0,0),然后将图形相对于该点移动由基点设定的偏移量。

2.4.7 旋转

旋转命令可以使被选中对象绕指定的基点旋转一定的角度,进而达到重新定位的目的。启动【旋转】命令有以下几种方法:

①在命令行输入 rotate 或 ro;

②选择【修改】→【旋转】命令;

③在【修改】工具栏中单击按钮。

按上述任一种方法即可执行【旋转】命令,执行该命令后,从命令行显示的"UCS 当前的正角方向:ANGDIR=逆时针 ANGBASE=0"提示信息中,可以了解到当前的正角度方向(如逆时针方向),零角度方向与 X 轴正方向的夹角(如0°)。

选择要旋转的对象(可以依次选择多个对象),并指定旋转的基点,命令行将显示"指定旋转角度或[复制(C)参照(R)]<0>"的提示信息。如果直接输入角度值,则可以将对象绕基点转动该角度,角度为正时逆时针旋转,角度为负时顺时针旋转;如果选择"参照(R)"选项,将以参照方式旋转对象,需要依次指定参照方向的角度值和相对于参照方向的角度值。

2.4.8 缩放

缩放命令可以使被选中对象在 X,Y,Z 方向按指定的比例因子相对于基点进行尺寸缩放。缩放命令可以用来绘制形状相同、比例不同的图形结构,这是一个非常有用的编辑命令。启动【缩放】命令有以下几种方法:

①在命令行输入 scale 或 sc;

②选择【修改】→【缩放】命令;

③在【修改】工具栏中单击按钮。

按上述任一种方法即可执行【缩放】命令。可以将对象先选择对象,然后指定基点,命令行将显示"指定比例因子或[复制(C)/参照(R)]<1.0000>:"的提示信息。如果直接指定缩放的比例因子,对象将根据该比例因子相对于基点缩放。当比例因子大于0而小于1时,缩小对象;当比例因子大于 1 时,放大对象。如果选择“参照(R)”选项,对象将按参照的方式缩放,需要依次输入参照长度的值和新的长度值,AutoCAD 根据参照长度与新长度的值自动计算比例因子(比例因子 = 新长度值/参照长度值),然后进行缩放。

2.4.9　拉伸

拉伸命令可以修改对象的局部尺寸,是一个非常实用的命令。此命令可以在一个方向上按用户所选定的尺寸拉伸图形,而缩放命令只可以在各个方向上按相同比例缩放对象。启动【拉伸】命令有以下几种方法:

①在命令行输入 stretch 或 s;

②选择【修改】→【拉伸】命令;

③在【修改】工具栏中单击按钮。

按上述任一种方法执行【拉伸】命令,即可以移动或拉伸对象,操作方式根据图形对象在选择框中的位置决定。执行该命令时,可以使用“交叉窗口方式”或者“交叉多边形”方式选择对象,然后依次指定位移基点和位移矢量,将会移动位于选择窗口之内的全部对象,而拉伸(或压缩)与选择窗口边界相交的对象,而不改变窗口外边的对象。

2.4.10　修剪

使用修剪命令可以将某一对象定义为剪切边进行修剪其他对象。在 AutoCAD 中,可以作为剪切边的对象有直线、圆弧、圆、椭圆或椭圆弧、多段线、样条曲线、构造线、射线以及文字等。同时,剪切边也可以作为被剪边。启动【修剪】命令有以下几种方法:

①在命令行输入 trim;

②选择【修改】→【修剪】命令;

③在【修改】工具栏中单击按钮。

按上述任一种方法即可执行【修剪】命令。默认情况下,选择要修剪的对象(即选择被剪边),系统将以剪切边为界,将被剪切对象上位于拾取点一侧的部分剪切掉。如果按下 Shift 键,同时选择与修剪边不相交的对象,修剪边将变为延伸边界,将选择的对象延伸至与修剪边界相交。

2.4.11　延伸

在 AutoCAD 中,可以使用延伸命令将指定对象延伸到另一对象,使它与其他实体相连。启动【延伸】命令有以下几种方法:

①在命令行输入 extend;

②选择【修改】→【延伸】命令;

③在【修改】工具栏中单击按钮。

按上述任一种方法即可执行【延伸】命令。延伸命令的使用方法和修剪命令的使用方法相似,不同之处在于:使用延伸命令时,如果在按下 Shift 键的同时选择对象,则执行修剪命令;使用修剪命令时,如果在按下 Shift 键的同时选择对象,则执行延伸命令。同时,在选择延伸对象时,必须选择直线靠近边界的一侧,否则不能完成延伸操作。

2.4.12 打断

在 AutoCAD 2008 中,使用打断命令可部分删除对象或把对象分解成两部分,还可以使用打断于点命令将对象在一点处断开成两个对象。

(1)打断对象

启动【打断】命令有以下几种方法:

①在命令行输入 break;

②选择【修改】→【打断】命令;

③在【修改】工具栏中单击按钮。

按上述任一种方法即可执行【打断】命令,可部分删除对象或把对象分解成两部分。

(2)打断于点

在【修改】工具栏中单击按钮,可以将对象在一点处断开成两个对象,它是从【打断】命令中派生出来的。执行该命令时,需要选择要被打断的对象,然后指定打断点,即可从该点打断对象。

2.4.13 合并

在 AutoCAD 2014 中,使用合并命令可以把某一连续图形上的两个部分连接成整体,或者将某段圆弧闭合为整圆。启动【合并】命令有以下几种方法:

①在命令行输入 join;

②选择【修改】→【合并】命令;

③在【修改】工具栏中单击按钮。

2.4.14 倒角

在实际的建筑绘图操作中,经常会遇到墙角连接的处理,用户可以多次使用【修剪】【延伸】命令完成操作。但这样操作比较烦琐,使用倒角命令处理类似问题是非常常用的,方便又快捷。启动【倒角】命令有以下几种方法:

①在命令行输入 chamfer 或 cha;

②选择【修改】→【倒角】命令;

③在【修改】工具栏中单击按钮。

按上述任一种方法即可执行【倒角】命令。对不相交的两条直线,当将第一个倒角距离和第二个倒角距离都设置为 0 时,则把直线倒角成两条相交的直线。

2.4.15 圆角

在 AutoCAD 中,圆角命令的使用方法和倒角命令类似,只是倒角命令多是直线连接两个实体,而圆角命令则是用光滑的弧线把两个实体连接起来。启动【圆角】命令有以下几种方法:

①在命令行输入 fillet 或 f;

②选择【修改】→【圆角】命令;

③在【修改】工具栏中单击按钮。

按上述任一种方法执行【圆角】命令，即可对对象用圆弧修圆角。修圆角的方法与修倒角的方法相似，在命令行提示中，选择【半径(R)】选项，即可设置圆角的半径大小。实际的建筑绘图多是利用圆角操作将两条相交的直线修剪为圆角；对不相交的两条直线，圆角命令将延伸或修剪直线使它们相交。

2.4.16　光顺曲线

在 AutoCAD 高版本中，光顺曲线命令可在两条选定直线或曲线之间的空隙中创建样条曲线，或选择端点附近的每个对象。生成的样条曲线的形状取决于指定的连续性，选定对象的长度保持不变。有效对象包括直线、圆弧、椭圆弧、螺旋、开放的多段线和开放的样条曲线。启动【光顺曲线】命令有以下几种方法：

①在命令行输入 blend；

②选择【修改】→【光顺曲线】命令；

③在【修改】工具栏中单击按钮。

按上述任一种方法执行【光顺曲线】命令，选择样条曲线起始端附近的直线或开放的曲线，再选择 AutoCAD 2014 样条曲线末端附近的另一条直线或开放的曲线，按 <Enter> 键，即可光顺曲线并结束该命令。

2.4.17　分解

在 AutoCAD 中，矩形、多边形、尺寸标注、图块和图案填充等都是作为整个对象存在的。如果需要对这些对象的局部进行必要的修改时，必须首先将整个对象分解为各自独立的个体，【分解】命令就可以实现这个操作。启动【分解】命令有以下几种方法：

①在命令行输入 explode；

②选择【修改】→【分解】命令；

③在【修改】工具栏中单击按钮。

按上述任一种方法执行【分解】命令，选择需要分解的对象后按 <Enter> 键，即可分解图形并结束该命令。

2.4.18　对象特性管理

AutoCAD 中的图形对象，依据对象特征不同，具有不同的图层、颜色、线性、线宽、样式等属性。这些属性可以通过专门的修改命令进行修改，也可以使用对象特性管理器进行修改。启动【对象特性管理器】有以下几种方法：

①在命令行输入 properties；

②选择【修改】→【特性】命令；

③在【标准】工具栏中单击按钮。

按上述任一种方法即可执行【对象特性管理器】命令，将弹出如图 2.23 所示的对象特性管理器。

当选中某一对象时，对象特性管理器将该图形对象的全部属性集中起来管理，可以让用户方便地浏览和修改图形对象的这些属性；当要修改图形某一属性时，可以将光标移动到要修改的属性框，单击左键，即可对属性进行修改。

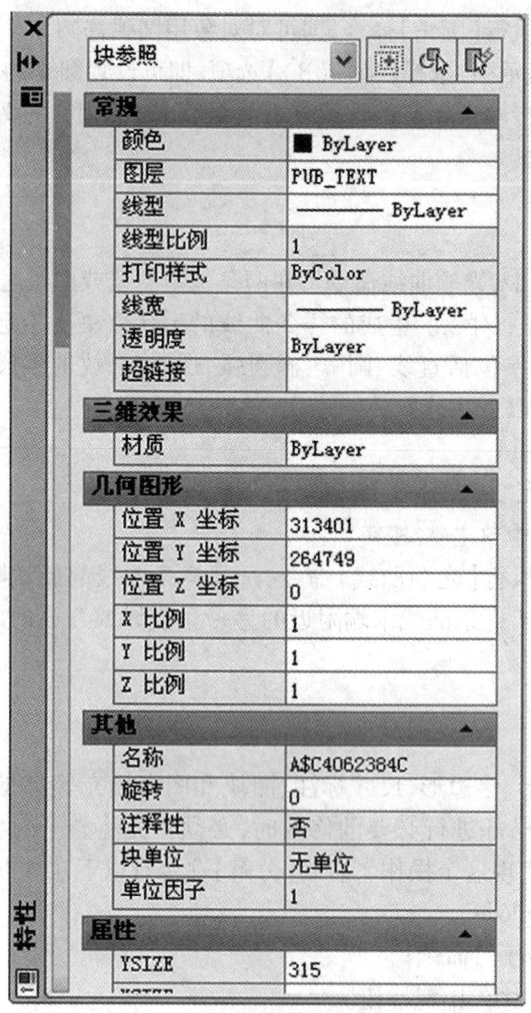

图 2.23 对象特性管理器

实际绘图中,为方便绘图,选择要查看或修改其特性的对象,在绘图区域单击右键,然后选择【特性】即可打开对象特性管理器;在大多数对象上双击也可以显示对象特性管理器,完成特性查看或修改操作。

2.5 AutoCAD 文字及尺寸标注

文字标注与尺寸标注是 AutoCAD 绘图中不可缺少的部分,它们互相配合才能更深刻、更准确地表达设计者的意图。本节将对文字标注与尺寸标注作具体的介绍。

2.5.1 文字标注

在输入文字时,需按不同设计要求选择不同的文字输入样式,这就需要在文字输入前设定文字样式。

(1)文字样式的设定

在 AutoCAD 中只有一个名为 Standard 的字体样式,用户可以自行定义自己需要的字体样式。按如下方法可以启动如图 2.24 所示的【文字样式】对话框:

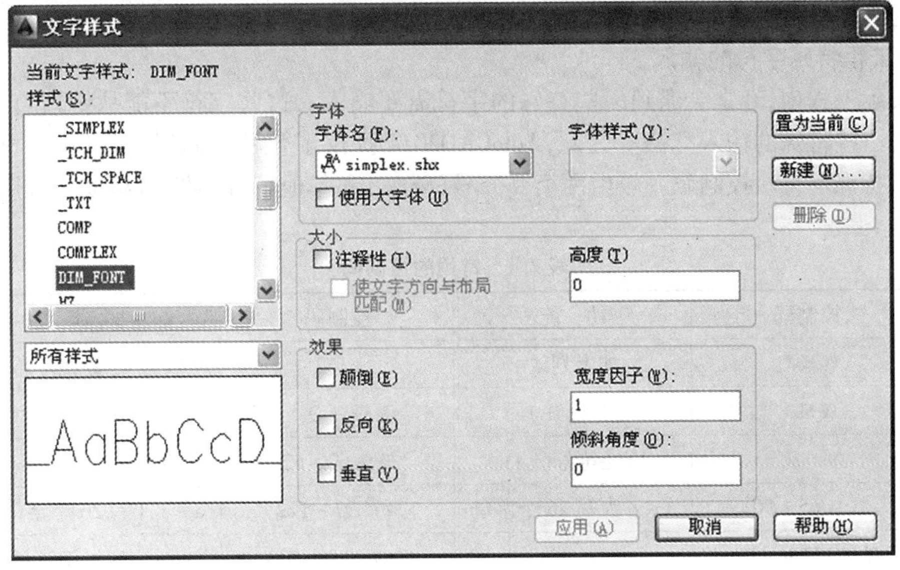

图 2.24　【文字样式】对话框

①在命令行输入 ST 或 style;

②选择【格式】→【文字样式】命令;

③在【样式】工具栏中单击按钮。

利用【文字样式】对话框可以添加、删除文字样式。可以选择样式对应的字体和字体样式,制定字体高度,设置文字特殊效果等。

我国工程制图常用的字体文件为大字体文件 HZTXT.SHX。字体高度需要根据实际设置字体高度,默认值为 0。如果选取默认值,则进行文字输入时需要重新设定文字高度。为了使字体输入更美观,需要设定字体宽度比例。当比例系数为 1 时,表示按字体文件中定义的高度比输入文字;当比例系数小于 1 时,字体就会变窄;当比例系数大于 1 时,字体会变宽。建筑制图中常将宽度比例调整为 0.7 ~ 0.9,使文字更加美观。

(2)文字的输入

在 AutoCAD 中,文本输入有两种形式:单行文本输入的【Text】命令和多行文本输入的【Mtext】命令。

单行文本输入【Text】命令用于最简单的文本输入和编辑格式,只允许用户逐行输入文本。可以通过如下方法启动【Text】命令:

①在命令行输入 text;

②选择【绘图】→【文字】→【单行文字】命令。

按上述任一种方法执行【Text】命令,命令行会提示当前文字样式及文字高度。可以根据命令行的提示重新对文字样式、字体高度、对齐样式、文字旋转角度等进行修改。如果采用【Text】命令输入多行文字,只需要在每一行命令末尾回车即可。

此外还可以通过如下方法启动多行文本输入的【Mtext】命令:

①在命令行输入 mtext;

②选择【绘图】→【文字】→【多行文字】命令;

③在【绘图】工具栏中单击A按钮。

按上述任一种方法即可执行【Mtext】命令。

(3)工程特殊字符的输入

在实际工程中,经常会遇到一些特殊的字符需要输入。这些字符不能从键盘直接输入,需要使用一些特殊的输入方法。为此,AutoCAD2014 提供了各种控制码,可以在单行文字输入时输入特殊字符。控制码一般由两个百分号(%%)和其他字母(数字)组成。常用的控制码见表 2.1:

表 2.1 常用的控制码

控制码	功 能	控制码	功 能
%%O	加上划线	%%U	加下划线
%%P	符号(±)	%%D	符号(°)
%%C	直径符号(□)	%%60 ~ 62	<、=、>
%%65 ~ 90	A ~ Z 大写 26 个字母	%%97 ~ 122	a ~ z 小写 26 个字母
%%123 ~ 125	{、|、}	%%130 ~ 133	一 ~ ~ 四级钢符号

2.5.2 尺寸标注

通用的建筑图形中,只有具有正确、准确的尺寸标注才能表达具体的设计意图。

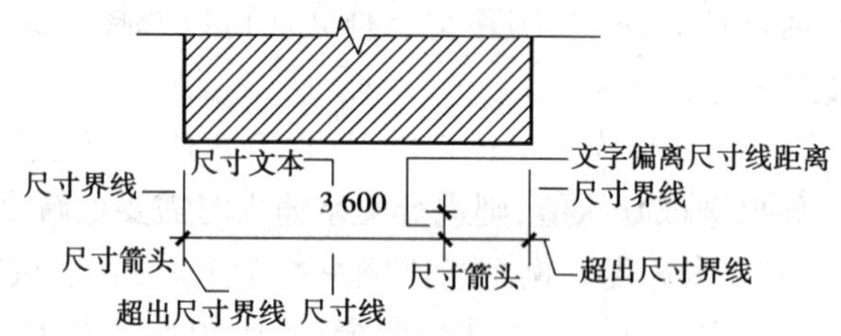

图 2.25 尺寸标注组成示意

(1)尺寸标注的组成

一个完整的建筑尺寸标注一般由尺寸界线、尺寸线、尺寸箭头、尺寸文本 4 部分组成,具体说明如图 2.25 所示。

(2)尺寸标注的创建

AutoCAD 绘图中,可以根据需要灵活地创建各种标注样式。启动尺寸样式创建窗口的操作方法如下:

①在命令行输入 ddim 或 d;

②选择【标注】→【标注样式】命令;

③选择【格式】→【标注样式】命令;

④在【样式】工具栏中单击按钮。

按上述任一种方法执行后,将打开如图 2.26 所示的【标注样式管理器】对话框。

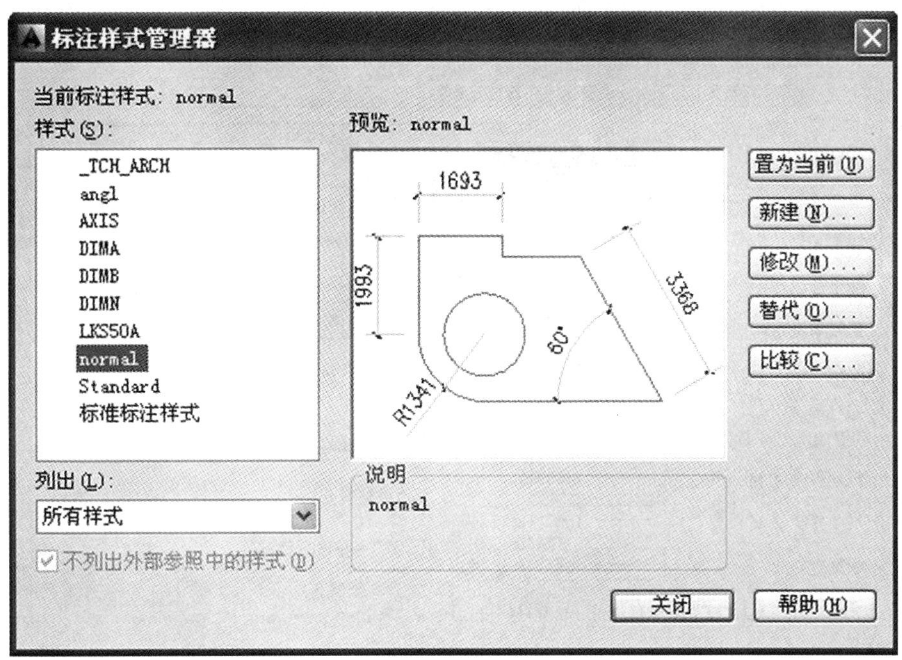

图 2.26 【标注样式管理器】对话框

该对话框显示了当前标注样式、AutoCAD 所定义的所有标注样式、预览、说明、置为当前、新建、修改等内容。系统默认的标注样式为 ISO-25。

在实际的绘图操作中,需要自己定义标注样式。单击【标注样式管理器】对话框的【新建】按钮,弹出如图 2.27 所示的【创建新标注样式】对话框。在【新建样式】窗口中输入新创建的标注样式的名称,其中的【基础样式】是创建新样式的平台,尽量选择与新样式接近的、已有的标注样式作为基础样式。其中的【用于】将定义该样式适用的范围,单击【继续】按钮将弹出如图 2.28 所示的【新建标注样式】参数设置对话框。利用此对话框的相关选项的选项设置,可以对新标注样式进行具体的参数设定。

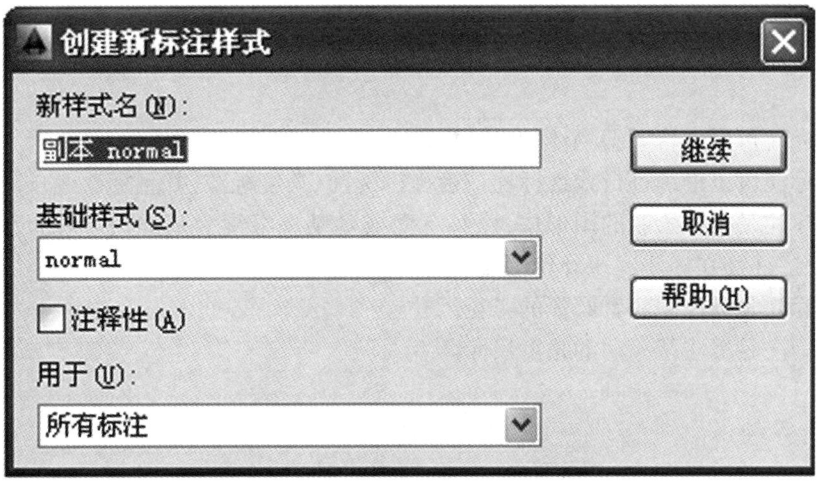

创建新标注样式
新样式名(N):
副本 normal
继续
基础样式(S):
normal
取消
注释性(A)
帮助(H)
用于(U):
所有标注

图 2.27 【创建新标注样式】对话框

新标注样式的设定操作主要是在【新建标注样式】的参数设置对话框中完成的,包括

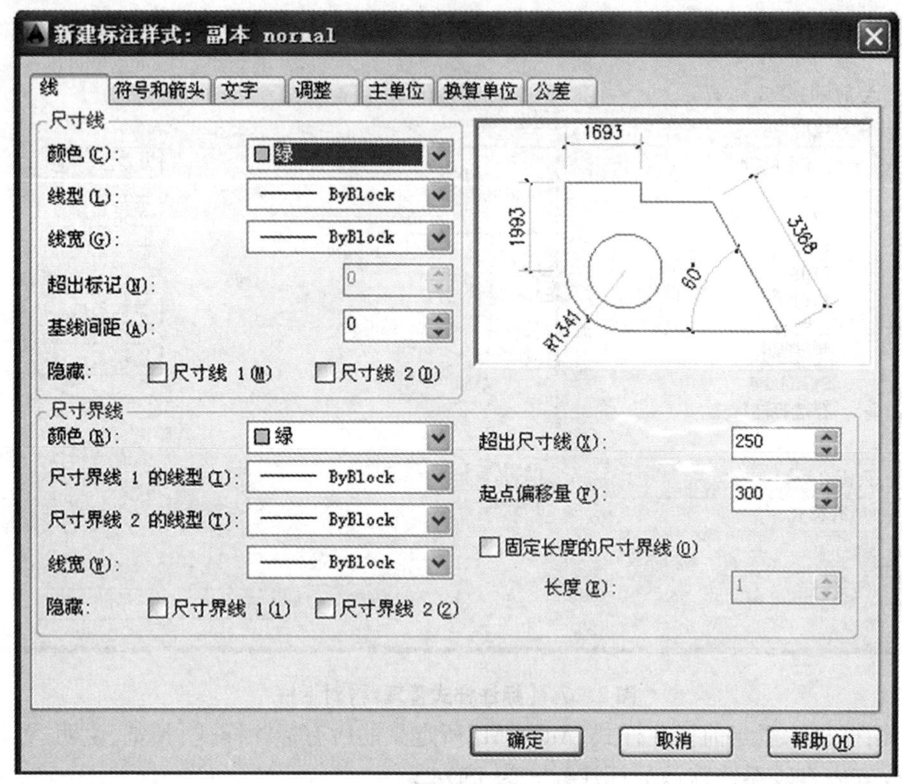

图 2.28 【新建标注样式】对话框

【线】、【符号和箭头】、【文字】、【调整】、【主单位】、【换算单位】和【公差】等几部分的参数设置。

(3)常用的尺寸标注

对于不同的图形,需要有不同的尺寸标注方法,例如线性标注、对齐标注、基线标注、角度标注等。熟练地掌握这些标注方法,将大大提高绘图效率和绘图质量。

下面就常用的几个标注方法作简要介绍:

①线性标注是指标注线性方面的尺寸。使用线性标注可实现长度类尺寸的水平、垂直、旋转标注。

②对齐标注可以进行倾斜物体的尺寸标注。

③连续标注可以连续进行线性标注或者坐标标注、角度标注,并且标注线自动对齐。

④基线标注是指在绘制的图形中,以某一面或者某一根线为基准,其他的尺寸线按改基准线进行定位,往往在标注建筑外轮廓线时适用。

⑤半径标注是标注圆或者圆弧的半径尺寸。

⑥角度标注是标注某一角的角度尺寸。

第 3 章
AutoCAD 数据共享及二次开发技术简介

AutoCAD 具有较强的交互式图形编辑功能,可将专业应用程序自动形成的图形连接进入 AutoCAD 系统,并能在多种图形设备上输出图形,通过图形交换文件形成接口文件与外部数据库进行数据交换或数据共享。AutoCAD 2008 继承并发展了 AutoCAD 一贯的开发灵活风格,向用户提供了包括编程环境 VBA 在内的多种开发工具,从而使 AutoCAD 更加适用于某一具体的设计领域。

本章介绍 AutoCAD 为设计人员提供的几类主要接口和数据共享的方法,以及利用 VBA 进行二次开发编程的初步技术。

3.1 AutoCAD 的接口简介

AutoCAD 为设计人员主要提供了以下几类接口:

3.1.1 命令行接口

命令行接口主要提供给能对 AutoCAD 熟练操作的工程设计人员使用。它的优点是使用直接、速度快。使用方法是在命令行的提示窗口里“命令:”提示符的后面输入命令。

3.1.2 菜单接口

菜单是操作人员与 AutoCAD 进行人机交互的最方便的工具,可以通过菜单的选择来输入命令、选择参数等。AutoCAD 使用了多种多样的菜单方式,具体有以下几类:文字菜单、菜单条、下拉式菜单、光标菜单等。

3.1.3 编程接口

设计人员可以根据自己的需要对 AutoCAD 进行裁剪,对图形和数据库进行操作,与设计人员的其他应用软件进行连接,形成一个集成的 CAD 应用环境。具体的编程接口将在 3.4 与 3.5 两节中进行详细介绍。

3.2 AutoCAD 的数据共享

3.2.1 数据共享的方法

(1)使用剪贴板

利用剪贴板在 Windows 应用程序间进行数据交换,可以方便地把 AutoCAD 中的图形插入到其他 Windows 应用程序中,也可以把其他 Windows 应用程序的数据插入到 AutoCAD 中。

启动剪贴板的方法有如下几种:

①点击【编辑】菜单,按需要选择 Cut,Copy 或 Paste 项。

②命令行输入命令:Cutclip,Copyclip 或 Pasteclip。

③在标准工具栏上单击 Cut,Copy 或 Paste 按钮。

(2)在 Windows 文档中插入 AutoCAD 图形

①对象的链接与嵌入。Windows 的 OLE(Object Linking and Embedding,对象链接与嵌入)特性,可以把一个对象(Object)从一个应用程序链接或嵌入到另一个应用程序中,并在它们间建立某种联系。例如,Microsoft Word 文档可包含 AutoCAD 对象,或 AutoCAD 图形中可包含 Microsoft Excel 数据表。当一个对象从其他支持 OLE 的应用程序中链接到 AutoCAD 图形中时,该对象能够保持与源文件的联系。如果是嵌入,则该对象不再保持与源文件的联系。

②将图形对象链接到 Word 文档中。在 AutoCAD 中执行命令【Copy link】或下拉菜单命令:【Edit】→【Copy Link 】,然后关闭 AutoCAD 程序。打开需使用上面 AutoCAD 图形的 Word 文档。执行下拉菜单命令:【编辑】→【选择性粘贴】,弹出对话框,选取对话框中的【粘贴链接】单选按钮,并单击【确定】按钮,则 AutoCAD 中的图形对象链接到 Word 文档中。

(3)AutoCAD 图形中使用 Word 文字或 Excel 表格

在 AutoCAD 中执行 Insertobj 命令,可将 Windows 应用程序插入到当前的图形文件中。启动 Insertobj 命令的常用方式有以下两种:

①从“Insert”工具栏上单击“OLE 对象”按钮。

②执行下拉菜单命令:【Insert】→【OLE Object】…。执行 Insertobj 命令后,AutoCAD 中显示“插入对象”对话框,可从中选择需插入的文件类型,例如 Microsoft Excel 工作表、Microsoft Word 文档、Bmp 图像等。

(4)拖动插入

Drag 与 Drop 功能,中文翻译称为“拖动”功能,意思是抓住某个东西不放,到目的地后再放开的操作。这种操作在 Windows 较常看到的,可以轻松地完成复制的操作。只要使用鼠标左键去选择所需的文件,并且按住“左键”不放,之后移动鼠标,将选择的文件移动到目的目录中,再放开左键,则系统就会将选择的文件自动复制过去。AutoCAD 也是应用这样的方式执行拖动的操作。

3.2.2　图形交换程序的格式

(1) DXF 格式(图形交换文件)

DXF(drawing interchange file)图形交换格式是最常见的,使用 DXFOUT 命令可以从图形中提取 DXF 格式的信息文件。一个属性 DXF 仅包括块参数和属性信息,使该命令输出的是图形文件或指定的图元。DXF 是一个纯粹的 ASCII 文本。使用 DXFOUT 命令能够产生一个二进制文件,以便通过其他程序进行处理。

(2) WMF 格式(光栅文件)

AutoCAD 可以装入或输出 WMF 或 CLP 图形格式的文件。其中,WMF 格式的图形文件在许多的绘图文件中都可以见到,而 CLP 格式的图形文件就更广泛了,只要可以使用 Window"剪贴板"剪帖下来的图形都可以接受。

其他还有许多文件格式,在这就不一一列举了,以后用到时再加以说明。

3.2.3　图形格式的转换

(1) 文件输入命令

AutoCAD 提供的输入命令可以将多种格式的文件输入到 AutoCAD 中使用,包含的文件格式有光栅文件(*. wmf); ACIS 实体对象文件(*. sat); 3DSludio 文件(*. 3ds),设计模型、模型空间 V8 DGN(*. DGN) 。

单击【插入】工具条的【输入】按钮,可启动【文件输入】命令。启动后弹出对话框,选择需要输入的文件和文件类型,然后打开该文件即可。AutoCAD 提供的【输出】命令可将 AutoCAD 图形转换为各种格式的数据文件,供其他应用程序使用,包含的文件类型较多。操作为:由命令行输入 Export 命令或由下拉菜单命令:【文件】→【输出】,可启动文件输出命令。弹出输出数据对话框,指定文件名和文件类型后,单击【保存】按钮,再根据命令行提示选择要输出的对象。AutoCAD 将以指定的文件名和文件类型输出所选对象。

(2) 文件输出命令

除 AutoCAD 提供的输出命令,程序还提供有一些文件格式的输出命令,包含的文件格式有 3D DWF 参考底图文件(*. dwf);光栅文件(*. wmf); ACIS 实体对象文件(*. sat); 平板印刷文件(*. stl);将图形输出至封装的 PS(*. eps);属性提取 DXF 文件(*. dxx);位图(*. bmp);块(*. dwg);设计模型 V8 DGN(*. DGN) 等。

3.3　图形交换程序 DXF

本节主要介绍同其他应用程序交换(共享)图形数据的各种 AutoCAD 文件格式,它们分别是图形交换文件(DXF)、二进制 DXF、幻灯(SLD)、幻灯库(SLB)等。

DXF 文件既可以是 ASCII 码又可以是二进制。由于 ASCII DXF 文件比二进制常用,因此"DXF"文件用来指 ASCII DXF 文件,而用"binary DXF"文件来代表二进制文件。由于图形交换文件 (DXF)常常用于与其他应用程序共享数据,因此下面将对它作进一步的介绍。

3.3.1　打开 DXF 文件的步骤

①从【文件】菜单中选择【打开】。

②在“选择文件”对话框的“文件类型”下选择“DXF（*.dxf）”。

③执行以下步骤之一：

- 查找并选择要输入的 DXF 文件；
- 在“文件名”下输入 DXF 文件的名称。

④单击【打开】按钮。

3.3.2 DXF 文件简介

在 AutoCAD 2008 中，可以将图形存为 R12、AutoCAD 2000、2004、2007 的 DXF 格式。DXF 文件是包含图形信息的文本文件，能被其他 CAD 系统或程序所阅读。如果其他人使用能够识别 DXF 文件的 CAD 程序，那么将图形保存为 DXF 格式就可以共享信息。

可指定多达 16 位浮点数的精度，把图形保存为 ASCII 或二进制格式。如果不想保存整个文件，可只保存选定对象。另外，还可以将属性信息保存为 DXF 文件格式。关于属性摘要文件的详细信息，请参见 AutoCAD 中 ATTEXT 命令。

3.3.3 创建 DXF 文件的步骤

①从【文件】菜单中选择【另存为】。

②在“图形另存为”对话框中输入文件名。

③在“存为类型”中选择“AutoCAD 2000 DXF（*.dxf）”类型，然后单击“保存”按钮。

可选择“选项”，然后选择“DXF 选项”，指定格式、精度、选择特定对象或输出整个文件。AutoCAD 将自动给文件附加扩展名 *.dxf。

DXFOUT 和 DXFIN 命令可以用来输出和输入 DXF 文件。另外，也可以使用 SAVE、SAVEAS 和 WBLOCK 命令写 DXF 文件，还可以用 OPEN 和 INSERT 命令打开 DXF 文件或将其插入当前图形文件。AutoCAD 的后续版本可能不再提供对 DXFOUT 和 DXFIN 命令的支持。

现在 DXF 文件也有了相关的预览图像。使用 SAVE、SAVEAS 和 WBLOCK 命令时，可以选择创建 DXF 文件的略图，在使用 OPEN 和 INSERT 命令时可以预览该图像。实际上，DXF 是由组码和组码的值组成，这样 DXF 的构成是：由组码和它的值组成一个个记录，再由一些记录组成段。在 DXF 文件中，每一个组码和它的值都有自己固定的一行位置。

每一段的标志是字符串 SECTION，由组码 0 开始，紧接着是组码 2 和一个代表该段名字的字符串（比如：HEADER），每一段由定义组元的组码和值组成，由 0 和它后面的符号串 ENDSEC 结束。

从一幅较小的图形中产生一个 DXF 文件并把图形打印出来，这样就可参照图形来理解 DXF 文件相应部分的信息。

3.4 AutoCAD 二次开发工具简介

3.4.1 为什么要使用 AutoCAD 开发系统

AutoCAD 是目前在 Windows XP 环境下应用最广泛、使用人数最多的 CAD 软件。虽然

AutoCAD 所提供的功能已经很丰富了，但是针对某一项目的专业设计，仅仅调用 AutoCAD 的绘图命令还不够，作为应用功能的扩展，了解和掌握 AutoCAD 二次开发工具是很有必要的。

通过使用 AutoCAD 的开发系统，我们可以将重复性高的设计过程通过高级语言编制成相应的程序，在需要时，只一个命令便可运行该程序。这不仅能够大大提高设计效率，而且通过开发系统可定制出某些专业化模块甚至大型设计软件，如建筑 CAD、机械 CAD 等均是通过 AutoCAD 开发系统实现的。

3.4.2　AutoCAD 2008 开发系统

AutoCAD 开发系统，亦称作 AutoCAD 开发工具，有时也称作 AutoCAD API（应用程序接口），是将 AutoCAD 环境客户化的基本手段。在 AutoCAD 2008 中，我们所能使用的开发工具主要有：ObjectARX、AutoLISP、VisualLISP、Java、VBA 和 Visual BASIC。

（1）AutoLISP 和 VisualLISP

AutoLISP 是 AutoCAD 最早的解释型 API，它不是面向对象的语言，主要用来自动完成重复性任务，进行客户化开发和编制 AutoCAD 菜单以及通过简单机制为 AutoCAD 增加命令。它在逻辑上是一个独立的进程，通过 IPC（进程间通讯）与 AutoCAD 交互。AutoLISP 学习起来比较容易，但是很难用它来开发大型应用程序。

（2）ADS、ARX、ADSRX 和 ObjectARX

ADS（AutoCAD Development System）是 Autodesk 公司最早在 AutoCAD R11 中提供的 C 语言编程环境。ADS 除可使用标准 C 的函数外，又增加了一组专用于对 AutoCAD 进行操作的函数。

ARX（AutoCAD Runtime eXtension）是在 ADS 基础上发展起来的一种面向对象的 C 语言编程环境。由 ADS 到 ARX 的变迁就如同由 C 到 C++ 的转变。ARX 与老式的 ADS 及 AutoLISP的最大差异在于 ARX 应用程序是 DLL（动态链接库），共享 AutoCAD 地址空间，并对 AutoCAD 进行直接函数调用，避免了 IPC 的系统开销和由此引起的性能下降，运行效率较高。ARX 最早是在 AutoCAD R13 中提供的，但是在 AutoCAD R14 中，ARX 很快就被第二代的面向对象 C++ 编程环境 ObjectARX 所代替。而原来组成 ADS 库的全部函数亦包含在 ObjectARX 中，人为地将 ADS 函数归并为单一的库从而形成了 ADSRX。ADSRX 库已纳入 AutoCAD 的总体结构中，它是一种新型的 ADS 开发环境，能共享 AutoCAD 地址空间，需要 Visual C++ 编译器并生成 DLL 应用程序，而不像老式的 ADS 程序那样产生独立的 .EXE 文件。

在 AutoCAD 中，传统意义上的“ADS 开发环境”的概念已经不复存在了，而且 ADSRX 也成为了 ObjectARX 的一个子集，因此，ObjectARX 是包含了 ADS、ARX 和 ADSRX 的一种组合的 C/C++ 开发环境。它的最大特点是引入了面向对象的编程机制，在与 AutoCAD 相配套的 ObjectARX 中提供了大量的类库，同时还提供了兼容原来 ADS 及 ADSRX 函数的新函数。

（3）ActiveX 与 Visual Basic

ActiveX Automation 简称 Automation，它为 AutoCAD 的二次开发开辟了新的途径。

AutoCAD2008 中的 ActiveX Automation 所提供的编程接口，可用于在 Windows 环境下的应用程序操作 AutoCAD 中的对象，其操作功能包括：用户输入提示，使用优先对象，对选择集进行处理，向外设输出图形，在 AutoCAD 中建立视图，指定和提取扩展数据，为 AutoCAD 增加专业对象等。

AutoCAD 也开放了一组丰富的 Automation 对象，可由 Visual Basic 或 Excel 等 Automation

控件或应用程序访问和驱动。完整的样本库及其浏览器描述了 Automation 对象的属性和定义对象参数的方法,以便通过 ActiveX 来驱动 AutoCAD 应用程序以及实现相互间的通讯,或将对象信息输出到电子表格。

微软的 Visual Basic(VB)是 Windows 环境下极为典型的 ActiveX Automation 控件,VB 现已成为开发 AutoCAD 应用程序的独立开发环境。

Visual Basic for Application(VBA)是 VB 的特殊形式,它是 Windows 环境下极为典型的 ActiveX Automation 控件。它将 VB 环境植入应用程序中,使二者紧密集成在一起。采用 VB 实现 Windows 平台上诸应用程序的集成,可消除其间的结合空隙,从而将所有程序都集成在统一的操作环境中。例如,由 Excel 通过 VBA 在 AutoCAD 中生成和处理设计所需的材料清单会非常容易。而独立的 VB 与 ActiveX Automatio 的接口需要 IPC 驱动 AutoCAD,所以作为 ActiveX Automation 控件的 VBA 比 VB 具有明显的性能优势。本章稍后将有详细介绍。

3.4.3 AutoCAD 2008 各种开发工具的比较

比较 AutoCAD 2008 提供的各种开发工具,需要考虑以下几个方面:

(1)速度

直接与 AutoCAD 2008 通讯的各种开发工具比利用 IPC 进行通讯的开发工具在速度方面要快。编译型的开发工具速度最快。因此 ObjectARX 的速度最快,AutoLISP 的速度最慢。

(2)稳定性

稳定性反映出因程序可能出现的严重错误所导致的危险。采用 AutoLISP 开发的应用程序一旦失败或崩溃,并不危害 AutoCAD 自身进程;而由于 ObjectARX 应用程序共享 AutoCAD 的地址空间,所以一旦其失败,AutoCAD 进程也随之崩溃。

(3)性能

ObjectARX 的应用程序能在运行期间实时扩展 AutoCAD,共享 AutoCAD 地址空间,功能非常强大,以至于 AutoCAD 自身的许多功能模块均是用 ObjectARX 制作的。相反,解释型开发工具,如 AutoLISP 甚至老式的编译型的 ADS,也仅被限于使用静态的 AutoCAD 命令集和系统提供的结构化函数库。

(4)技术难度

AutoLISP 与 Visual Basic 均是解释型语言,方便易学,开发周期短。相比之下,ObjectARX 依赖于 C + +语言,它必须经过严格控制的编译、链接才能生成应用程序。使用 ObjectARX 的二次开发人员必须有足够的编程经验才能处理开发中的各种问题。

3.4.4 用 VBA 开发 AutoCAD

Microsoft Visual Basic for Applications (VBA)是一个基于对象的编程环境,能提供丰富的开发功能。在 AutoCAD 中采用这些功能时,可缩短用户解决方案的开发时间。1994 年,VBA 在 Microsoft Excel 和 Microsoft Project 中首次与用户见面。现在,VBA 5.0 不仅成为 AutoCAD 中新增的部件,而且还是 Microsoft Office 的新增部件,并在以后的升级版本中被集成到 Microsoft Word 和 Microsoft PowerPoint 中。

VBA 采用 Visual Basic 语言的全部语法和崭新的格式,并支持 ActiveX 控件。AutoCAD VBA 是进程内控制程序,在 AutoCAD 中性能更佳。不仅如此,它还可以同其他使用 VBA 的应用程序集成。AutoCAD 可以使用其他应用程序中的对象库控制这些应用程序中的 Automation。

AutoCAD 2008，自带 Visual Basic 模块。通过其他部件，例如外部数据库引擎和报表编写功能，可以补充 AutoCAD VBA。

用 VBA 补充 AutoCAD 具有下列四个优点：

①Visual Basic 编程环境容易学习和使用。

②VBA 与 AutoCAD 协调使用可提高性能。

③可快速而有效地构造对话框。开发者可以构造原型应用程序并迅速收到设计的反馈。

④工程可以是独立的，也可以嵌入到图形中，这样就为开发者提供了非常灵活的方式来发布应用程序。

VBA 通过 AutoCAD ActiveX Automation 接口向 AutoCAD 发送信息。AutoCAD VBA 允许 Visual Basic 环境与 AutoCAD 同时运行，并通过 ActiveX Automation 接口提供对 AutoCAD 的编程控制。这样就把 AutoCAD、ActiveX Automation 和 VBA 紧密联接在一起，提供一个非常强大的接口。它不仅能控制 AutoCAD 对象，也能向其他应用程序发送数据或从中提取数据。

3.5　天正建筑软件

3.5.1　天正建筑软件总体介绍

天正建筑 2014（TArch 2014）是目前天正 cad 软件发布的最新软件。该软件支持 32 位 AutoCAD2004—2014 平台及 64 位 AutoCAD2010—2014 平台，能够为建筑工程人员提供海量的常用图库，并拥有轴网柱子、墙体、门窗、房屋屋顶、楼梯、立面、剖面、文字表格、三维建模、文件布图等特色功能，可以极大地提高工作效率，是目前建筑行业中最好用的 cad 软件。

TArch 2014 版基于 AutoCAD 2004/2005/2006/2008/2009/2010/2011/2012/2013/2014 版软件开发，对计算机软硬件环境的要求与 AutoCAD 上述版本完全相同。

操作系统：Windows 2000、XP、Vista 86 & X64、Windows 7 86 & X64、Windows 8 86 & X64。

使用 TArch 前要注意：

①天正建筑以 AutoCAD 为平台，在安装天正建筑之前必须安装 AutoCAD 相应的版本。

②天正建筑使用以 AutoCAD 为基础，然后加入二次开发命令，因此其界面类似于 AutoCAD。

3.5.2　软件安装

在安装软件前，首先要确认计算机上已安装 AutoCAD200X ，并能够正常运行。

①下载解压，双击“天正建筑 2014 下载版. exe”开始安装试用版，如图 3.1 所示。

图 3.1　启动安装程序对话框

②程序弹出许可证协议对话框，如图 3.2 所示。

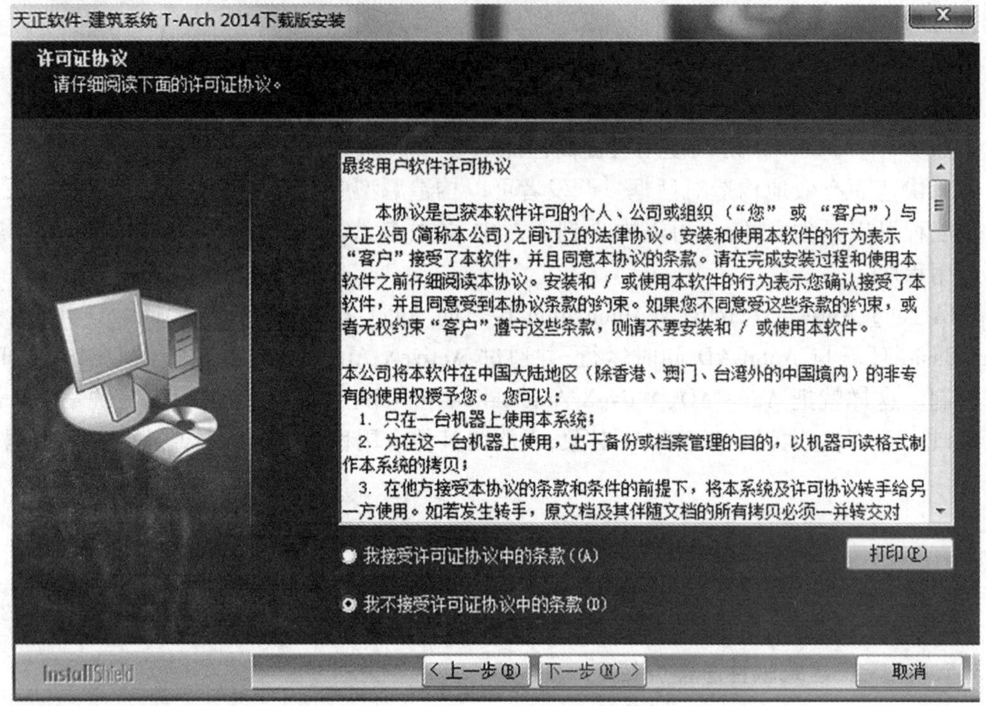

图 3.2　许可证协议对话框

③选择“我接受许可证协议中的条款”，单击“下一步”按钮，弹出如图 3.3 所示对话框。

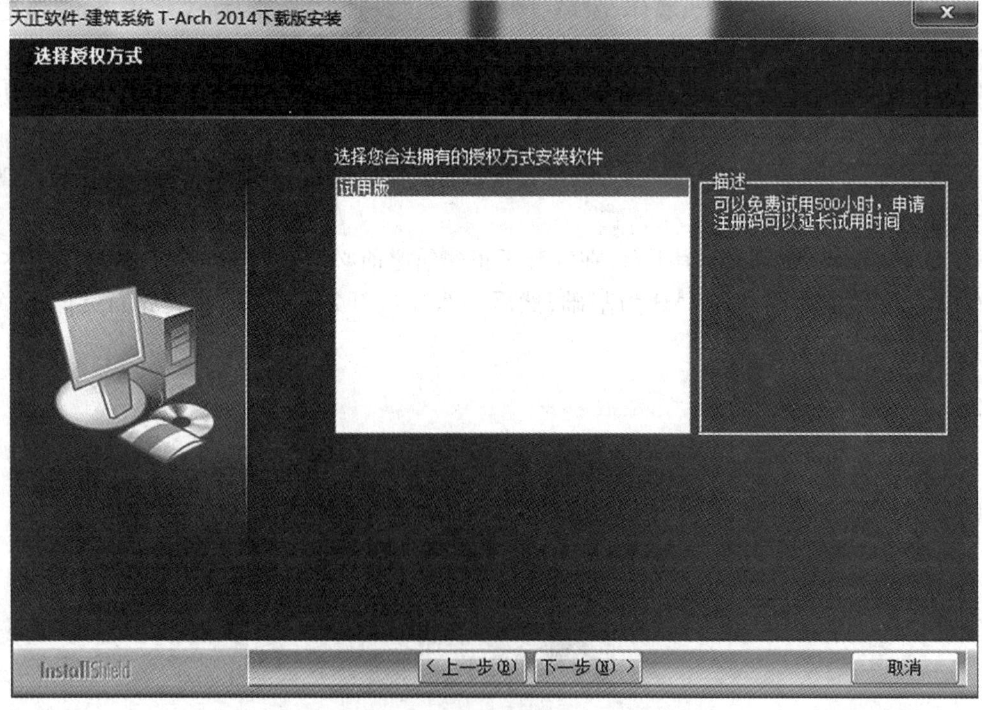

图 3.3　选择授权方式对话框

④单击“下一步”按钮，弹出如图 3.4 所示对话框。

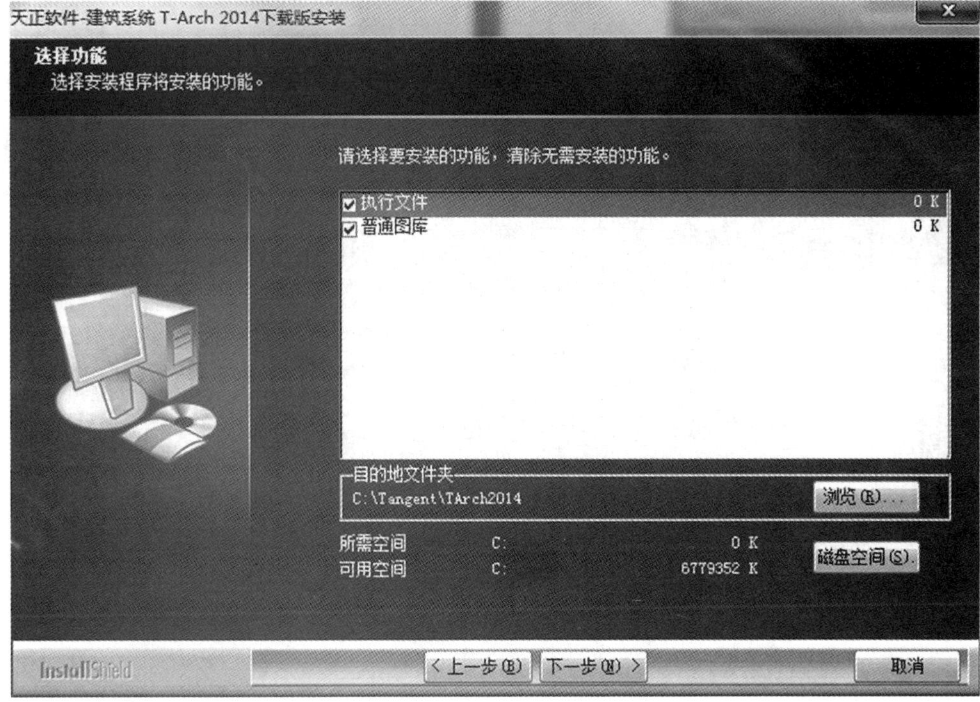

图 3.4　选择功能对话框

⑤选择需要的功能进入下一步操作，如图 3.5 所示。

图 3.5　选择程序文件夹对话框

⑥输入文件夹名称，单击“下一步”按钮，弹出如图 3.6 所示对话框，程序进入安装阶段。

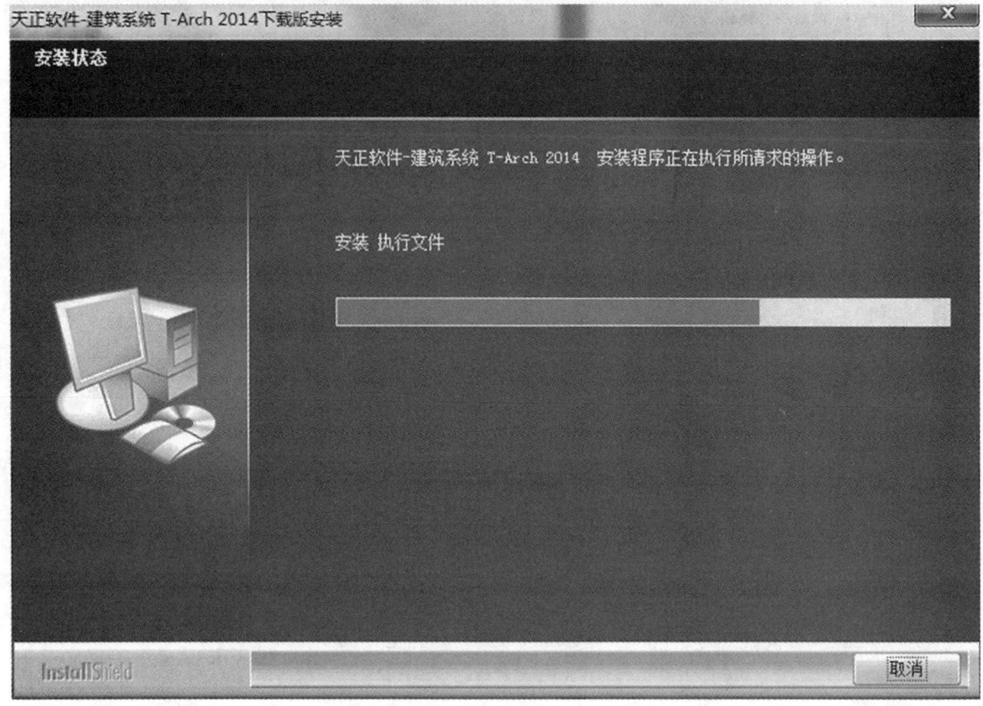

图 3.6　程序安装对话框

⑦程序安装完成后，弹出如图 3.7 所示的对话框。

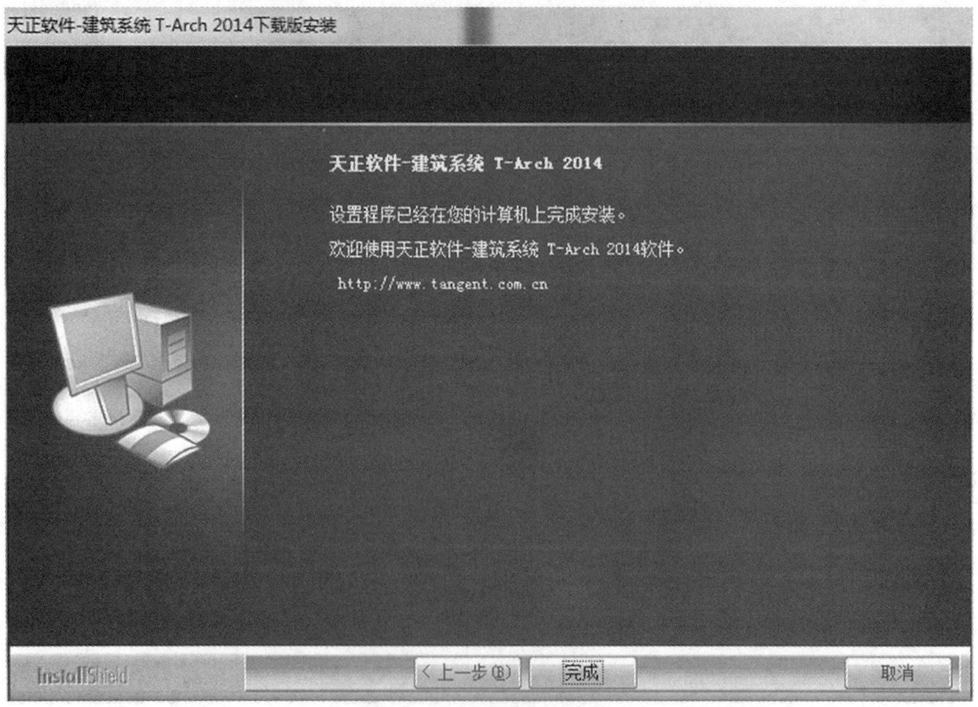

图 3.7　完成安装对话框

⑧单击“完成”按钮后，从桌面打开软件图标，进入天正建筑 2014 软件，软件弹出天正 2014 注册窗口，如图 3.8 所示。

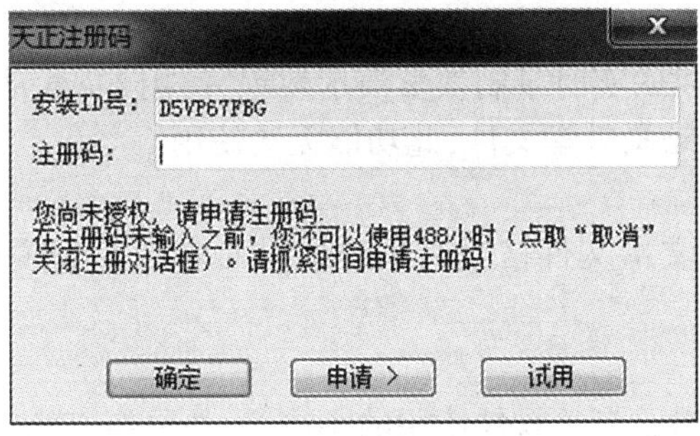

图 3.8　天正 2014 注册窗口

⑨复制安装 ID 号，再打开软件包中的“TGkeygen. exe”文件，输入复制的 ID 号或机器码，选择“TWT2014”，再单击“生成注册码”按钮生成软件注册码，如图 3.9 所示。

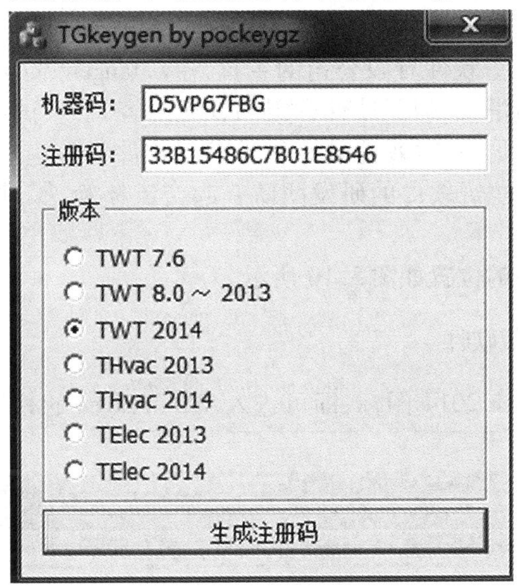

图 3.9　生成注册码

最后，将注册码复制到软件中进行注册，即可成功激活天正建筑 2014。

3.5.3　天正软件的有效学习途径

天正软件的帮助文件做得相当出色，初学者在安装完天正软件后，可以通过以下途径学习软件的使用方法：

(1)用户手册

用户手册是软件发行时对正式用户提供的纸介质文档，以书面文字形式全面、详尽地介绍天正 2014 软件的功能和使用方法。但一段时间内，纸介质手册无法随着软件升级及时更新。

(2)帮助文档

天正的联机帮助是《天正建筑 CAD 软件使用手册》的电子文档，以 Windows 的 CHM 格式帮助文档的形式介绍天正建筑软件的功能和使用方法。这种文档形式更新比较及时，能随软件升级。帮助文档是随最新发行(包括以升级或者补丁的形式)的版本号(包括小版本号)配套编写的，部分最新的升级内容可能并不适用于上一次发行的 TArch2013 版本，请用户注意通过 TAbout 命令了解软件的小版本号。

(3)教学演示

TArch2014 发行时提供的实时录制教学演示教程，使用 Flash 动画文件格式存储和播放，如果安装时没有选择安装动画教学文件，此功能无法使用。

(4)自述文件

自述文件是发行时以文本文件格式为用户提供参考的最新说明，sys 下的 updhistory. txt 提供升级的详细信息。

(5)日积月累

TArch2014 启动时将提示有关软件使用的小诀窍，往往会有意想不到的收获的。

(6)常见问题

它是使用天正建筑软件经常遇到的问题和解答（常称为 FAQ），以 MS Word 格式的 Faq. doc 文件提供。

(7)其他帮助资源

通过登录北京天正工程软件有限公司的主页 www. tangent. com. cn，获得天正软件及其他产品的最新消息，包括软件升级和补充内容，下载试用软件、教学演示、用户图例等资源。此外，时效性最好的是天正软件特约论坛 www. abbs. com. cn，在上面可与天正建筑软件的研发团队一起交流经验，探讨 TArch 软件的进一步发展。

上述方式在工作界面的位置如图 3.10 所示。

▶ 其　它
▼ 帮助演示
在线帮助
教学演示
日积月累
常见问题
问题报告
资源下载
版本信息

图 3.10

3.5.4　TArch 2014 版软件

用鼠标双击桌面 TArch 2014 图标，即可进入 TArch 2014 的软件操作界面，如图 3.11 所示。

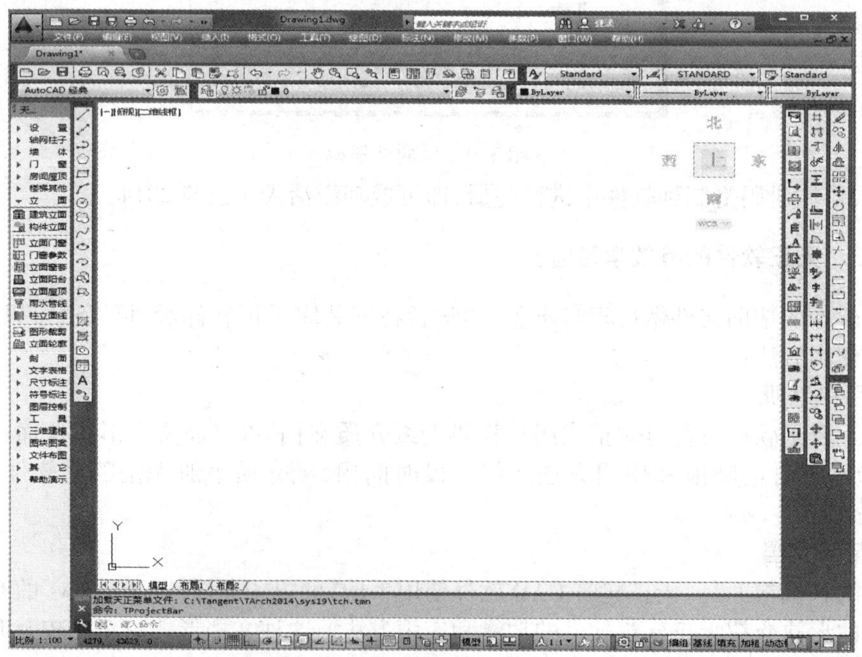

图 3.11　TArch 2014 的软件操作界面

用户可以自行下载天正 2014 使用手册,详细了解 TArch 2014 的新增功能与改进之处。

TArch 的主要功能可支持建筑设计各个阶段的需求,无论是初期的方案设计还是最后阶段的施工图设计。设计图纸的绘制详细程度(设计深度)取决于设计需求,由用户自己把握,而不需要通过切换软件的菜单来选择。TArch 不需要有先三维建模、后做施工图设计这样的的转换过程,除了具有因果关系的步骤必须严格遵守外,通常没有严格的先后顺序限制。包括日照分析与节能设计在内的建筑设计流程如图 3.12 所示。

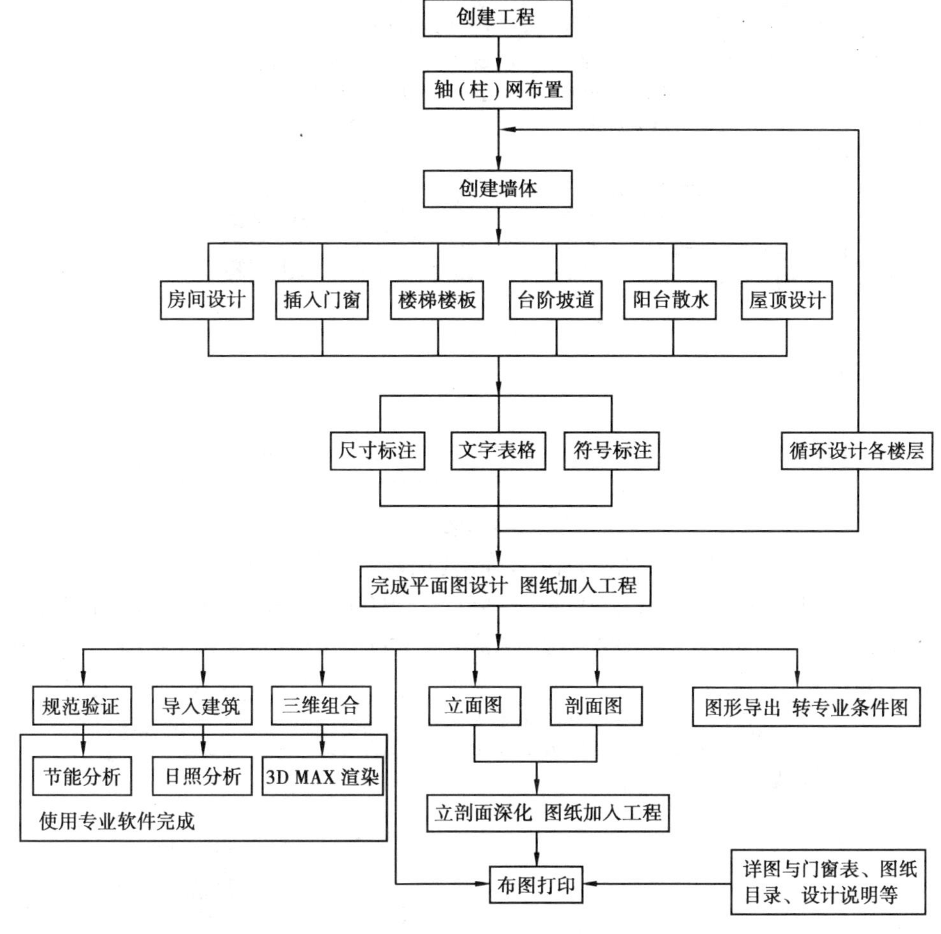

图 3.12　设计流程图

3.5.5　TArch 2014 实例——住宅建筑

下面通过绘制图 3.13 所示的住宅建筑平面图,介绍绘制建筑图的整个过程,包括设置绘图参数、绘图、尺寸标注、定图框和图幅以及最后输出图纸等内容。

建筑施工图的绘制主要包括几个部分,分别为底层平面图、标准层平面图、顶层平面图、楼梯平面图、详图和门窗表。本节将细述标准层平面图的绘制过程和立面图的生成,以便初学者掌握应用。

(1)标准层平面图

1)轴线输入

①单击屏幕菜单【天正选项】,弹出【天正选项】对话框,分别在【基本设定】、【加粗填充】和【高级选项】中设置绘图比例、层高等基本信息,如图 3.14 所示。

图 3.14 【天正选项】对话框

②选择【轴网柱子】→【绘制轴网】命令,弹出【绘制轴网】对话框,按照图纸设置轴网。该标准层平面图为:上开间 2400 * 1、1200 * 1、3000 * 1、2600 * 3、3000 * 1、1200 * 1、2400 * 1,下开间 3600 * 1、3900 * 1、1200 * 1、1800 * 2、3800 * 1、1200 * 1、3900 * 1、3600 * 1,左进深 3300 * 1、600 * 1、900 * 1、1200 * 1、1800 * 2,单击"确定"按钮,即可生成轴网,如图 3.15 所示。

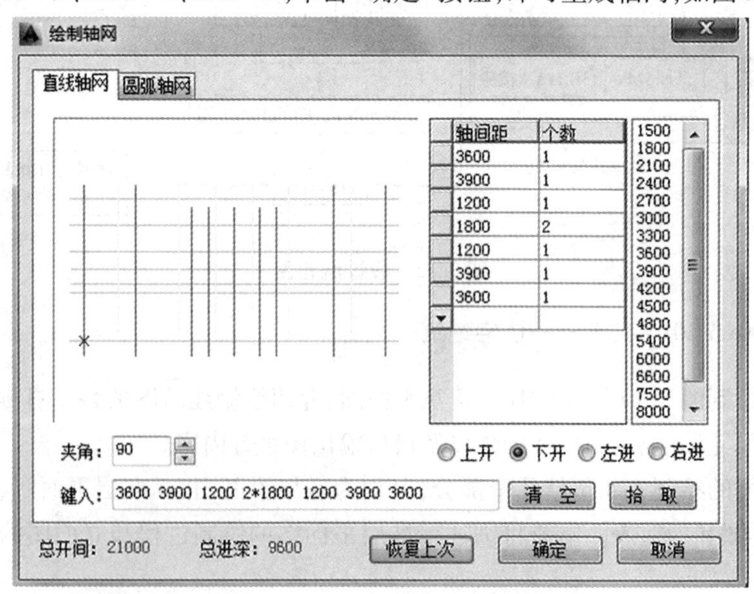

图 3.15 【绘制轴网】对话框

③执行【轴网标注】命令，按照命令提示定出轴线名称；执行【添加轴线】命令，按照命令提示定出辅助轴线，如图 3.16 所示。

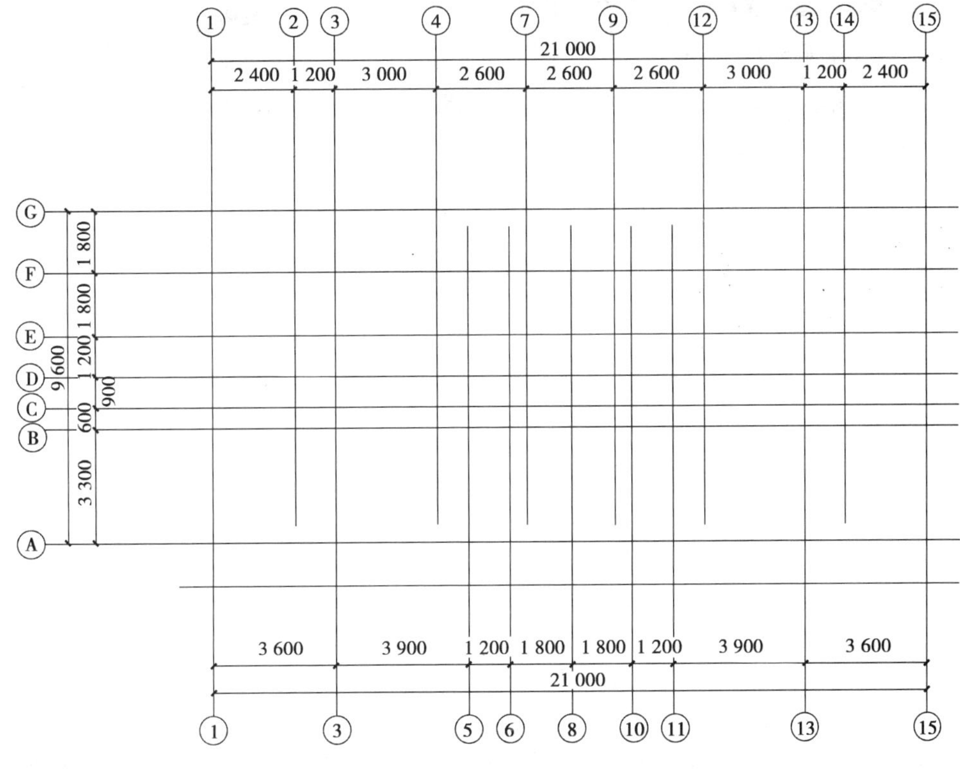

图 3.16　矩形轴网

2）绘制柱

选择【轴网柱子】→【标准柱】命令，弹出【标准柱】对话框，如图 3.17(a)、(b)、(c)所示，设置 450×450，500×400，400×500 的柱和材料，单击图标插入柱子，如图 3.18 所示。

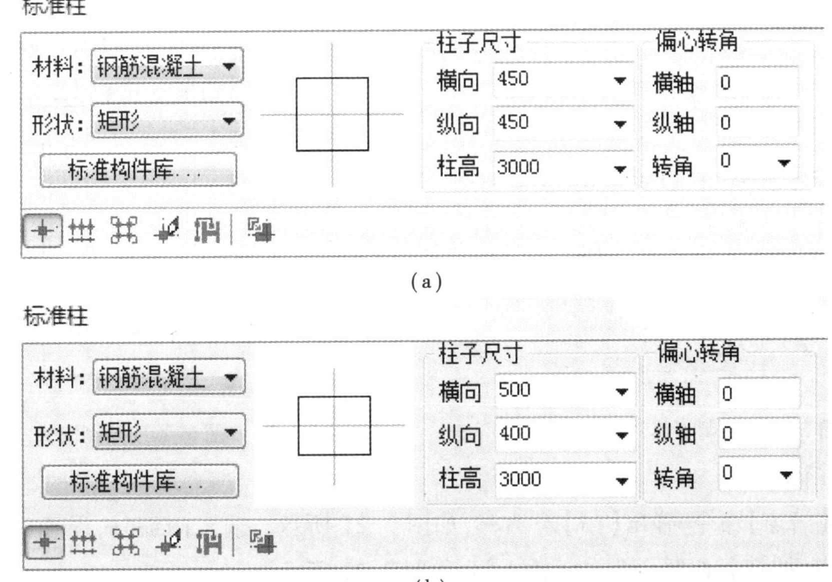

(a)

(b)

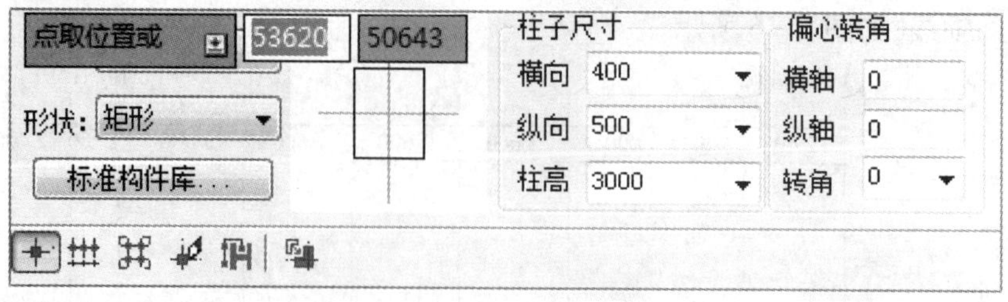

(c)

图 3.17　标准柱对话框

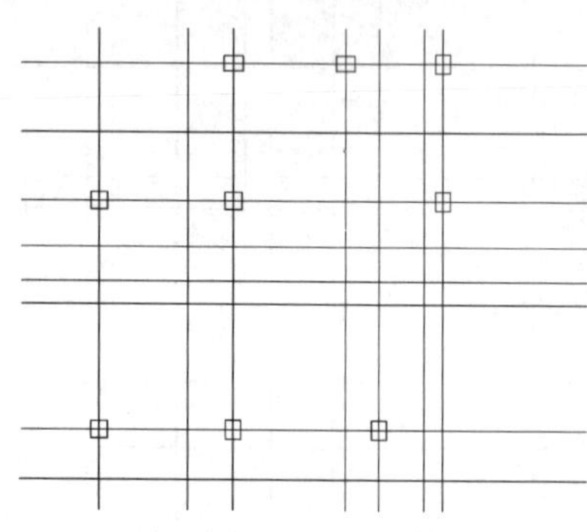

图 3.18　插入柱

3)绘制墙

选择【墙体】→【绘制墙体】，弹出【绘制墙体】对话框，如图 3.19 所示。在对话框中，设置高度为“当前层高”，底高为“3 m”，材料为“填充墙”，用途为“一般墙”，左宽“100”，右宽“100”，选择“中”，单击☰按钮后按照命令提示绘制墙，如图 3.20 所示。

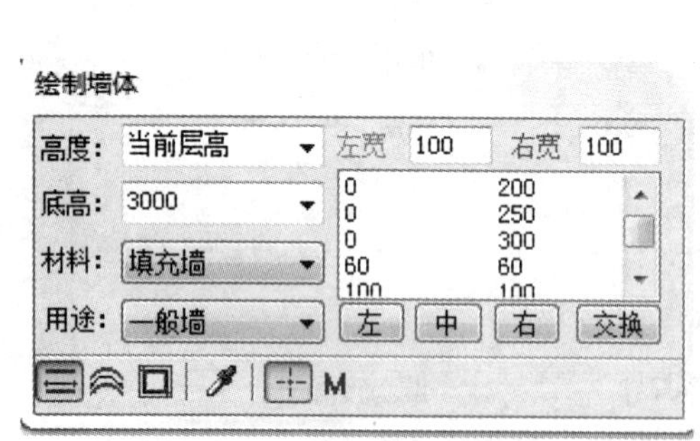

图 3.19　绘制墙体对话框

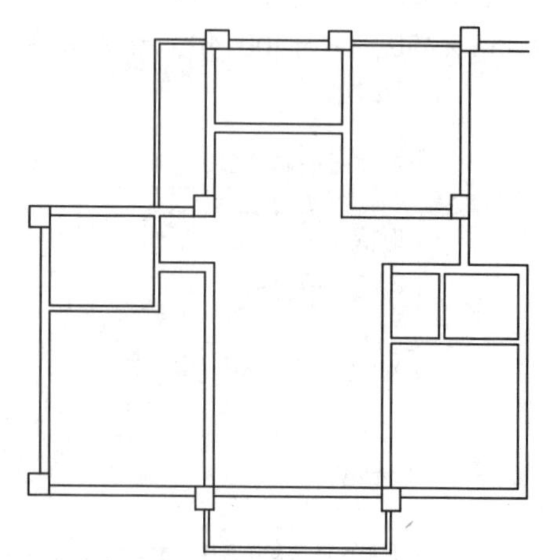

图 3.20　绘制墙体

4)插入门窗

①选择【门窗】命令，弹出【门】对话框，如图 3.21 所示。输入门编号，设置门宽、门高等参数，单击按钮后按照命令提示插入门，如图 3.22 所示。

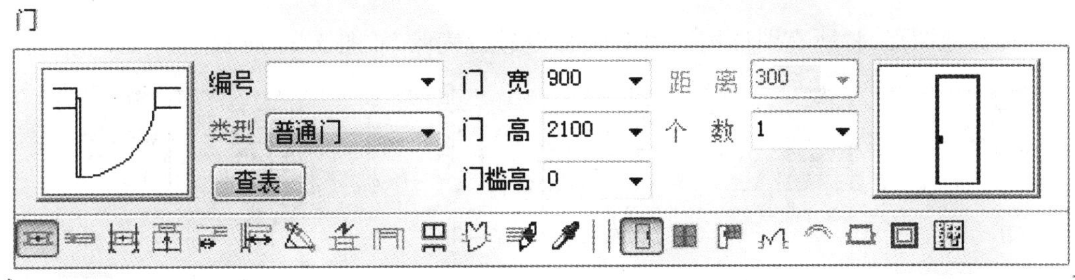

图 3.21　插入【门】对话框

②选择【带形窗】命令，弹出“带形窗”对话框，如图 3.23 所示，输入窗编号，设置窗户高、窗台高，按照命令提示插入窗。

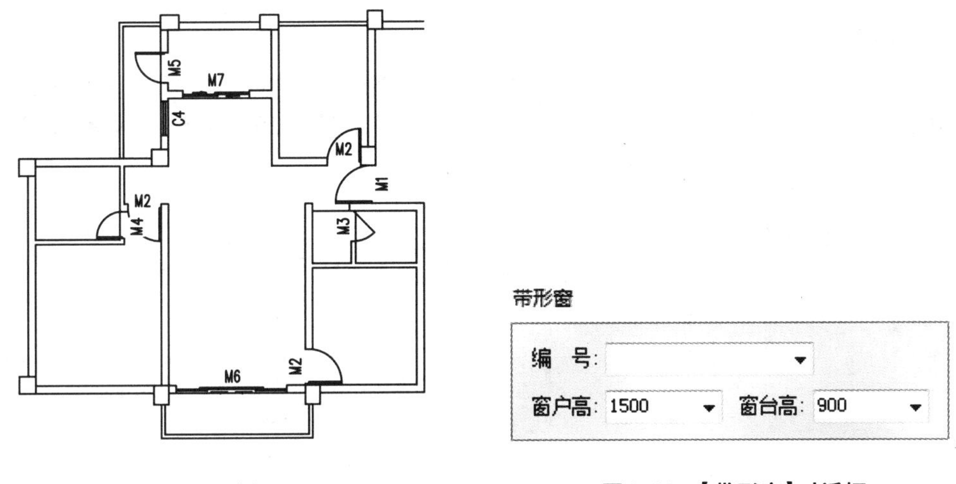

图 3.22　插入门

图 3.23　【带形窗】对话框

5）绘制楼梯

选择【楼梯其他】→【双跑楼梯】命令，弹出【双跑楼梯】对话框，按照要求设置楼梯基本信息，插入楼梯即可，如图 3.24 所示。

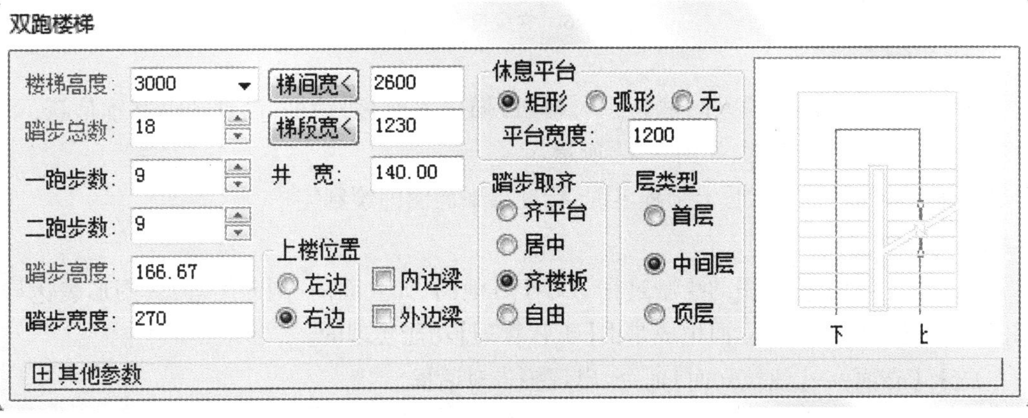

图 3.24　【双跑楼梯】对话框

6)完善图形

补充其他图形,将所有图形用 MIRROR 命令进行镜像,如图 3.25 所示。

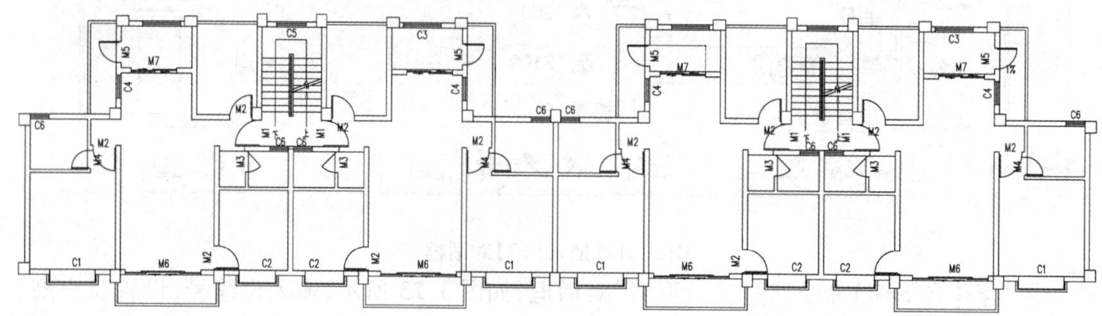

图 3.25　完善图形

7)尺寸标注

选择【尺寸标注】→【两点标注】命令,按照命令提示即可标出主要尺寸。TArch2014 还给出了其他标注方式,读者可根据需要选择。完成标注后如图 3.26 所示。若需重新设置尺寸标注,可以通过【尺寸样式】进行设置。

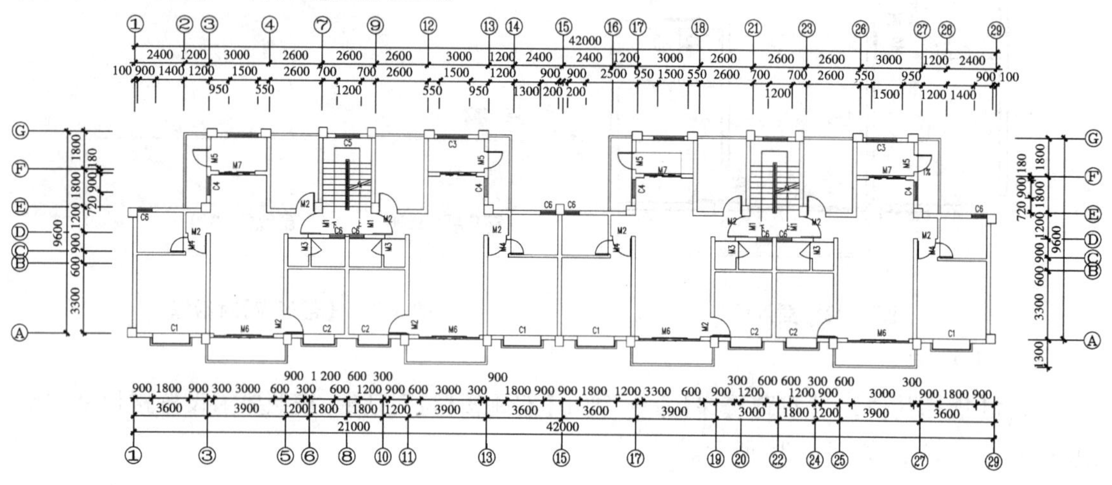

图 3.26　完成尺寸标注

8)插入图框

选择【文件布图】→【插入图框】命令,弹出【插入图框】对话框,设置图框基本信息,单击【插入】按钮,即可插入图框,如图 3.27 所示。

最后修改标题栏信息,写上工程名称,标准层平面图即绘制完毕。

(2)立面图

前面已经学习了平面图的绘制过程。对于其他图,如立面图,剖面图等,其图形表达与平面图有很大的差别。天正立面生成是由【工程管理】功能实现的。

①选择【立面】→【建筑立面】命令,出现警告对话框。

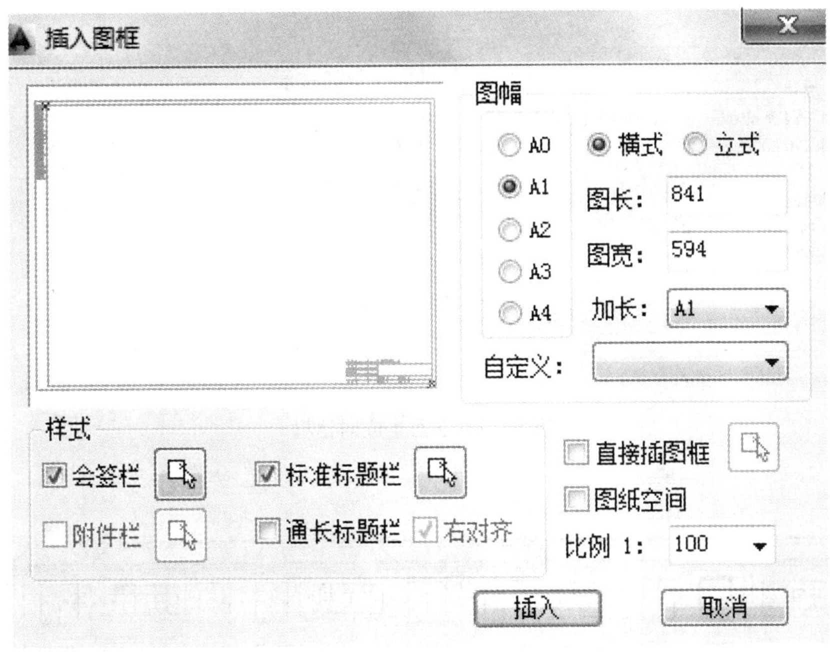

图 3.27　【插入图框】对话框

②单击【确定】按钮，弹出【工程管理】对话框，如图 3.29 所示。选择【工程管理】→【新建工程】命令，输入“天正练习”，保存。然后在楼层表中输入楼层信息，选择【建筑立面】命令，按照命令提示选择立面方向和轴线，弹出【立面生成设置】对话框，输入室内外高差等信息；选择【生成立面】命令，弹出生成文件名对话框，输入“立面 1”，保存，如图 3.30 所示，即可生成立面图。然后依次选择【立面门窗】、【立面屋顶】等命令，按照要求进行设置。最后即可完成如图 3.31 所示住宅建筑立面图。

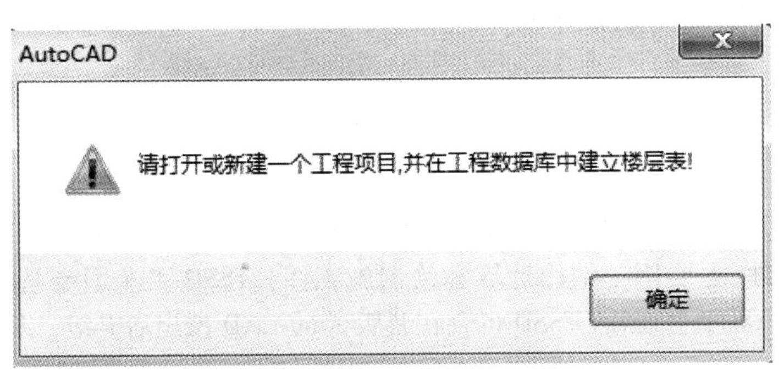

图 3.28　警告对话框

图 3.29　工程管理对话框

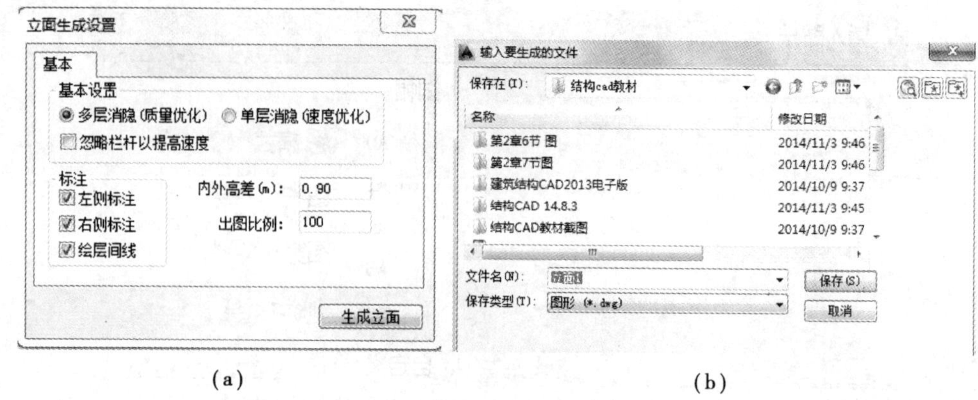

(a) (b)

图 3.30　立面生成对话框

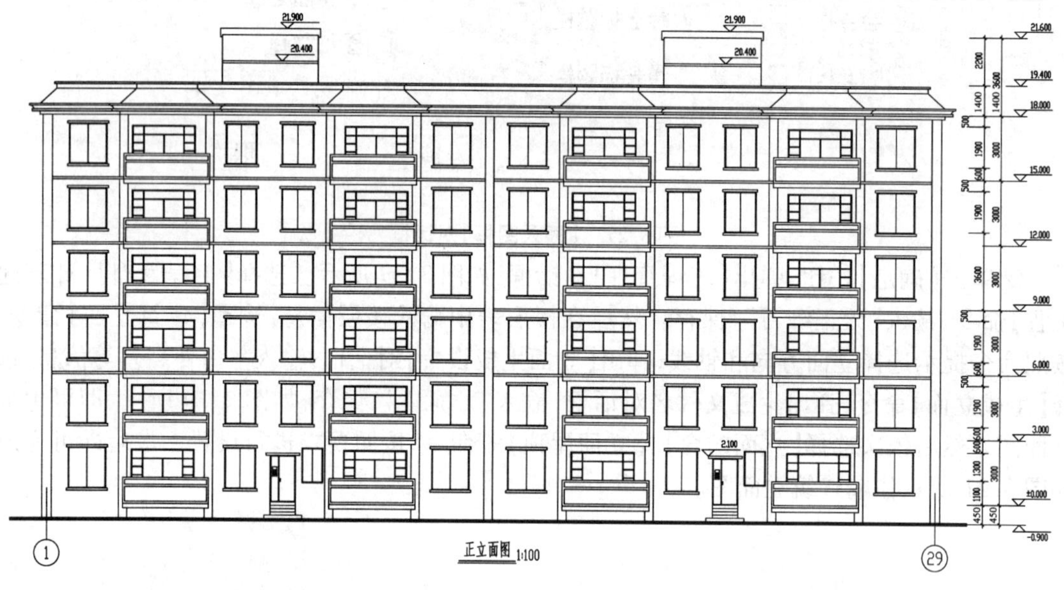

图 3.31　住宅建筑立面图

3.6　探索者软件

3.6.1　探索者软件总体介绍

探索者软件(TSSD)是一个以 AutoCAD 为平台,以 Object ARX、Visual C ++ 、Auto Lisp 为工具进行研制开发的专业结构软件,主要用于结构计算和绘制施工图。TSSD 可全面支持 Auto CAD R14/2002/2004/2005/2006 平台,新版 TSSD 也会在新版 Auto CAD 推出后升级,以适应新的 Auto CAD 平台。

(1)软件功能

TSSD 2014 版仍以为用户提供工具为主,其完整的配套设置为用户创造了良好稳定的工作环境;小构件边算边画功能深深吸引了广大工程师,使他们成为 TSSD 的稳定用户群;系统化的平面布置大大提高所有工程师的工作效率;尺寸、文字、钢筋、表格等的编辑工具更是优于其他同类产品。

(2)使用环境

TSSD 2014 版基于 AutoCAD 2004/2005/2006/2008/2009/2010/2011/2012/2013/2014 版软件开发,对计算机软硬件环境的要求与 AutoCAD 上述版本完全相同。

操作系统:Windows 2000、XP、Vista 86 & X64、Windows 7 86 & X64、Windows 8 86 & X64。

(3)使用 TSSD 前的注意事项

①TSSD 以 AutoCAD 为平台,在安装探索者之前必须安装 AutoCAD 相应的版本。

②TSSD 以 AutoCAD 为基础,然后加入二次开发命令,因此其界面类似于 AutoCAD。

③熟悉本专业的名词术语,如钢筋拉通,梁的原位标注和集中标注等。

3.6.2　软件安装

在安装软件前,首先要确认计算机上已安装 AutoCAD200X ,并能够正常运行。

①在光盘中找到文件夹 x:\单机版\安装盘,运行文件夹中的 Tssd 2014. exe 文件,如图 3.32所示。

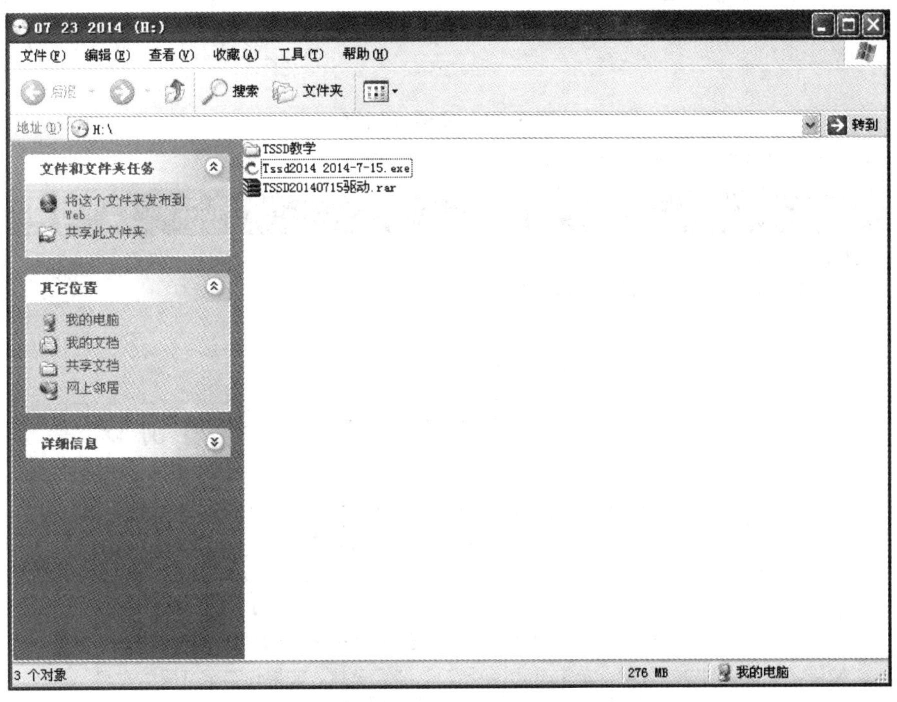

图 3.32　启动安装程序

②程序进入安装准备阶段,如图 3.33 所示。

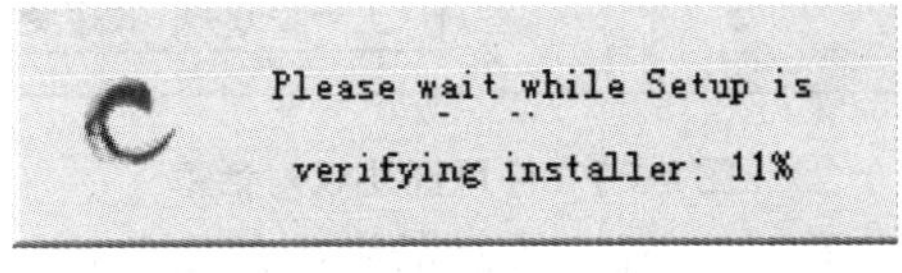

图 3.33　安装准备对话框

③准备过程结束后,则弹出如图 3.34 所示的 TSSD 结构 CAD 安装对话框。

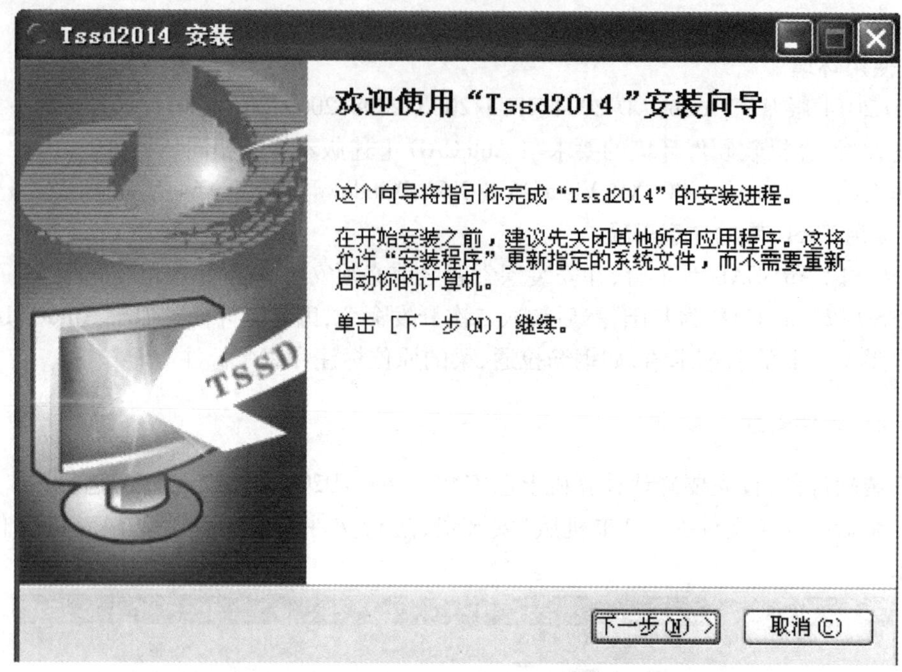

图 3.34　安装对话框

④单击【下一步】按钮,弹出如图 3.35 所示对话框。

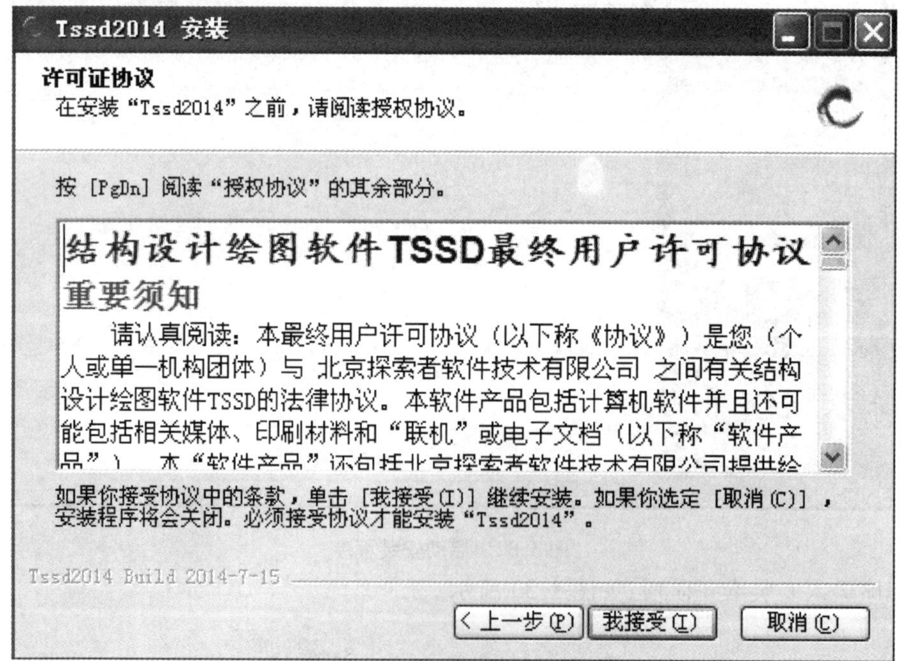

图 3.35　许可证协议对话框

⑤如果接受协议内容,在图 3.35 所示的对话框中单击【我接受】按钮,进入下一步操作,如图 3.36 所示。

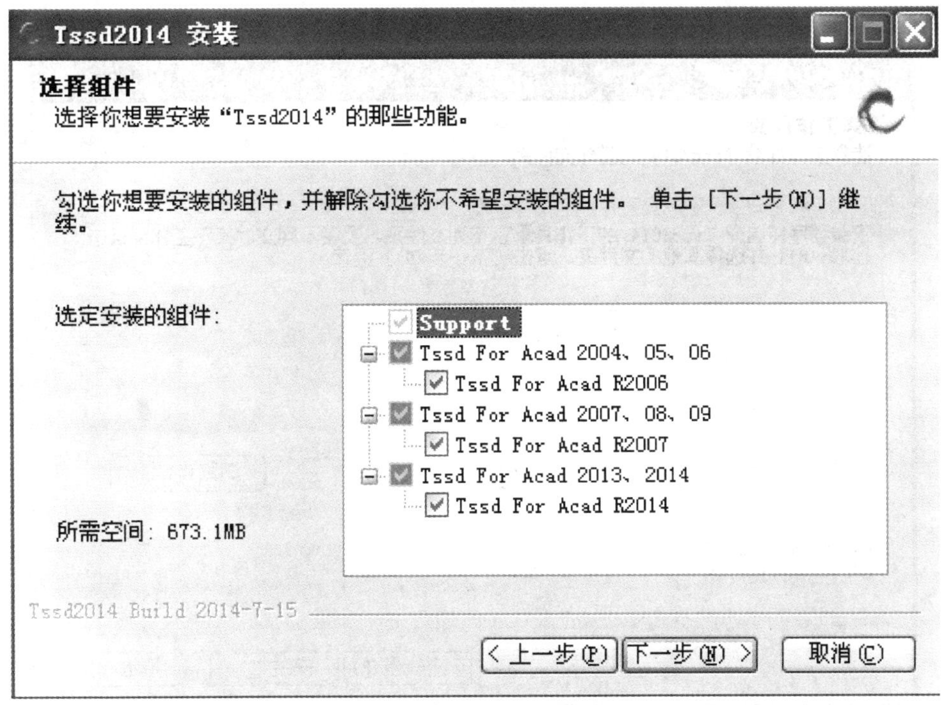

图 3.36　安装平台选项对话框

⑥选取需要安装的 AutoCAD 平台,确定软件安装的位置,也可以单击【浏览】按钮,手工输入安装目录(注意:不能使用中文目录名)。单击【下一步】按钮,弹出如图 3.37 所示对话框,进入下一步安装。

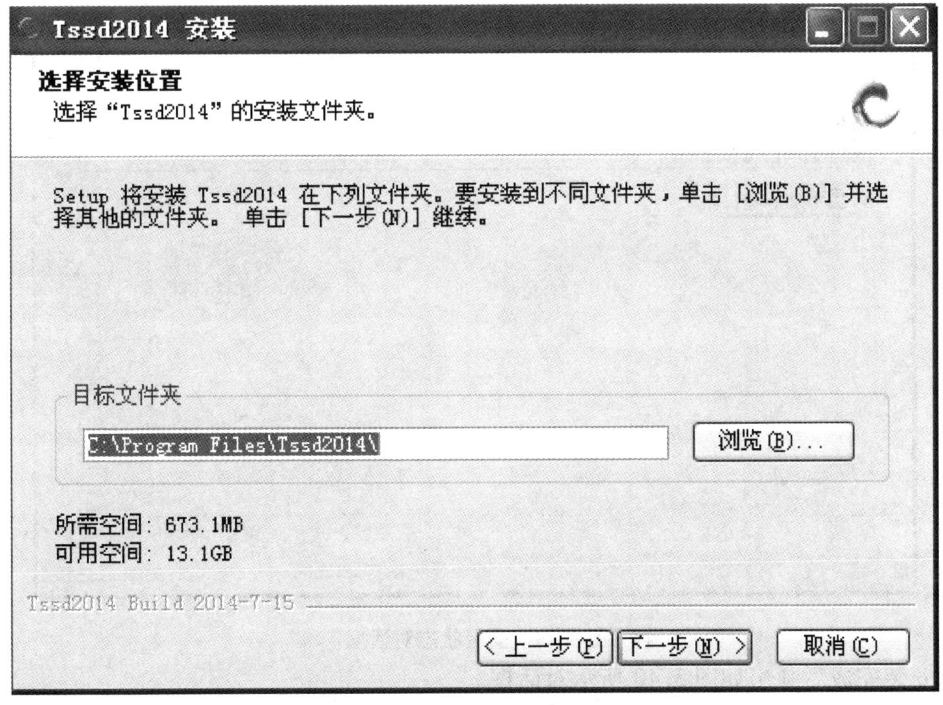

图 3.37　选择程序文件夹对话框

⑦确定软件工作目录位置,单击【下一步】按钮继续安装,弹出如图 3.38 所示对话框。

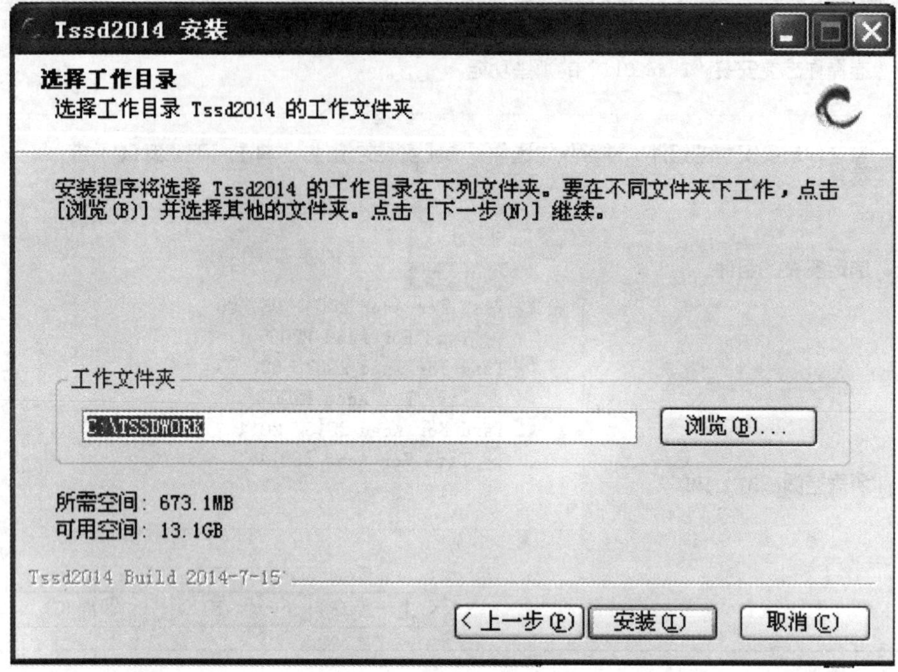

图 3.38　工作目录对话框

⑧单击【安装】按钮进行安装,如图 3.39 所示。

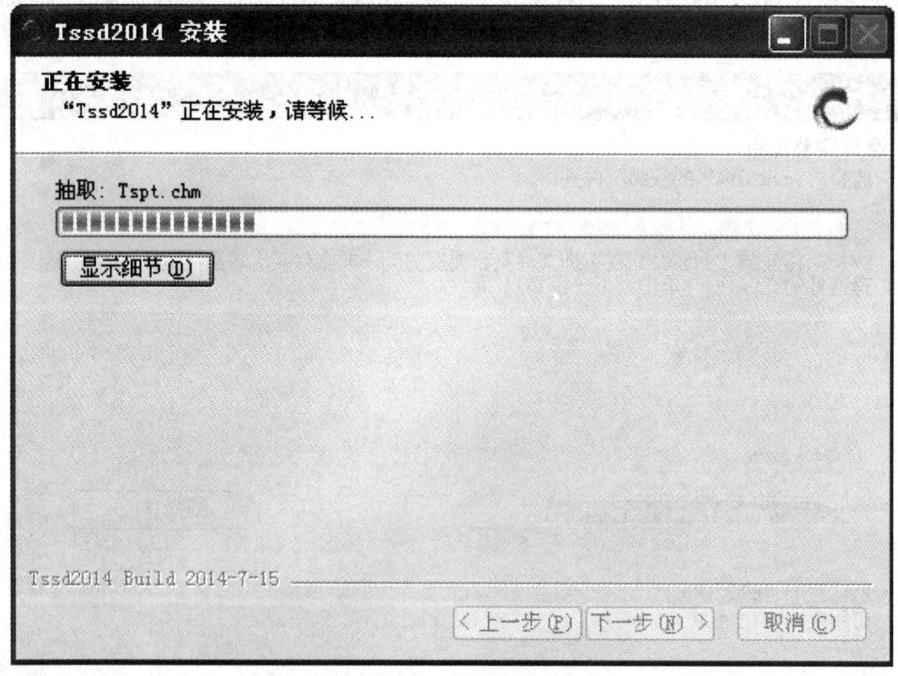

图 3.39　安装状态对话框

⑨安装完成后弹出如图 3.40 所示对话框。

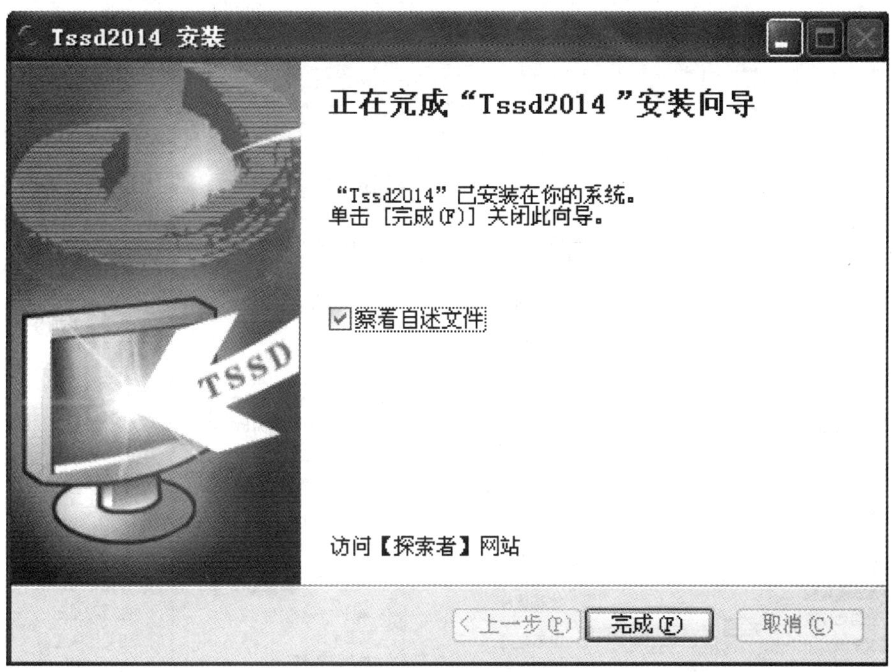

图 3.40　完成对话框

3.6.3　TSSD 2014 版软件

用鼠标双击桌面 TSSD 2014 图标，即可进入 TSSD 2014 的软件操作界面，如图 3.41 所示。

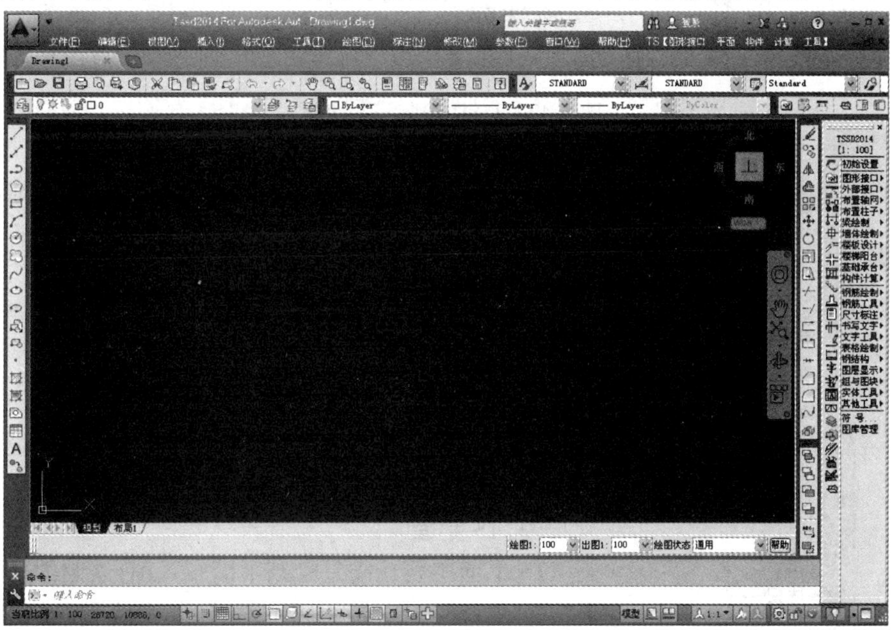

图 3.41　TSSD 2014 的软件操作界面

TSSD 2014 的菜单分为下拉菜单和屏幕菜单。下拉菜单包括：TS 图形接口、TS 平面、TS 构件、TS 计算和 TS 工具，如图 3.42 所示。屏幕菜单位于绘图区右侧，如图 3.43 所示。

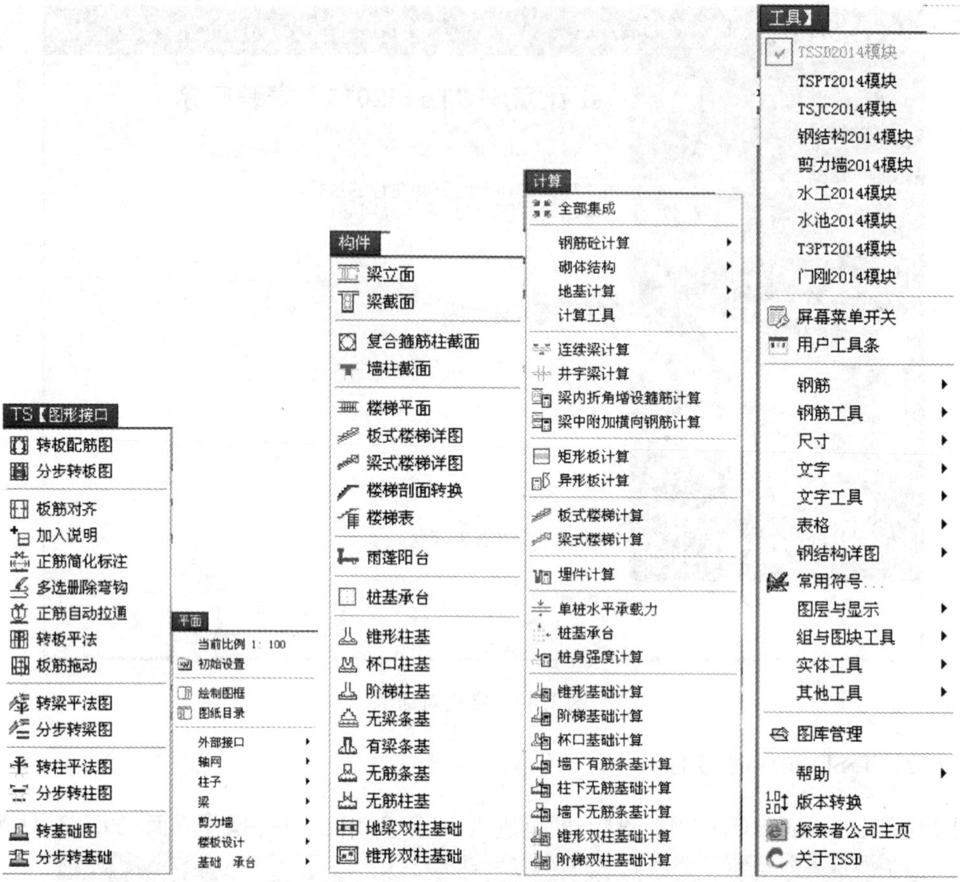

(a)TS图形接口　(b)TS平面　(c)TS构件　(d)TS计算　(e)TS工具

图 3.42　TSSD 2014 下拉菜单

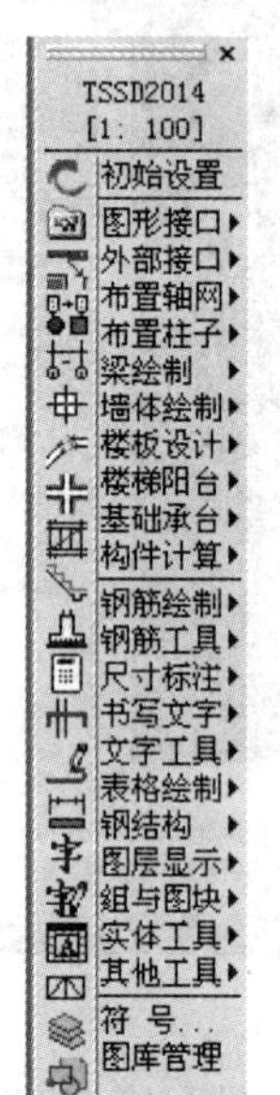

图 3.43　TSSD 2014 屏幕菜单

(1)TS 图形接口

TS 图形接口的主要功能是提供了转换 PM 图的工具，可以转换板平法图、梁平法图、墙柱平法图和基础图。

①转板配筋图:用于转换 PM 的板配筋图。

②转板平法:用于把已绘制完成的板配筋平面图由传统画法转换为平法。

③转梁平法图:用于转换 PM 的梁平法图。

④转柱平法图:用于转换 PM 的柱平法图。

⑤转基础图:用于转换 PM 的基础平法图。

(2)TS 平面

TS 平面主要功能是绘制平面布置图,绘制图框,外部图形转换成 TS 格式,绘制轴网、柱子、剪力墙、楼板及基础。

①当前比例:设置当前绘制图形的绘图比例。

②初始设置:初始设计绘图参数,包括系统设置、图层设置、文字编号、尺寸标注、钢筋及简化命令。

③绘制图框：具体操作见其提示和TS帮助文件。

④外部接口：把天正软件绘制的图，以及PKPM绘制的图纸等转换成TS格式。

(3)TS构件

TS构件这一模块只具有绘图功能。需要注意的是该模块所绘出的梁、柱、墙柱、楼梯和基础等均未经过计算，而TS计算模块下绘出的图是经过计算的。

TS构件模块可以绘制以下图形：

①梁立面和截面。

②平法绘制柱截面，包括普通柱和墙柱。

③梁式楼梯和板式楼梯的平面及详图。绘制平面和天正操作类似，绘制详图时有图像显示，非常明了、形象。

④雨篷、阳台。

⑤桩基和条基。

TS构件模块可以绘制的构件如图3.42所示。操作过程中，各参数的涵义在视图窗口中有明确说明。如TS构件中绘制锥形基础，操作过程为：选择"TS构件"→"锥形柱基"命令，进入后，界面如图3.44所示。

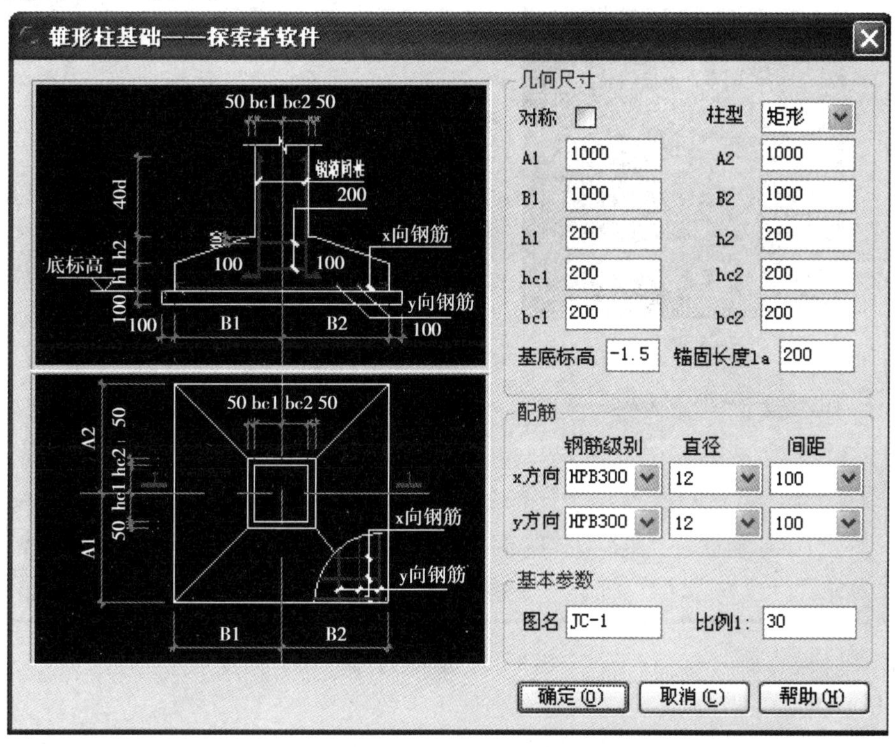

图3.44 锥形柱基础

(4)TS计算

TSSD软件的计算功能全部集中在该模块，主要包括钢筋混凝土结构构件、地基计算、浅基础设计、桩基础、实用小工具、结构设计工具箱等几部分，并可以自动生成计算书和符合绘图标准的施工图。该模块绘制的图是经过计算的，与TS构件模块不同。主要功能有：

①钢筋混凝土构件计算：包括普通梁和深梁的计算，轴心受压构件计算，受扭构件，板的

冲切计算,钢筋混凝土的局部承压计算及裂缝和挠度验算。

②地基计算:包括地基变形,回弹,软弱下卧层,主动土压力,修正后的地基承载力,最大干密度等计算。

③单桩水平承载力和桩承台计算。

④基础计算:柱下独基和条基计算。

⑤梁计算:连续梁和井字梁计算。

⑥板计算:矩形板和异性板的有限元计算。

⑦楼梯计算:板式楼梯和梁式楼梯计算。

⑧埋件计算:预埋件计算。

⑨计算工具:常用的计算工具,如解 N 次方程等。

TS 计算可以计算的内容如图 3.42 所示。现以矩形板计算为例(图 3.45 所示),可选择【TS 计算】→【矩形板计算】命令。

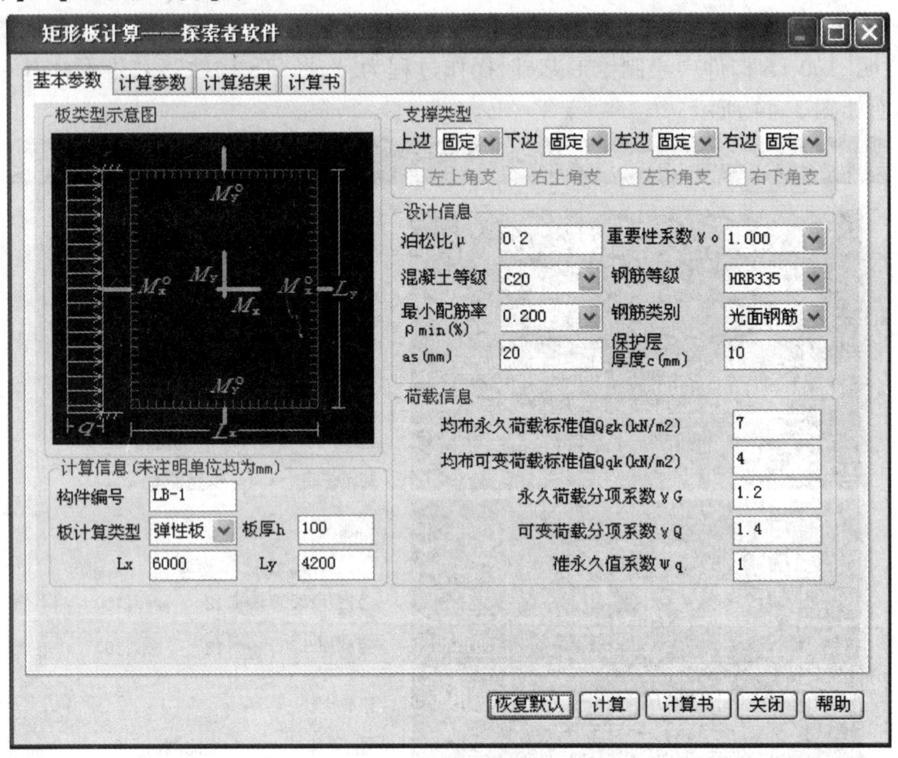

图 3.45　矩形板计算

(5)TS 工具

该模块主要是以绘图和文字修改输入为主,具体内容有:

(1)各种结构模块:包括钢结构 2014 模块、剪力墙 2014 模块、水工 2014 模块等,用于把软件菜单切换到相应结构软件菜单。

(2)钢筋:绘制钢筋。

(3)钢筋工具:修改钢筋,如拉通、加圆钩等。

(4)尺寸:标注尺寸。

(5)文字:输入文字和文字修改。

(6)文字工具:文字的拆分合并、旋转、替换等。

(7)钢结构详图:绘制和修改钢结构详图。

(8)常用符号:结构制图的常用符号,如标高符号、对称符号等。

要获得更多的使用方法,读者最好是查看TSSD 2014版说明文件。

(6)TSSD软件的有效学习途径

探索者软件的帮助文件做得相当出色,初学者在安装完探索者软件后,可以通过以下途径学习:

1)帮助文档

该文件在TS【工具】菜单下,详尽地介绍了TSSD软件的功能和用法。位置如图3.46所示。

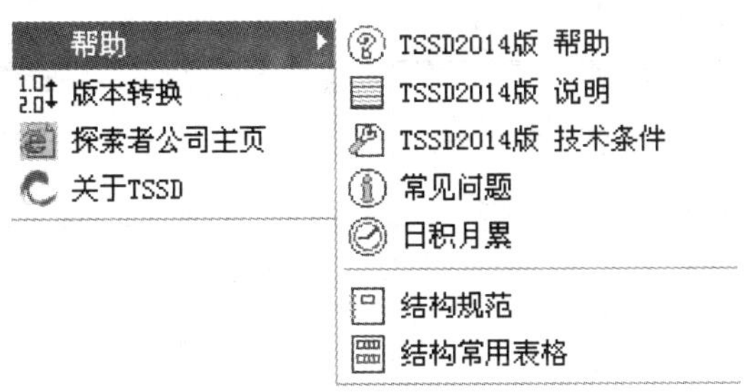

图3.46　TSSD 2014 帮助文件

2)登录TS公司主页

该公司主页有Flash演示文件,读者可以下载后学习。

3.6.4　TSSD 2014 实例——钢筋混凝土肋梁楼盖

本实例主要通过绘制图3.47所示的肋梁楼盖结构图,介绍绘制结构图的过程。

钢筋混凝土肋梁楼盖的绘制主要包括几个部分,分别为结构平面布置图、板配筋图、主次梁配筋立面和剖面图,主梁配筋包络图和钢筋表。本节将细述其中一部分的绘制过程,以便初学者掌握应用。

某钢筋混凝土肋梁楼盖,材料:混凝土强度等级C30;梁内受力纵筋为HPB335级钢筋,其他为HPB300级钢筋。主梁尺寸:250 mm × 650 mm,次梁尺寸:200 mm × 450 mm,板厚100 mm,外墙厚240 mm,内墙厚200 mm。

前面已经详细介绍了TSSD 2014各功能的应用方法,这里将不再细述,只介绍绘制步骤。

(1)绘制结构平面布置图

结构平面布置图如图3.47所示,绘图比例为1:200,即绘图时所有尺寸缩小200倍,以下绘图尺寸均为缩小200倍后的尺寸。

1)轴线输入

①选择屏幕菜单【初始设置】,弹出初始设置对话框,设置绘图比例,定义轴线图层,线型为CENTER,线宽为默认,如图3.48所示。

②选择【布置轴网】→【矩形轴网】,弹出【矩形轴线】对话框,按照图纸设置轴网。该结构平面图为:下开间5 * 6000,左进深3 * 6000,依次单击【加入】和【确定】按钮,即可生成轴网,如图3.49所示。

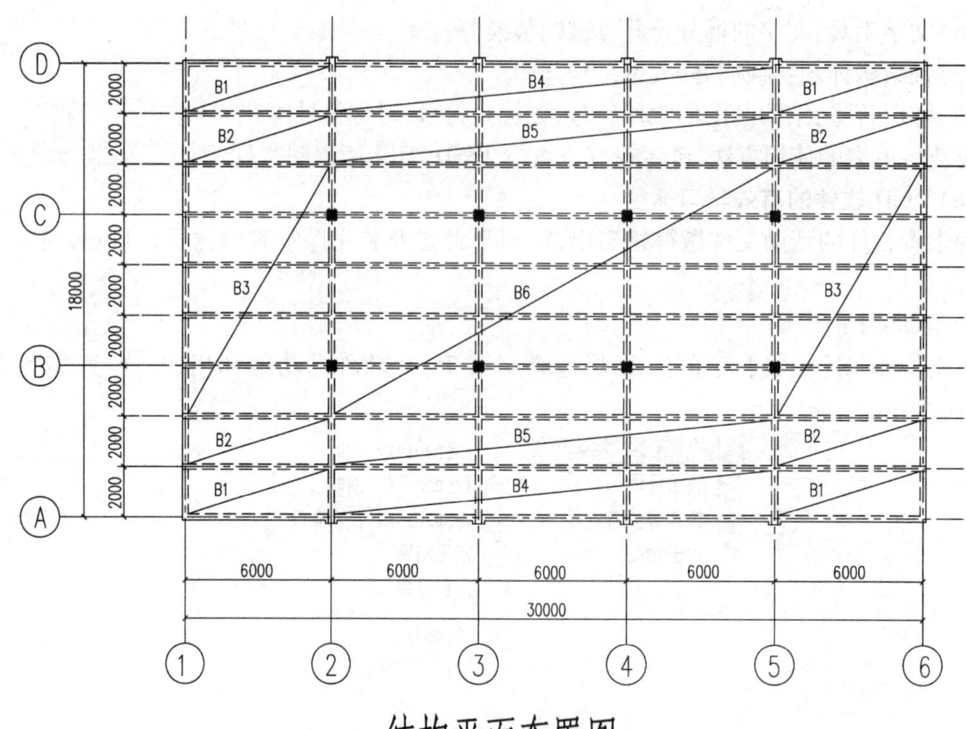

图 3.47　结构平面布置图

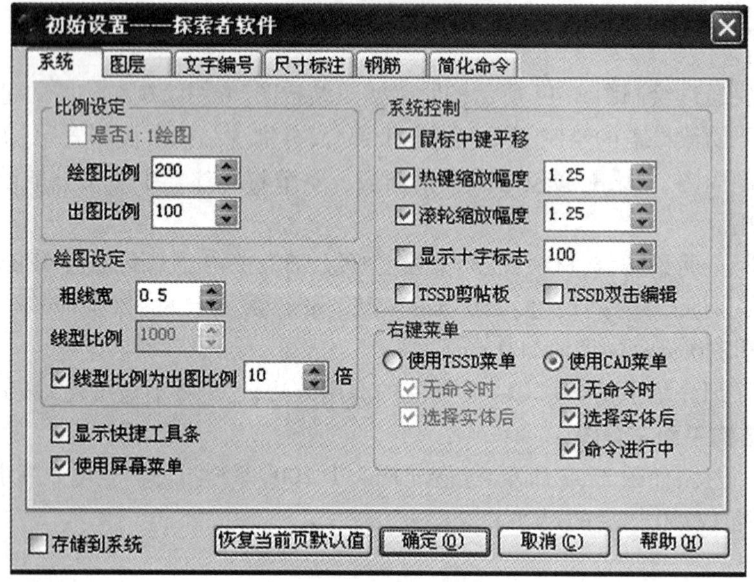

图 3.48　【初始设置】对话框

③选择【轴网标注】命令，按照命令提示定出轴线名称。然后选择【添加轴线】命令，按照命令提示定出次梁轴线，如图 3.50 所示。

2）布置柱

选择【布置柱子】→【插方类柱】命令，弹出【方柱类】对话框，设置柱截面 400 * 400，单击

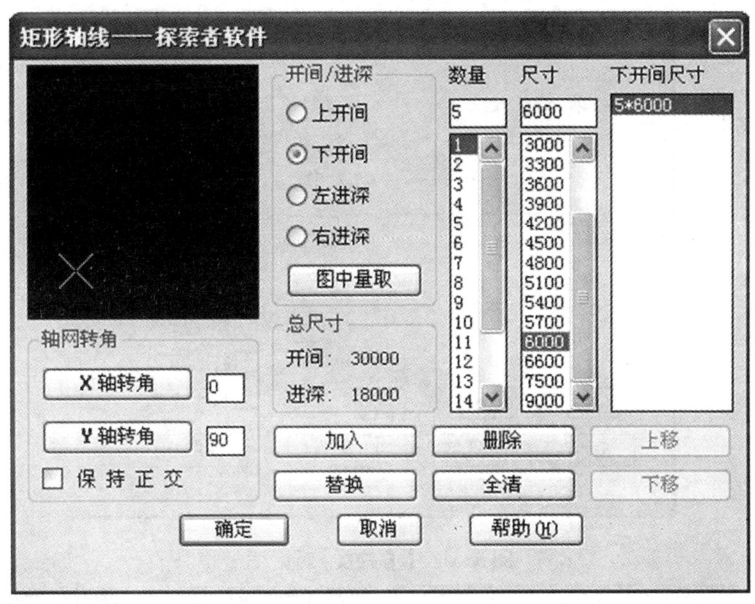

图 3.49　【矩形轴线】对话框

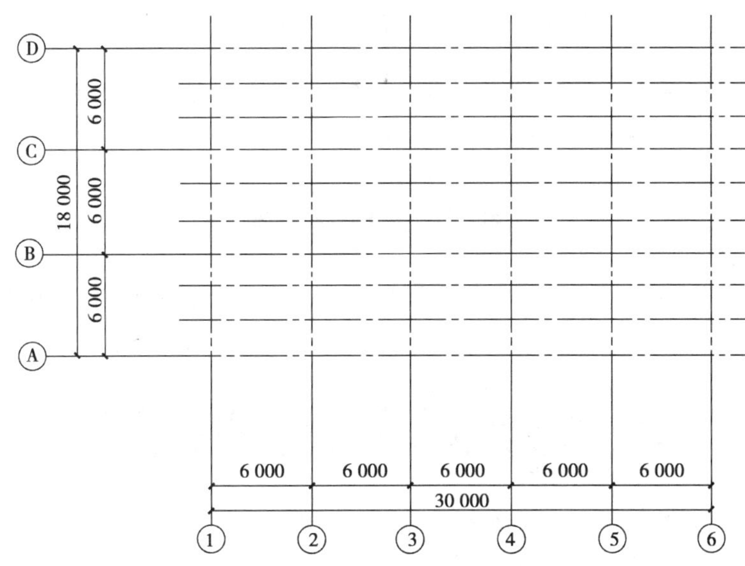

图 3.50　矩形轴网

【单点】按钮插入柱子，如图 3.51 所示。

3）绘制梁、墙

选择【梁绘制】→【画直线梁】命令，弹出【绘制双线】对话框，设置主梁宽度为 250，次梁宽度为 200，偏心为 0；单击【连续】和【虚线】按钮后按照命令提示绘制梁，如图 3.52 所示。墙线绘制方法与梁线相似，读者可以自己试一下。

4）尺寸标注

选择【尺寸标注】→【线性标注】命令，按照命令提示即可标出次梁间距。

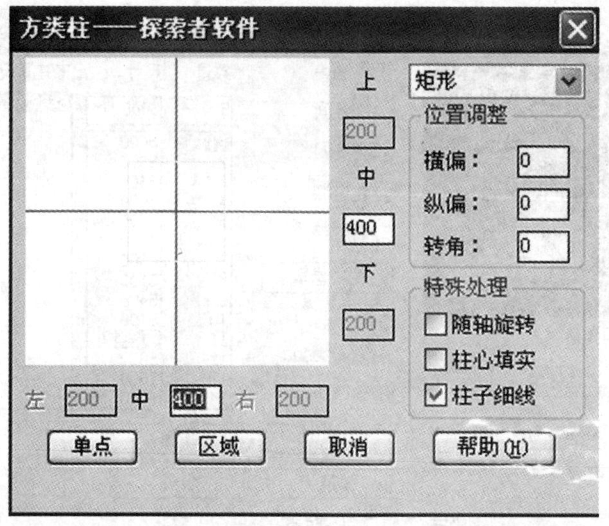

图 3.51 【方柱类】对话框

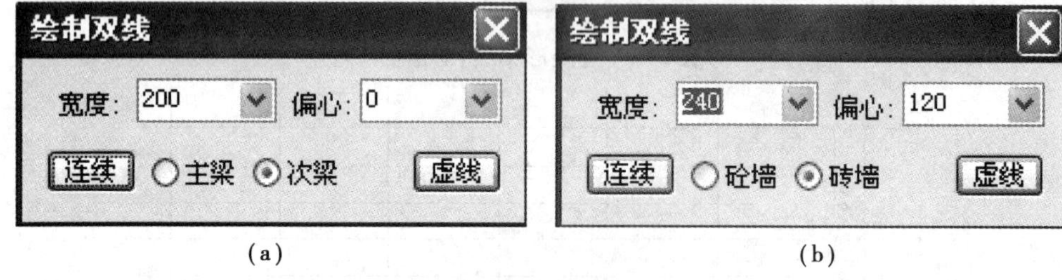

(a) (b)

图 3.52 绘制双线对话框

5)划分板号

应用【直线】命令,根据结构平面布置图中板的划分,连接板的对角,绘制板直线。然后编制板的编号,选择【书写文字】→【文字输入】,弹出【文字输入】对话框,在内容一栏输入板号 B1,单击【连续写】按钮,即可按照命令提示书写板号,如图 3.53 所示。

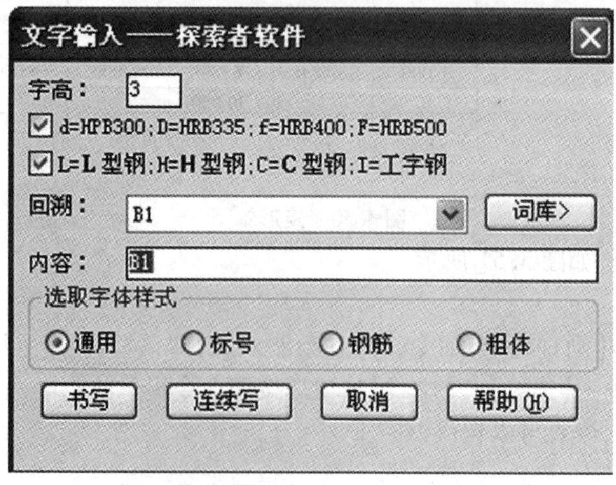

图 3.53 【文字输入】对话框

最后写上图名,标出绘图比例,结构平面布置图即绘制完毕。

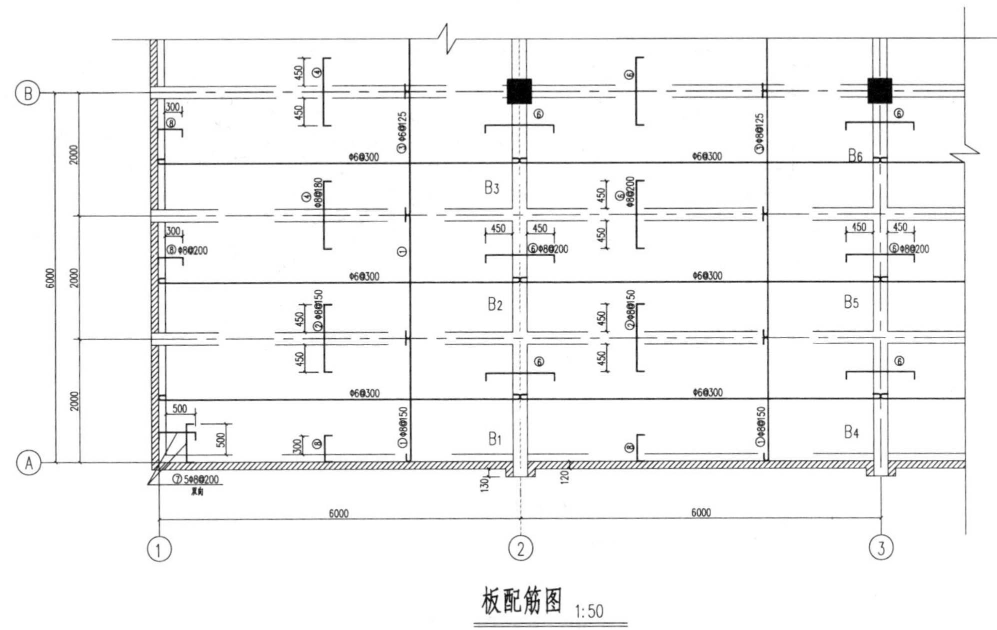

图 3.54　板配筋图

(2)绘制板配筋图

板配筋图中梁、柱轮廓线的画法同结构平面布置图，但上部钢筋及下部钢筋的画法与前面叙述有所不同，这里主要介绍钢筋的画法及钢筋号的标注方法，选取 1 轴线上的 8 号钢筋作为范例。

但应注意的是，此图比例为 1:50，即绘图时所有尺寸缩小 50 倍。在【初始布置】中将比例改为 1:50，并且在“文字编号”选项中将钢筋号圆圈直径设置为 3 mm，在“钢筋”选项中设置钢筋的基本参数。然后选择【钢筋绘制】→【任意负筋】命令，弹出负筋设置对话框，输入钢筋的基本信息，即可按命令提示插入负钢筋，如图 3.55 所示。

图 3.55　“负筋设置”对话框

(3)绘制主梁立面配筋图及包络图

主梁配筋图绘图比例为 1:50。其画法与其他图画法类似，但应注意不同线条的选择，如钢筋选择中粗线，标注尺寸时应选择相应的图层进行绘制。这里主要讲解有配筋图对应的材料图的绘制方法。

主梁的材料图应先根据计算得到的弯矩值，画出各种荷载组合下的弯矩图，如组合 1、组合 2、组合 3；已经按选配的钢筋抗力画出相应的抵抗矩图如 L1、L2、L3 等，如图 3.56 所示。

下面介绍钢筋截断点的画法，如图 3.57(a)所示。根据钢筋混凝土规范中充分利用该钢筋的截面长度确定其截断长度，如上图 2 号弯起钢筋，执行【直线】命令，选中 2 号钢筋中点，绘制直线与 L1 相交于 1 点；再选择【直线】命令，选中 2 号钢筋弯起点，绘制直线与 L2 相交于

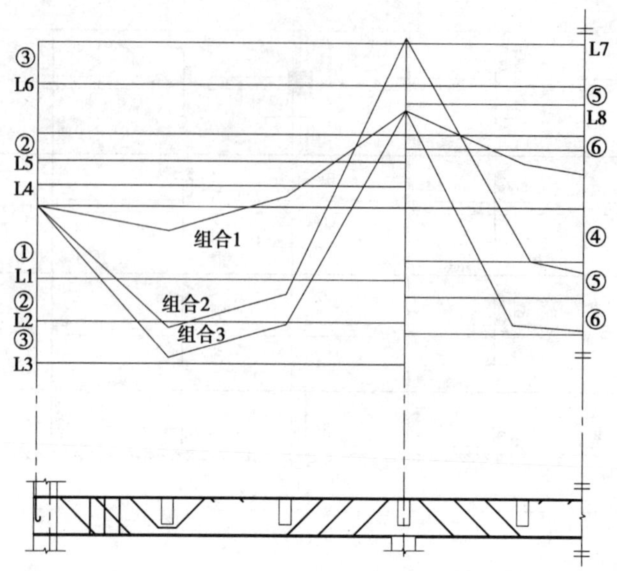

图 3.56　弯矩图及材料图

2 点,连接 1、2 点,则 2 号钢筋绘制完成。其他钢筋画法相同,依次画好钢筋编号为 2、3、5、6 的钢筋。

绘制完成后,执行【剪切】命令,将多余的线段剪切并标注钢筋号,如图 3.57(b)所示。

5 号、6 号钢筋的画法与上述画法不同,如图 3.57(c)所示。对 5 号钢筋,执行【直线】命令选中 5 点,绘制直线与 L4 相交,由主梁配筋图查到 5 号钢筋截断长度为 630,对齐配筋图的截断长度绘制直线并标注钢筋标号。6 号钢筋应用【直线】命令选中 6 点,绘制直线与 L5 相交再根据其截断长度标注,其他钢筋绘制方法相同。绘制好各钢筋后,对多余线段应用“剪切”命令进行修剪。到此,主梁的材料图绘制完成。

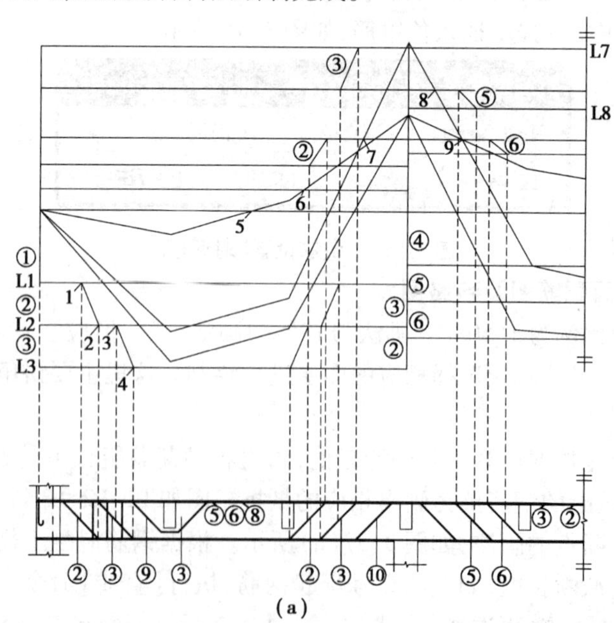

(a)

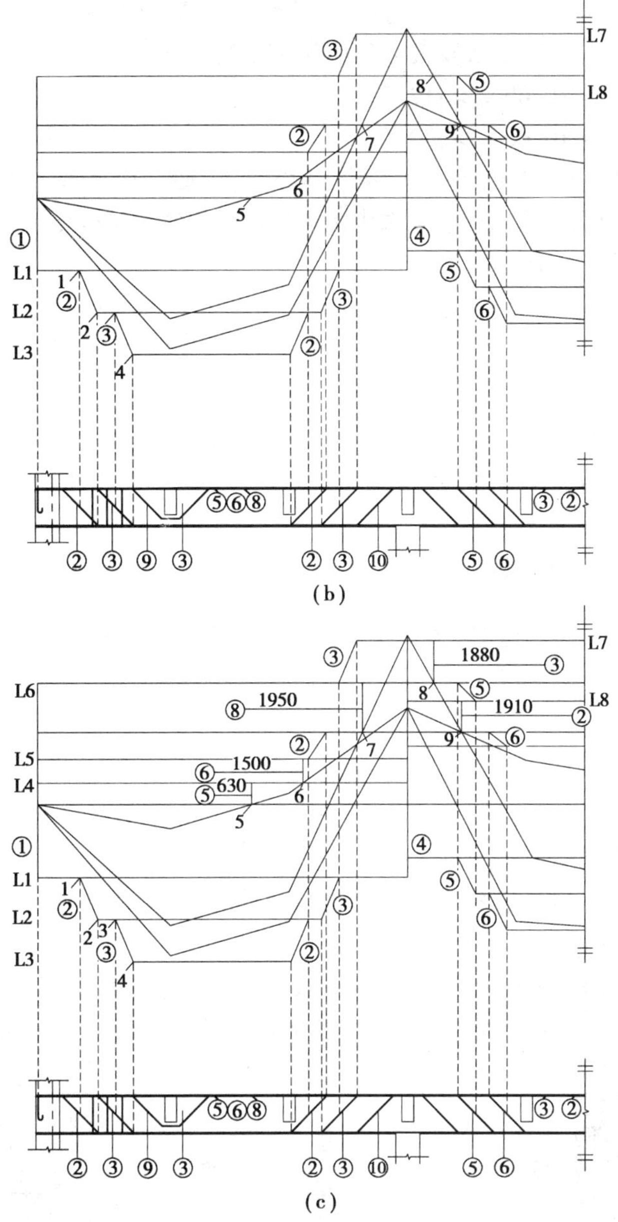

图 3.57　主梁材料图

主梁钢筋分离图即是根据钢筋的长度，应用【直线】命令绘图，再标注钢筋根数及直径。

(4)绘制主梁剖面图

这部分以主梁 A—B 跨的跨中截面及支座截面剖面图作为范例，如图 3.58 所示，其他主梁及次梁剖面图绘制方法相同。

1)主梁跨中截面剖面图

①单击绘图工具栏上的【矩形】按钮，绘制尺寸为 250 × 650 的矩形框，步骤及系统提示如下：

命令：RECTANG

指定第一个角点或[倒角(C)/标高(E)/圆角(F)/厚度(T)/宽度(W)]:(回车)

指定另一个角点或[面积(A)/尺寸(D)/旋转(R)]: D

指定矩形的长度 <10.0000>:12.5

指定矩形的宽度 <10.0000>:32.5

绘制出的矩形为一个整体,我们需要将其分解,以便后面修改。单击绘图工具栏中的【分解】按钮,命令行提示“选择对象”,选中矩形后单击右键完成命令。此时一个矩形整体变为由 4 根直线组成的矩形框。

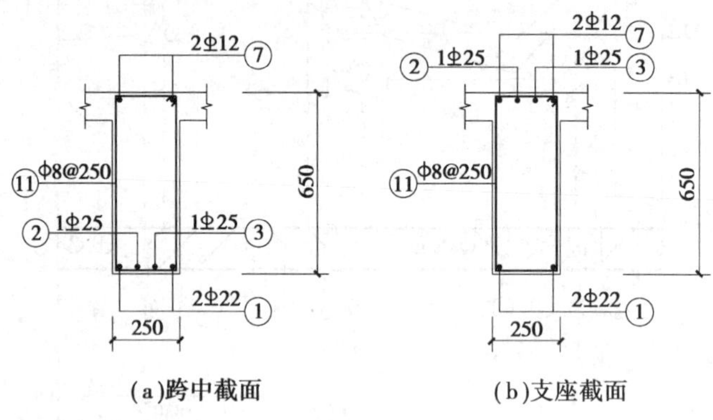

图 3.58 主梁剖面图

②绘制主梁箍筋。

选择【钢筋绘制】→【箍筋】命令,弹出箍筋参数对话框,输入箍筋参数,即可绘制箍筋,如图 3.59 所示。

③绘制主梁上部、下部钢筋。

选择【钢筋绘制】→【画点钢筋】命令,弹出点钢筋绘制数对话框,输入基本参数,即可绘制主梁上部、下部钢筋,如图 3.60 所示。

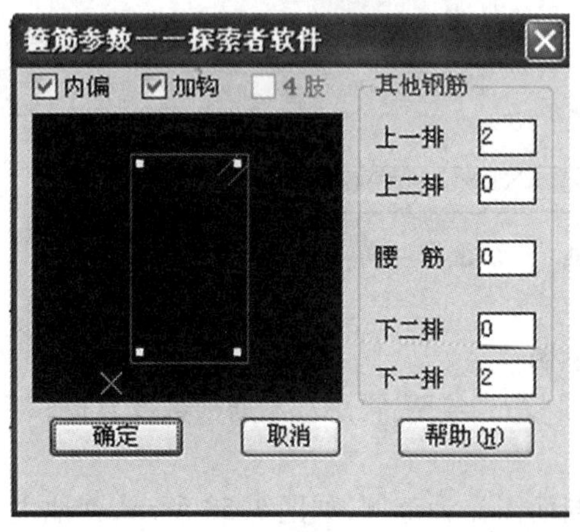

图 3.59 【箍筋参数】对话框

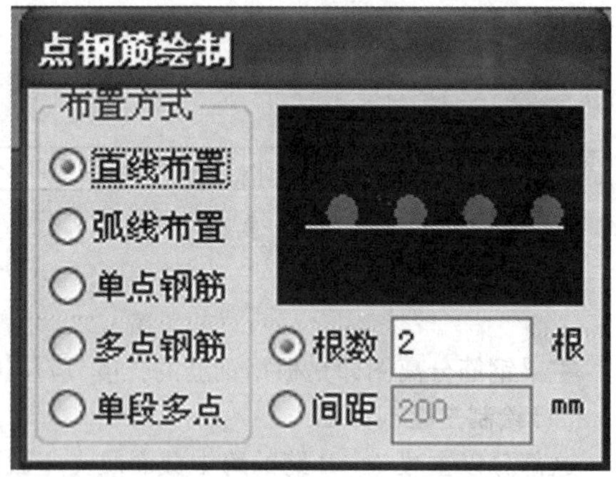

图 3.60 【点钢筋绘制】单对话框

④标注钢筋。

选择【钢筋绘制】→【钢筋标注】命令,弹出钢筋标注对话框,单击【类型选择】按钮,选择标注钢筋类型,输入钢筋参数,即可标注钢筋,如图 3.61 所示。

第4章
计算机系列软件在建筑工程中的应用

4.1 PK、PM系列软件介绍

PK、PM系列软件是由中国建筑科学研究院建筑结构研究院CAD工程部开发的建筑结构CAD系统。它面向钢筋混凝土框、排架,框架-剪力墙,剪力墙,砖混以及底层框架上层砖混等结构,适用于一般多层工业与民用建筑,也可用于高层建筑结构及复杂体型的高层建筑。

最初的PM、PK系列软件包括用来进行钢筋混凝土框、排架及连续梁结构计算与施工图绘制的PK软件和用来进行钢筋混凝土结构计算机辅助设计的PMCAD软件。后来又逐渐开发出框架、框架-剪力墙、剪力墙结构等高层三维分析与设计软件TAT;多层及高层建筑结构空间有限元分析与设计软件SATWE(墙元模型);剪力墙结构计算机辅助设计软件JLQ;钢结构CAD软件STS;砌体结构辅助设计软件QITI;独基、条基、钢筋混凝土地基梁、桩基础和筏板基础设计软件JCCAD;普通楼梯及异形楼梯CAD软件LTCAD;复杂多高层建筑结构分析与设计软件PMSAP(广义协调墙元模型)、预应力PREC等。还开发出三维建筑设计软件APM,给排水设计软件WPM,建筑采暖设计软件HPM,建筑电气设计软件EPM,建筑通风设计软件CPM等。这些软件之间实现了一定程度的数据共享,形成了集建筑设计、结构设计、给排水设计、采暖设计、电气设计以及通风设计为一体的集成化计算机辅助设计系统。该系列软件目前还在不断地扩大,不仅能计算一般及复杂混凝土结构的多高层工业与民用建筑,还能计算钢结构、混凝土小型空心砌块、预应力混凝土结构等,已形成了一个覆盖建筑工程各专业的系列软件。

4.1.1 PMCAD简介

(1)结构平面计算机辅助设计软件PMCAD

PMCAD是PKPM系列软件的核心,是剪力墙、楼梯施工图、高层空间三维分析和该系列各模块的必备接口软件。该软件具有以下特点和功能:

①用简便易学的人机交互方式输入各层平面布置及各层楼面的次梁、预制板、洞口、错层、挑檐等信息和外加荷载信息,在人机交互过程中提供随时中断、修改、复制、查询、继续操

作等功能。

②自动进行从楼板到次梁、次梁到承重梁的荷载传导并自动计算结构自重,自动计算人机交互方式输入的荷载,形成整栋建筑的荷载数据文件。由此数据可自动给框架、空间杆系薄壁柱、砖混计算提供数据文件,也可为连续梁、次梁和楼板计算提供数据。

③绘制正交及斜交网格平面的框架、框剪、剪力墙及砌体结构的结构平面图。包括柱、梁、墙、洞口的平面布置、尺寸、偏轴、画出轴线及总尺寸线,画出预制板、次梁及楼板开洞布置,计算现浇楼板内力与配筋并画出板配筋图。

④AutoCAD 平面图向建筑模型转化。

⑤复杂空间结构建模及分析。

(2)SATWE 多层及高层建筑结构空间有限元分析与设计软件

SATWE 为 Space Analysis of Tall-Buildings with Wall-Element 的词头缩写,是专门为多高层建筑设计而研制的空间组合结构有限元分析软件。该软件具有如下特点:

①模型化误差小、分析精度高。

②计算速度快、解题能力强。

③前后处理功能强。

(3)PK 钢筋混凝土框架、框排架、连续梁结构计算与施工图绘制软件

该软件具有以下特点和功能:

①适用于工业与民用建筑中各种规则和复杂类型的框架结构、框排架结构、排架结构,剪力墙简化成的壁式框架结构及连续梁。规模在 30 层,20 跨以内。可处理梁柱正交或斜交、梁错层,抽梁抽柱,底层柱不等高,铰接屋面梁等各种情况,可在任意位置设置挑梁、牛腿和次梁,可绘制十几种截面形式的梁,可绘制折梁、加腋梁、变截面梁,矩形梁、工字梁、圆形柱或排架柱,柱箍筋形式多样。

②按新规范要求进行强柱弱梁、强剪弱弯、节点核心、柱轴压比、柱体积配箍率的计算与验算,还能进行罕遇地震下薄弱层的弹塑性位移计算和竖向地震力计算和框架梁裂缝宽度计算。

③可按照梁柱整体画、梁柱分开画、梁柱钢筋平面图表示法和广东地区梁表柱表四种方式绘制施工图。

④按新规范和构造手册自动完成构造钢筋的配置。

⑤具有很强的自动选筋、剖面归并、自动布图等功能,同时又给设计人员提供多种方式干预选钢筋、布图、构造筋修改等。

⑥在中文菜单提示下,提供丰富的计算简图及结果图形,提供模板图及钢筋材料表。

⑦可与 PMCAD 软件连接,自动导荷并生成结构计算所需的数据文件。

⑧可与三维分析软件 TAT、SATWE 有接口,绘制 100 层以下高层建筑的梁柱图。

(4)QITI 砌体结构辅助设计

①砌体结构辅助设计。提供砌体结构建模与荷载输入菜单,主要完成多层砌体结构的抗震验算、墙体受压计算、墙体局部承压计算、底框-抗震墙结构地震作用计算、风荷载计算、上部竖向荷载导算、生成小高层配筋砌块砌体结构三维分析数据等,以及完成各层楼板配筋计算和绘制施工图。

②底框-抗震墙结构三维分析。可生成 SATWE 数据,连接 SATWE 完成底部框架和剪力

墙的内力和配筋计算。

③配筋砌块结构的三维分析。利用菜单生成的配筋砌块墙体的设计计算信息,调用高层建筑结构分析软件 SATWE,完成小高层配筋砌体结构的内力和配筋计算。

④砌体结构混凝土构件的设计。利用该模块还可以进行阳台、挑檐、雨篷、悬挑梁、墙梁、圆弧梁等经常出现在砌体结构中的混凝土构件设计,完成内力计算、配筋计算以及施工图绘制。

(5)多、高层建筑结构三维分析程序(TAT)

TAT 是采用空间计算柱梁等杆件,采用薄壁柱原理计算剪力墙。它适用于分析设计各种复杂体型的多、高层建筑,不但可以计算钢筋混凝土结构,还可以计算钢-混凝土混合结构、钢结构,程序对水平支撑、斜支撑或斜柱结构均作了考虑。其功能如下:

①与 PMCAD 有完善的数据接口。

②采用薄壁柱和杆单元,可计算框架结构,框剪和剪力墙结构、筒体结构等复杂体型结构。对纯钢结构可作 P-△效应分析及强度和稳定验算。

③可以进行水平地震、风力、竖向力和竖向地震力的计算和荷载效应组合及配筋。

④可以与 PMCAD 连接生成 TAT 的几何数据文件及荷载文件,直接进行结构计算。

⑤可以与动力时程分析程序 TAT-D 接力运行,进行动力时程分析,并可以按时程分析的结果计算结构的内力和配筋。

⑥对于框支剪力墙结构或转换层结构,可以自动与高精度平面有限元程序 FEQ 接力运行,其数据可以自动生成,也可以人工填表,并可指定截面配筋。

⑦可以接力 PK 绘制梁柱施工图,接力 JLQ 绘制剪力墙施工图,接力 PMCAD 绘制结构平面施工图。

⑧可以接力各基础 CAD 模块传导基础荷载,完成基础计算和绘制。

⑨TAT 与本系统其他软件密切配合,形成了一整套多、高层建筑结构设计计算和施工图辅助设计系统,为设计人员提供一个良好的、全面的设计工具。

4.1.2　PKPM 的安装及环境设置

将 PKPM 的程序光盘放入光盘驱动器中后,就可自动启动安装程序。

根据提示可指定 PKPM 程序安装在计算机的具体位置,即指定程序安装的硬盘符和子目录名。例如指定安装到 C 盘 PKPM 子目录中。如图4.1所示。

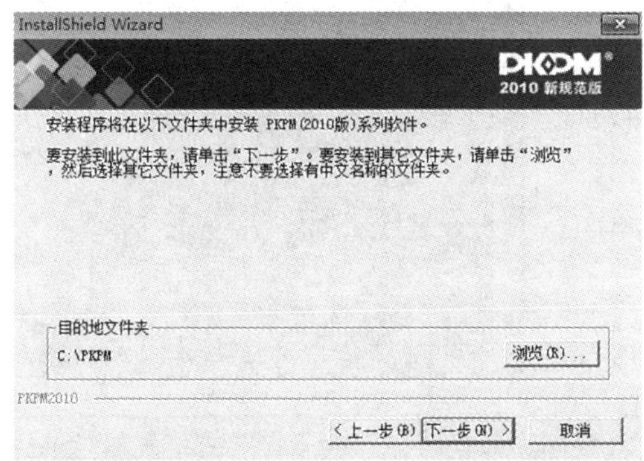

图4.1　安装 PKPM 程序——选择目标位置

PKPM 共有 20 多个功能模块,专业上有建筑、结构、设备、概预算,结构中有 S-1~S-5 和钢结构 STS、预应力 PREC 等。如图 4.2 所示。

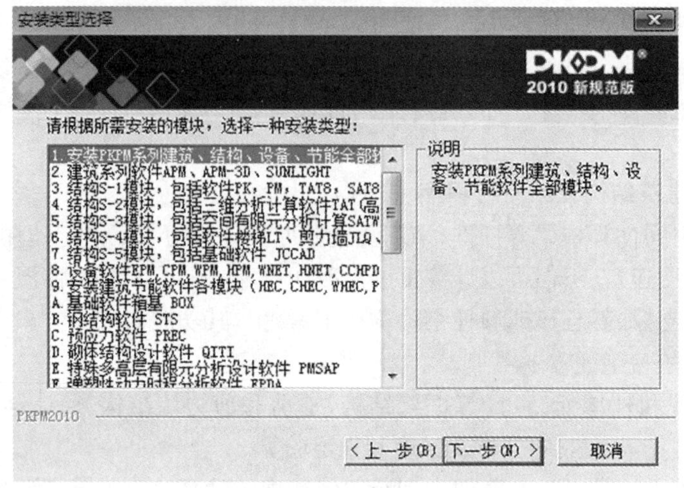

图 4.2 安装 PKPM 程序——设置类型

安装类型可选"1. 安装 PKPM 系列软件全部模块"或者选"5. 用户自己选择所需安装模块",这时单击【下一步】按钮后,可出现全部模块,按各自要求点选,如点选所有结构模块及 CFG 模块即可。其他专业模块可不装,以免占据计算机空间。

安装完毕后,屏幕上会出现 PKPM 快捷键。其中 CFG 为图形支持环境,是 PKPM 系列软件的中文平台,安装该系列的任何一个软件都需要安装这个平台,而且 CFG 子目录只能安装在 C 盘。其余软件根据需要有选择地安装。

(1) PMCAD 界面环境和工作方式

PMCAD 程序全部操作可以采用主菜单方式,也可采用直接启动各项功能执行文件。

PMCAD 主菜单第一栏中的 1~2 项是输入各项数据,必须顺序执行;3~7 项是完成各项功能,可根据需要执行其中的一项或几项。如图 4.3 所示。

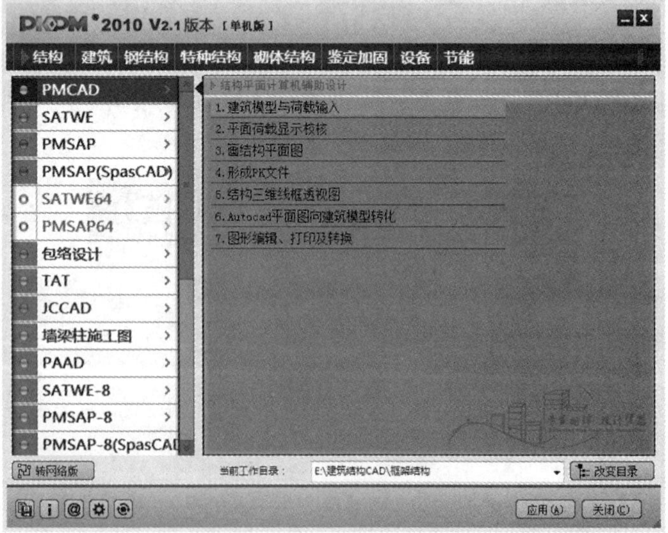

图 4.3 主菜单对话框

(2)保存数据

一个工程的数据结构,是由若干带后缀.pm的有格式或无格式文件组成。保留一项已建立的工程数据库,最重要的数据文件有两类:①工程文件名.＊;②＊.pm,程序执行完“建筑建模与荷载输入”之后即在工作目录中产生这两类文件。把上述两类文件拷入另一计算机的工作子目录中,就可在这个计算机上恢复原有工程的数据。

(3)菜单

进入PMCAD主菜单后,程序将屏幕划分为右侧的菜单区,上侧的下拉菜单区,下侧的命令提示区和中部的图形显示区。右侧的菜单区由名为“WORK . MNU”的菜单文件支持。下拉菜单中有文件、显示、工作状态管理及图素编辑工具,这些菜单由名为“WORK . DGM”的菜单文件支持。屏幕下侧的命令提示区,可以在“命令:”的提示下直接键入一个命令而不必使用菜单,例如,当进入程序没有菜单显示时,可键入“QUIT”退出程序。如果熟悉命令,当然也可以完全依靠输入命令方式完成全部工作,所有菜单内容均有与之对应的命令名,这些命令由名为“WORK. ALI”的文件支持。这些菜单一般安装在PM目录中,如果进入程序后菜单无法激活,把相应的菜单文件拷入当前的工作目录中即可。

4.2 PMCAD建模——框架结构

本节结合工程实例详细介绍PMCAD的主菜单和建模的过程。

(1)PKPM主菜单和PMCAD主菜单

双击桌面PKPM快捷图标,即启动了PKPM主菜单。在对话框左上角的专业分页上选择【结构】菜单主页,单击菜单左侧的【PMCAD】按钮,菜单右侧即出现了PMCAD主菜单。主菜单对话框如图4.3所示。

PMCAD主菜单内容一共有8项,用户可以移动光标到相关菜单,双击鼠标左键启动,或随后用鼠标点击【应用】启动。主菜单1项为平面建模程序,2—7项完成指定的其他各功能。

(2)工作子目录

每作一项工程,都应建立该项工程专用的工作子目录,子目录名称任意,但不能超过20个英文字符或10个中文字符,也不能使用特殊字符。每项工程开始前,首先要设置当前工作目录。为此请按菜单上的【改变目录】按钮,屏幕上出现“选择工作目录”对话框。如图4.4所示。

如果工作子目录事先已建立好,用户可以在“改变工作目录】页下直接选择驱动器、目录;如果尚未建立,用户可以直接在“目录名称”栏中输入硬盘驱动器名和工作目录名,然后按【确定】,就设置好工作目录。对于新建工程,设置好工作目录后,首先应执行主菜单1项,这样可建立该项工程的整体数据结构,完成后可按任意顺序执行主菜单的其他项。本工程为新建工程,目录名称为D:\建筑结构CAD\框架结构,确定后进入PMCAD的主菜单开始建模。

(3)人机交互建模

将光标移动到PMCAD的主菜单【1.建筑模型和荷载输入】,单击鼠标左键,然后按【应用(A)】,或直接双击【1.建筑模型和荷载输入】,即进入人机交互程序。对于新建工程,用户应输入该工程的名称,工程名称由用户定义,文件名的总字节数不应大于20个英文字符或10

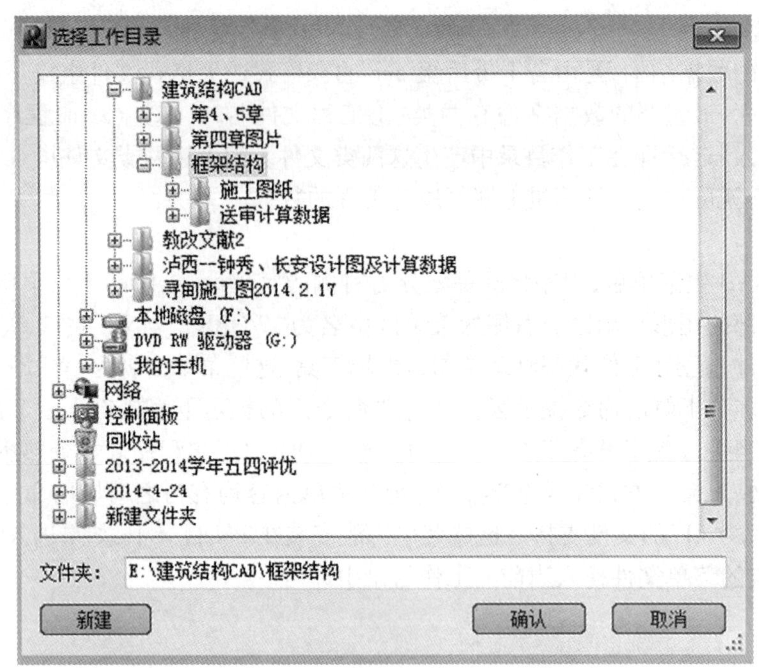

图 4.4 “选择工作目录”对话框

个中文字符,且不能有特殊字符。对于已存在的工程文件,程序一般可自动从当前工作子目录中搜查到。例如工程名称为“1”,然后按【确定】,即进入 PM 建筑模型和荷载输入界面,右侧各菜单显示的主要操作内容如图 4.5 所示。

图 4.5 PM 建筑模型和荷载输入主菜单

对于新建文件,应依次执行各菜单项;对于旧文件,可根据需要直接进入某项菜单。退出时,需保存文件,否则输入的数据将部分或全部丢弃。

1)轴线输入

【轴线输入】菜单是整个交互输入程序最为重要的一环,这是为以后的布置工作打下良好基础的关键步骤。选择【轴线输入】菜单后,将会弹出一个下拉菜单。程序提供了【节点】、【两点直线】、【平行直线】、【折线】、【矩形】、【辐射线】、【圆环】、【圆弧】以及【三点圆弧】等基本图素,它们用于绘制各种形式的轴线。这些图素的操作方式与 AutoCAD 完全相同,这里不再作详细介绍。

除了以上基本图素外,在【轴线输入】菜单中还有【正交轴网】和【圆弧轴网】两项菜单,这两项菜单可不通过屏幕画图方式,而是通过参数定义方式形成平面正交轴线或圆弧轴网。

【正交轴网】是通过定义开间和定义进深形成正交网格,操作步骤为:依次在“下开间”、“左进深”、“上开间”、“右进深”栏中输入数据。然后按【确定】按钮。需要注意的是,定义开间是输入横向从左到右连续的各跨跨度,定义进深是输入竖向从下到上的各跨跨度。跨度数据可用光标从屏幕上已有的常用值中挑选,也可以从键盘输入,且每输入一个值,要用逗号隔开。正交轴网输入如图 4.6 所示。

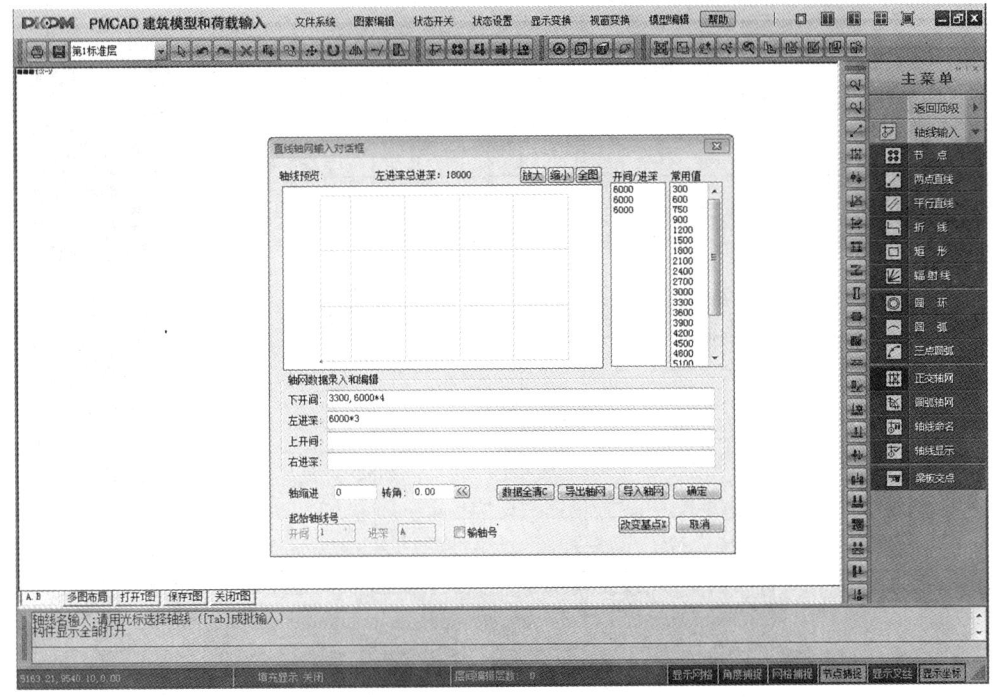

图4.6　正交轴网的建立

输完开间进深后确定，退出对话框。此时，移动光标可将形成的轴网布置在平面上任意位置。布置时，可输入轴线的倾斜角度，也可以直接捕捉现有的网点使新建轴网与之相连。

【圆弧轴网】是一个环向为开间、径向为进深的扇形轴网，其开间是指轴线展开角度，进深是指沿半径方向的跨度。建立圆弧轴网的主要参数有:【圆弧开间角】、【进深】项目下的【跨数 * 跨度】、【内半径】和【旋转角】。各个参数值输入后按【确定】，弹出【轴网输入】对话框，输入“径向轴线端部延伸长度”和“环向轴线端部延伸角度”，完成后按【确定】即可布置设置后的轴网。

2）网格生成

【网格生成】是程序自动将绘制的定位轴线分割为网格和节点。凡是轴线相交处都会产生一个节点，轴线的起止点也作为节点。用户可以对程序自动分割所产生的网格和节点进行修改。点取【形成网点】，删除多余的网点，网格确定后即可以给轴线命名。

【轴线命名】是在网点生成后为轴线命名的菜单。在输入的轴线中，凡在同一条直线上的线段不论其是否贯通都视为同一轴线。在执行本菜单时可以一一点取每根轴线为其命名，对于平行的直轴线也可以按【Tab】键后进行成批命名，这时，程序要求点取相互平行的起始轴线及终止轴线，对于不希望命名的轴线可按屏幕提示操作取消，然后输入一个字母或数字后程序自动顺序地为轴线编号。轴线命名完成后，应该用【F5】键刷新屏幕。命名后的轴线如图4.7所示。

3）楼层定义

【楼层定义】是各层平面布置的核心程序，主要包括构件布置、楼板生成和本层信息以及一些辅助程序。

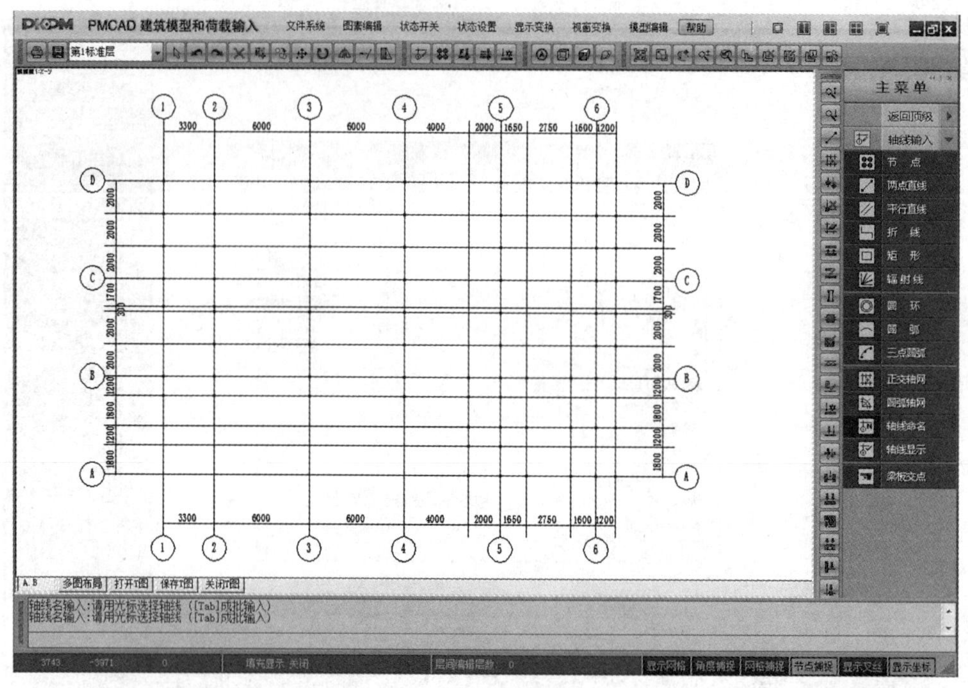

图 4.7　轴线的命名

①构件定义和布置。

各种构件布置前必须要定义它的截面尺寸、材料和形状类型等信息。本程序对构件的定义和布置的管理都采用对话框的形式，每个对话框上都设置了【新建】、【修改】、【删除】、【清理】、【布置】、【显示】、【拾取】和【推出】的按钮。下面结合工程实例说明柱和梁的定义及布置，对墙及洞口的定义在以后的章节中会有介绍。

第一，柱定义。定义 650 mm×650 mm 的柱截面。

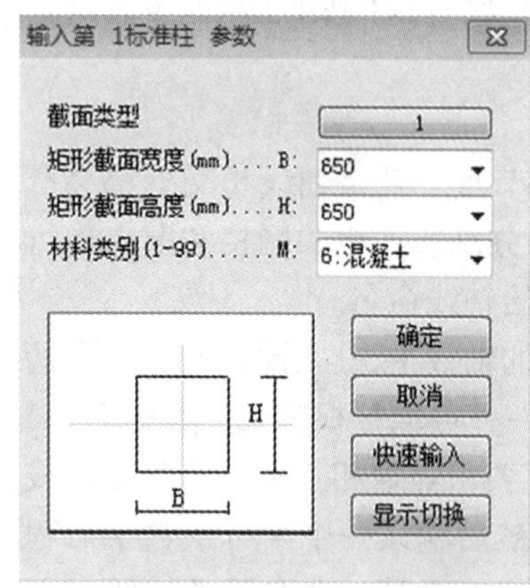

图 4.8　“柱定义‘对话框

接上面轴线命名以后，点击【主菜单】，选择【楼层定义】，菜单会列出【楼层定义】的菜单项，选择【柱布置】，会弹出一个“柱截面列表”的对话框，点击【新建】，弹出【柱定义】对话框，如图 4.8 所示。在该对话框中，可以定义柱截面类型、柱截面尺寸和材料类别。【快速输入】可以从常用的数据列表中选择截面参数，快速地定义完柱截面。柱最多可以定义 300 类截面。

从图 4.8 可以看出，程序默认的截面类型是“1”号，即矩形截面。如果需要更改截面类型，按“截面类型”右侧的按钮，屏幕弹出“截面类型”对话框，如图 4.9 所示，在该对话框中选择相应的截面类型即可。柱目前共有 25 类标准截面类型。

选择好截面类型后，根据不同的截面类型，需要输入不同的参数。本例采用矩形截面柱，需要在“柱定义”对话框中指定矩形截面的宽度和高度，以及材料类型号。依次输入相应的矩形截面宽度 650 mm、高度 650 mm 及材料类别 6(代表混凝土材料)，按【确认】按钮，完成柱的定义。在“柱截面列表”中会出现650 * 650字样，表示已定义了一个650 mm × 650 mm的柱截面。用同样的方法还可定义其他尺寸的柱截面。

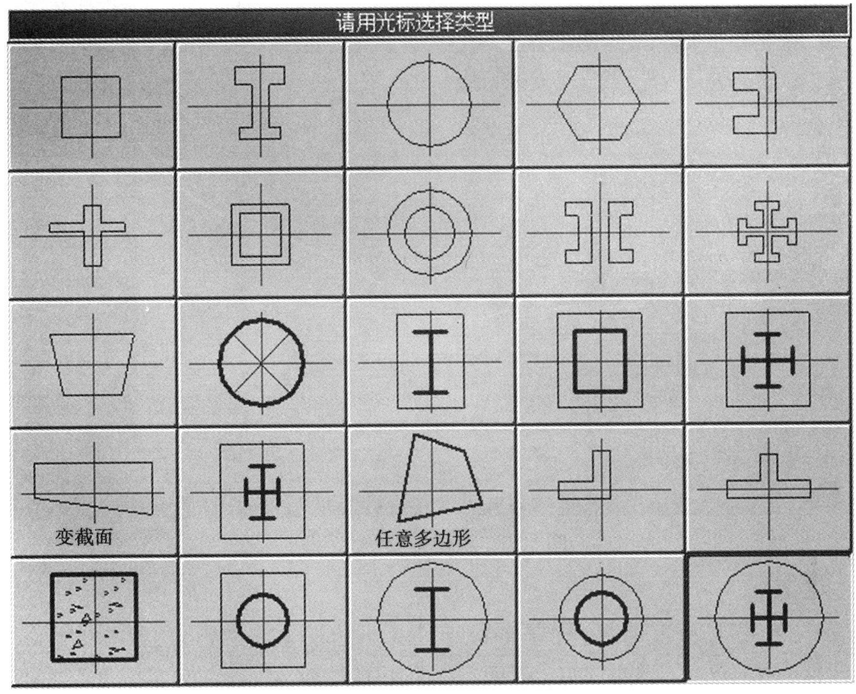

图4.9　“截面类型”对话框

第二，梁定义。梁截面定义方法同柱截面。

柱和梁都定义完成以后，接下来将定义好的柱和梁等布置到各标准层上。各结构标准层从下到上排列，结构布置完全相同，并且相邻的楼层可定义为一个结构标准层。这样完全相同的各层只需输入一次。柱要布置在节点上，每个节点上只能布置一根柱，如重复在一节点上布柱，新布的柱截面会替换原有柱截面；梁、墙布置在网格线上，两节点之间的一段网格上仅能布置一根梁或墙，梁、墙长度即是两节点之间的距离；洞口也布置在网格上有墙的部位（本例没有墙和洞口的布置）。

第三，柱布置。

选【柱布置】，在“柱截面列表”中移动光标到650 * 650柱截面上，按【布置】按钮，或者直接双击650 * 650柱截面，屏幕上弹出一个柱布置参数信息对话框，包含的参数有偏心、转角及柱底标高。柱宽一边的方向与X轴的夹角称为转角，沿截面宽方向（转角方向）相对于节点的偏心称为沿轴偏心，右偏为正，沿柱截面高方向的偏心称为偏轴偏心，以向上（柱高方向）为正。柱底标高指柱底相对于本层层底的高度，柱底高于层底时为正值，低于层底为负值。如图4.10所示，输入650 * 650柱的沿轴偏心、偏轴偏心、轴转角及柱底标高的值，若无偏心与转角，柱底标高为0，直接回车，则偏心值取程序的默认值“0”。程序提供了4种构件布置方式：光标布置方式、沿轴线布置方式、按窗口布置方式和围栏布置方式。可以按【Tab】键转换布置方式，或者直接在提示对话框中用鼠标选择布置方式。选择“光标布置方式”，移动光标到某一节点上回车，该柱截面将被布置在该节点上，逐个在节点上布置柱。所有节点都布置完成后，退出【柱布置】菜单。

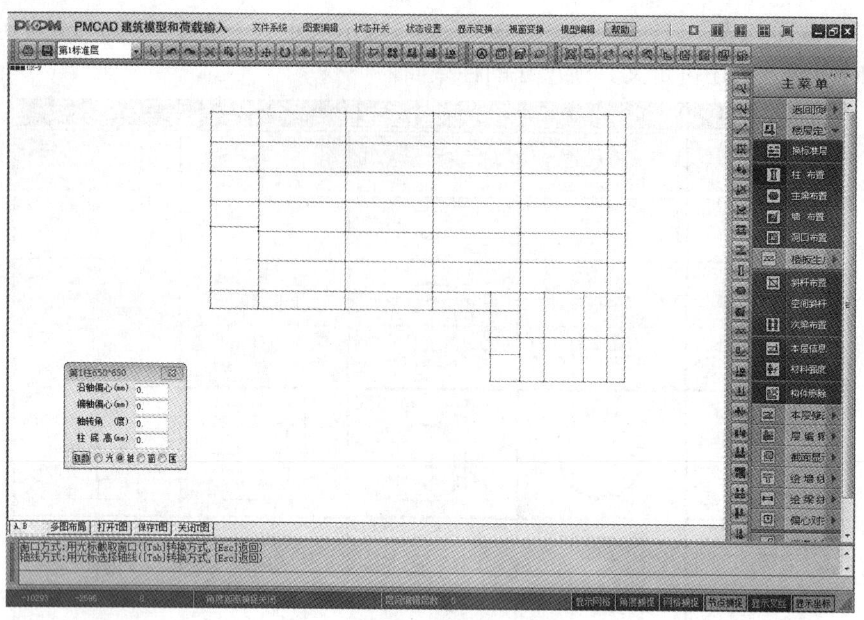

图 4.10 “柱布置”对话框

第四,主梁布置。

本菜单中在网格上布置的梁,程序都称作主梁。选择【主梁布置】菜单,屏幕弹出“梁截面列表”对话框,显示已定义的几种梁截面,选择其中一种,移动光标在需布梁的网格线上布梁。梁布置的参数有偏轴距离、梁顶标高和轴转角。偏轴距离是输入偏心的绝对值,布置梁时,光标偏向网格的一侧,即为梁偏心一侧。梁顶标高是梁两端相对于本层顶的高差。如果梁所在的网格是垂直的,梁顶标高 1 指下面的节点,梁顶标高 2 指上面的节点,如果梁所在的网格不是垂直的,梁顶标高 1 指网格左面的节点,梁顶标高 2 指网格右面的节点。主梁布置也可以采用“光标”、“沿轴线”、“按窗口”、“围栏”几种方式布置,如图 4.11 所示。

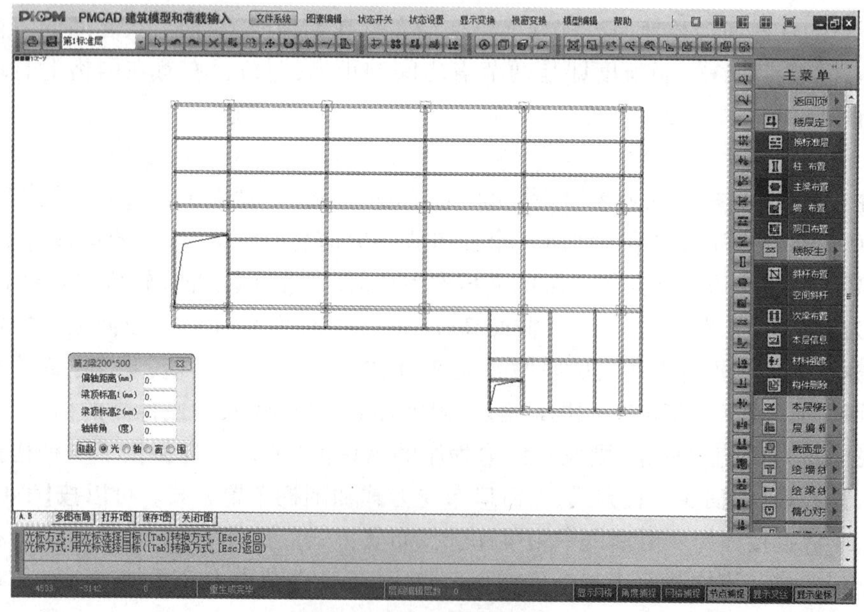

图 4.11 “主梁布置”窗口

完成以上柱布置、主梁布置后，第 1 个结构标准层布置完毕。

②楼板生成。

【楼板生成】菜单包括【生成楼板】、【楼板错层】、【修改板厚】、【板洞布置】、【全房间洞】、【板洞删除】、【布悬挑板】、【删悬挑板】、【布预制板】及【删预制板】，如图 4.12 所示。

结合工程实例，将柱和梁布置完以后，按【楼板生成】按钮，选择【生成楼板】，程序自动生成标准层结构布置后的各房间楼板，板厚默认取【本层信息】菜单中设置的板厚值。若板厚需要修改，按【修改板厚】按钮，屏幕弹出修改板厚对话框，在板厚度栏内输入板厚值，移动光标到需要修改的楼板。点击即可。如图 4.13 所示。

图 4.12　**楼板生成菜单项**

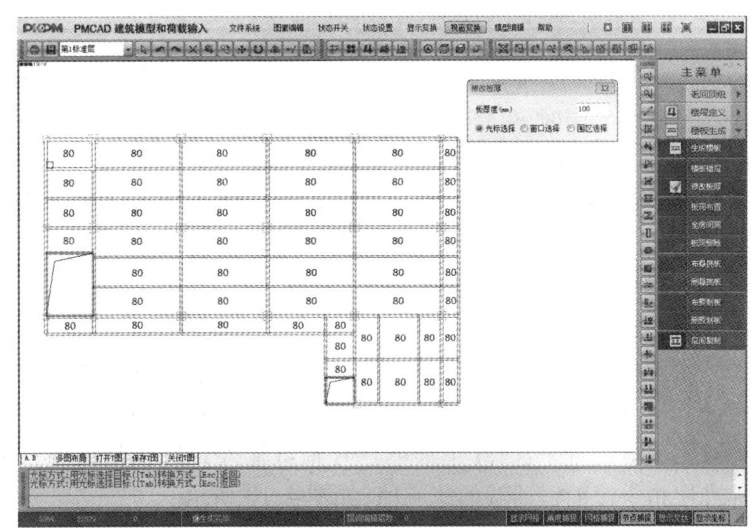

图 4.13　**修改板厚**

板厚确定以后，将光标移动到楼梯间的位置，按【全房间洞】按钮，将指定房间全部设置为开洞。全房间开洞时，相当于该房间无楼板，亦无楼面恒活荷载。若建模时不需在该房间布置楼板，却要保留该房间楼面恒活荷载时，则可通过将该房间板厚设置为 0 来解决。

楼层布置好以后，若需要对已布置好的构件做删除或替换的操作，这时可以按【本层修改】按钮，按照相应的菜单对构件进行修改。

以上过程都进行完以后，按【本层信息】按钮，这是每个结构标准层必须做的操作，是输入和确认每层的结构信息。程序自动弹出一个对话框，上面有各参数的默认值。根据工程的具体情况选择修改，完成后【确认】即可，如图 4.14 所示。

③添加标准层。

以上是完成了一个结构标准层的平面布置，接下来要进行一个新的标准层的输入。新标准层应在旧标准层基础上输入，以保证上下节点网格的对应，为此应将旧标准层的全部或一部分复制成新的标准层，在此基础上修改。

按【换标准层】按钮，屏幕弹出一个“选择/添加标准层”的对话框，将光标移至“添加新标准层”，在新增标准层方式一栏内选择“全部复制”，然后按【确定】，即进入到第 2 结构标准层的平面布置，如图 4.15 所示。

用光标点明要修改的项目 [确定]返回

本标准层信息

板厚 (mm)：80
板混凝土强度等级：25
板钢筋保护层厚度(mm)：20
柱混凝土强度等级：35
梁混凝土强度等级：25
剪力墙混凝土强度等级：25
梁钢筋类别：HRB400
柱钢筋类别：HRB400
墙钢筋类别：HRB335
本标准层层高(mm)：4800

确定　取消　帮助

图 4.14　**“本层信息”对话框**

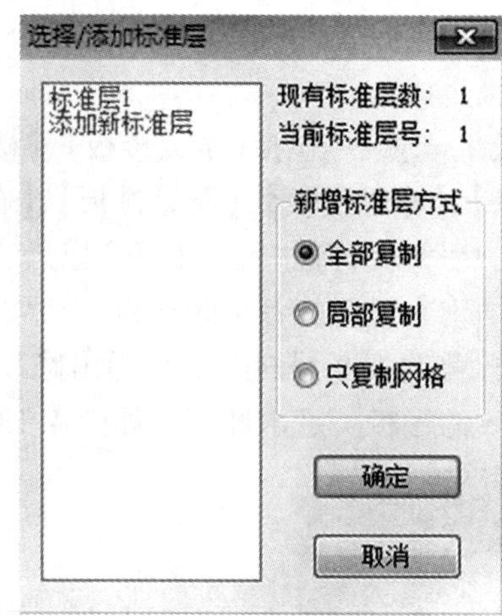

图 4.15　**“选择/添加标准层”对话框**

复制标准层时，可将一层全部复制，也可只复制平面的某一部分或某几部分。当局部复制时，可按照直接、轴线、窗口、围栏 4 种方式选择复制的部分。复制标准层时，该层的轴线也被复制，可对轴线进行增删修改，再形成网点生成该层新的网格。由于新标准层是在旧标准层的基础上进行修改，以上构件定义和布置及楼板生成等过程不用再重复，只需对【本层信息】进行修改即可。可以重复进行该步骤，以添加更多的标准层。

4）荷载输入

本菜单用来输入各标准层结构上的各类荷载，包括：楼面恒活荷载；非楼面传来的梁间荷载、次梁荷载、墙间荷载、节点荷载；人防荷载及吊车荷载。菜单如图 4.16 所示。

①恒活设置。选择【主菜单】→【荷载输入】→【恒活设置】，屏幕弹出一个对话框，为每个标准层指定楼面恒活载的统一值，如图 4.17 所示。

图 4.16　**“荷载输入”菜单**

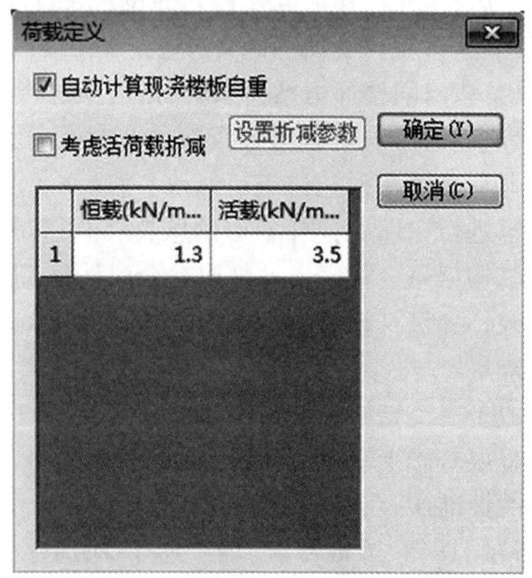

图 4.17　**恒活载设置对话框**

这里要设置的内容有4项，一般要把“活荷载单独做一工况计算”开关打开，这时程序隐含的是活荷载和恒荷载要分别输入。如果不选择此项，即便定义了活荷载值，计算时程序也不读活荷载信息。“自动计算现浇楼板自重”和“考虑活荷载折减”这两项可根据需要是否打开，最后在恒载和活载栏内输入该标准层楼面恒活荷载统一值，按【确定】即可。若需要对设置好的楼面恒活载进行修改，可按【楼面荷载】按钮，对恒载和活载进行修改，如图4.18所示。

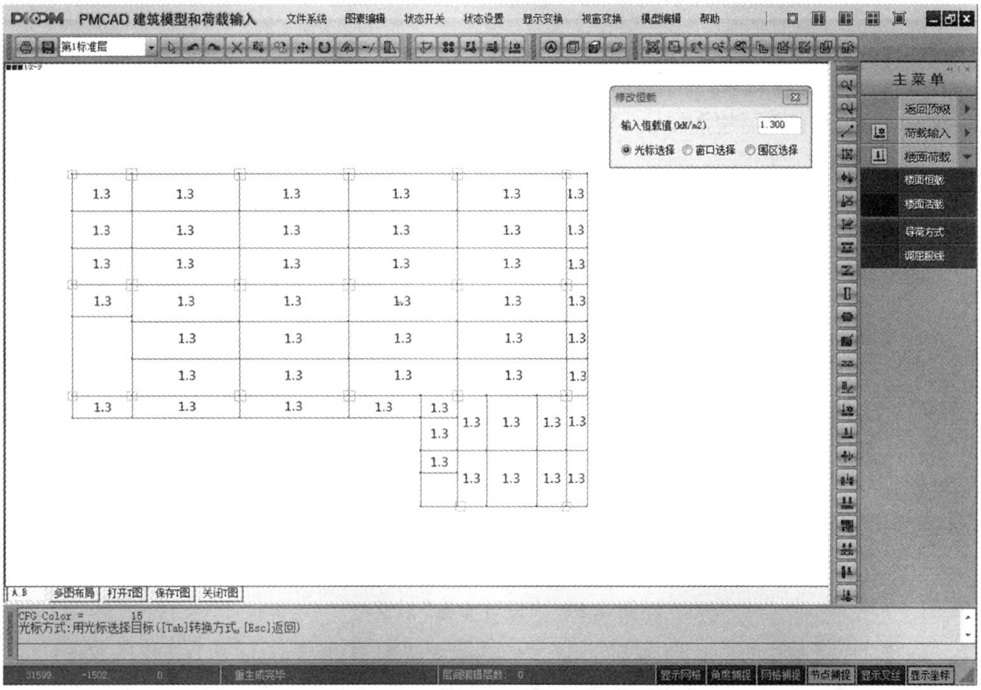

图4.18　修改楼面恒活荷载

②各构件荷载输入。楼面恒活载确定以后，接下来输入各构件荷载。菜单上相应列出了【梁间荷载】、【柱间荷载】、【墙间荷载】等命令按钮，可按照相应的命令输入相应构件的荷载。荷载布置前必须要定义它的类型、值、参数等信息，例如选择【梁间荷载】→【梁荷定义】，会弹出一个选择要布置的梁墙荷载的对话框。这一对话框上设有【添加】、【删除】、【修改】、【布置】、【退出】按钮，【添加】用来定义一个新的荷载；【修改】用来修改已经定义过的荷载信息；【删除】用来删除已经定义过的荷载信息；【布置】用来将某一标准荷载布置到杆件或节点上；“退出”用来结束荷载定义或输入。其他构件的荷载定义和输入梁间荷载相同，不再介绍。

5）设计参数

移动光标选择【设计参数】菜单，屏幕上弹出四页参数表供用户修改输入，参数内容是结构分析所需的建筑物总体信息、材料、抗震及风荷载信息，如图4.19所示。用户应根据工程的实际状况做相应修改，修改完后按【确定】，退出【设计参数】菜单。

6）楼层组装

这一菜单主要是将每个输入完成的标准层输入层高、层底标高后布置到建筑整体的某一部位，从而搭建出完整的建筑模型，如图4.20所示。

7）退出程序

点取此菜单后出现【存盘退出】和【不存盘退出】的选项。如果选择【不存盘退出】，则程

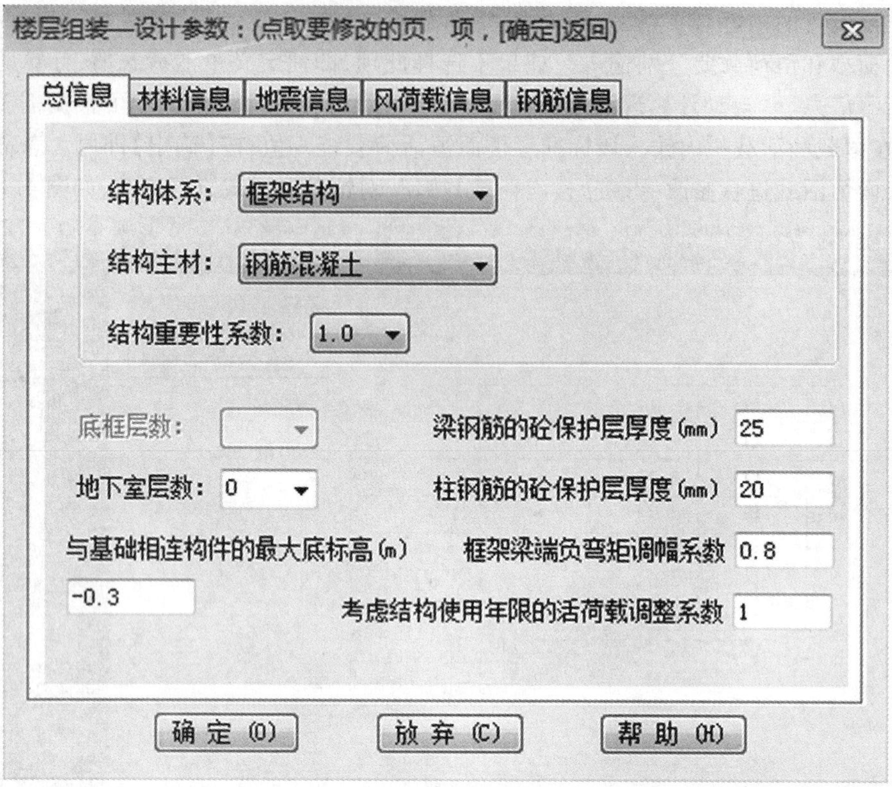

楼层组装—设计参数：(点取要修改的页、项，[确定]返回)

总信息 | 材料信息 | 地震信息 | 风荷载信息 | 钢筋信息

结构体系：框架结构

结构主材：钢筋混凝土

结构重要性系数：1.0

底框层数：

梁钢筋的砼保护层厚度(mm) 25

地下室层数：0

柱钢筋的砼保护层厚度(mm) 20

与基础相连构件的最大底标高(m) -0.3

框架梁端负弯矩调幅系数 0.8

考虑结构使用年限的活荷载调整系数 1

确定(O) 放弃(C) 帮助(H)

图 4.19 “设计参数”对话框

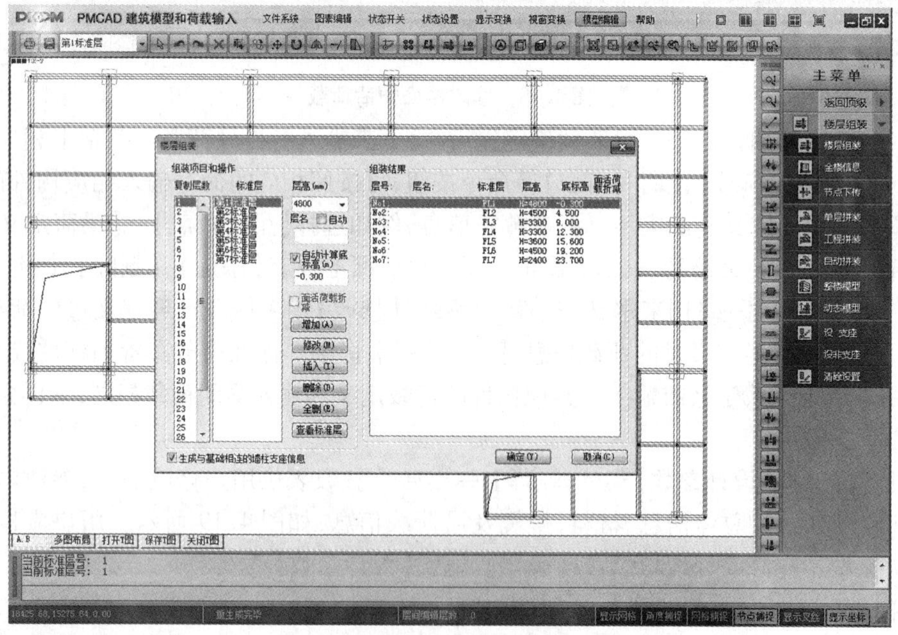

图 4.20 “楼层组装”对话框

序不保存已作的操作并直接退出交互建模程序。如果选择【存盘退出】，则程序保存已作的操作，同时程序对模型整理归并，生成与后面菜单接口的数据文件，并且屏幕弹出一个“请选择”

的对话框,选择后续操作。对话框列出5个功能项供选择:生成梁托柱、墙托柱的节点;清理无用的网格、节点;检查模型数据;生成遗漏的楼板;楼面荷载倒算及竖向导荷。如果建模工作没有完成,只是临时存盘退出程序,则这几个选项可不必执行。如果建模已经完成,准备进行设计计算,则应根据需要执行这几个功能选项,其中楼面荷载倒算和竖向导荷是必须执行的。然后按【确定】,退出建模程序。

(4)荷载校核

执行主菜单“2.平面荷载显示校核”。主要是检查交互输入和自动导算的荷载是否准确,不会对荷载结果进行修改或重写。软件的初始状态是墙、梁等荷载图。荷载检查有多种方法:文本方式和图形方式;按层检查和全楼检查;按横向检查和竖向检查;按荷载类型和种类检查。荷载检查主要通过屏幕右侧的主菜单实现。

(5)绘制结构平面施工图

执行主菜单“3.画结构平面图”。对于框架结构、框剪结构、剪力墙结构的结构平面图绘制,需要由这项功能菜单完成,还可完成现浇楼板的配筋计算。另外,该菜单也可完成楼板的人防设计,PKPM系统的楼板人防设计应由本模块完成,如地下室顶板等。当人防等级非0且板的人防等效荷载非0时,在板内力计算时程序自动取板等效荷载,同时按人防规范计算板的配筋。

对每个标准层绘出结构平面施工图,操作过程都主要分为3步:

第一,输入计算和画图参数。

第二,计算钢筋混凝土板配筋。

第三,绘制结构平面图。结合本工程实例,移动光标选择主菜单“3.画结构平面图”,程序显示右侧主菜单如图4.21所示。

图4.21　“画结构平面图”菜单

输入要画的层号:“1”,单击【确定】,程序直接画出该层的平面模板图。选择【绘图参数】,弹出如图4.22所示对话框。

在绘制楼板施工图时,要标注正筋、负筋的配筋值、钢筋编号、尺寸等,可根据个人的绘图习惯进行修改。修改钢筋的设置不会对已绘制的图形进行改变,只对修改后绘图起作用。对于负筋长度,选取“1/4跨长”或“1/3跨长”时,负筋长度仅与跨度有关,当选取“程序内定”时,与恒载和活载的比值有关。对于负筋标注,可按尺寸标注,也可按文字标注。两者的主要区别在于是否画尺寸线及尺寸界线。对于钢筋编号:若板钢筋要编号时,相同的钢筋均编同一个号,只在其中的一根上标注钢筋信息及尺寸;不需编号时,则图上的每根钢筋没有编号,在每根钢筋上均要标注钢筋的级配及尺寸。

绘图参数设置完以后,选择【楼板计算】子菜单,进入楼板计算程序。程序自动由施工图状态(双线图)切换为计算简图状态(单线图)。楼板计算菜单如图4.23所示。

首次对某层做计算时,应先设置好计算参数,其中主要包括计算方法(弹性或塑性),边缘梁墙、错层板的边界条件,钢筋级别等参数。点取【计算参数】设置子菜单,弹出如图4.24所示的对话框。

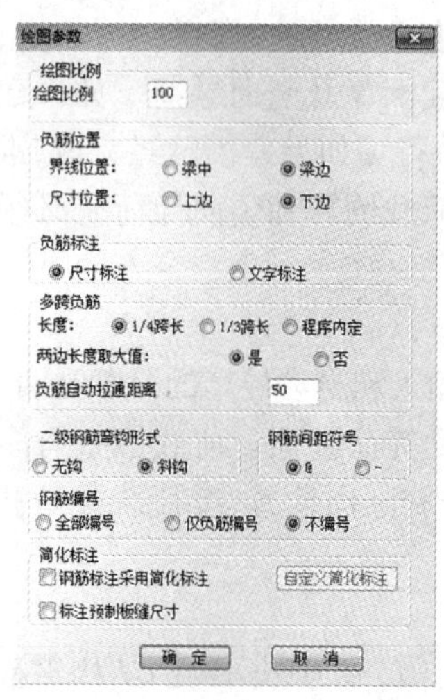

图 4.22 “绘图参数”对话框

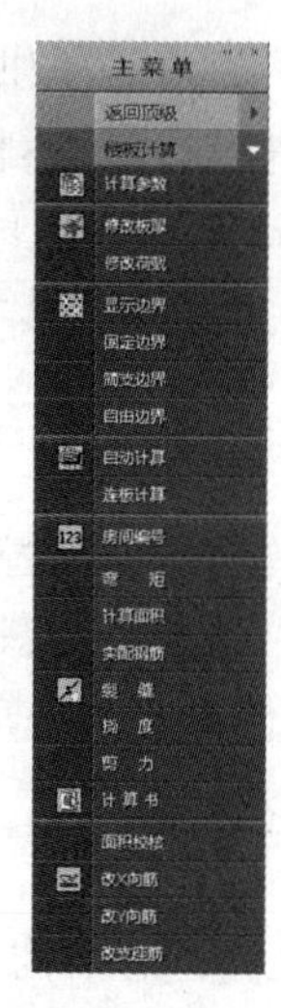

图 4.23 “楼板计算”菜单

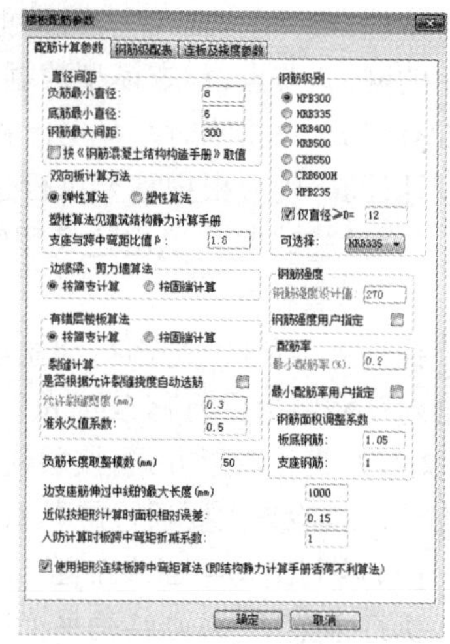

图 4.24 “计算参数”对话框

对话框内设置有“配筋计算参数”、“钢筋级配表”、“连板及挠度参数”三项内容,在此根据规范及构造要求,设置各项内容。参数设置完毕,根据需要修改板边界条件,首次生成板的边界条件按以下条件形成:公共边界没有错层的支座两侧均按固定边界;公共边界有错层的支座两侧均按楼板配筋参数中的“错层楼板算法”设定。

以上都设置完以后,进行楼板计算。单击【自动计算】按钮,对每个房间完成板底和支座的配筋计算。在计算板的内力以后,程序根据相应的计算参数计算出相应的钢筋计算面积。根据计算出来的钢筋计算面积,再依据调整好的钢筋级配表,选取实配钢筋。

单击【楼板钢筋】按钮,将配好的钢筋布到楼板上。本项菜单提供多种方式将钢筋布到楼板上,本实例选择【逐间布筋】的方式,布好的楼板钢筋如图 4.25 所示。需要指出的是,经过计算以后由程序所选出的实配钢筋,只能作为楼板设计的基本钢筋数据,还需要在此基础上进行修改,才能作为施工图中的最终钢筋数据。有了楼板的计算内力及基本钢筋数据以后,还可以通过右侧相应的菜单显示其计算结果及实配钢筋,如显示弯矩、计算面积、实配钢筋、裂缝宽度等。另外,程序还可以自动生成钢筋表。

所有过程完成以后,单击【退出】按钮,退出主菜单“3. 画结构平面图”。这时,该层平面图即形成一个图形文件,该文件名称为 PM * . T。 * 代表楼层号,如第一层的平面图名称为 PM1. T。根据这一名称,可以在后面的图形编辑等操作中调用相应的结构平面图,修改完成后的结构平面图应另存或改名保存;否则,当再次进入该层画平面图时,一张新的同名结构平面图将会覆盖已修改完成的结构平面图。

4.500层板配筋图
注：1.本层未标注楼板厚为80 mm；
2.未标注楼板钢筋为φ8@200；
3.楼板分布钢筋为φ8@200；
4.卫生间楼板（B1、2）降板50 mm；
B1
h=100
B2
h=100
φ8@100
φ8@150
18000
6000
2000
3000
28500
1200
4350
1650
1400
1600
1760
3300
±0.000
KL7（1B）
La（1）
A—A

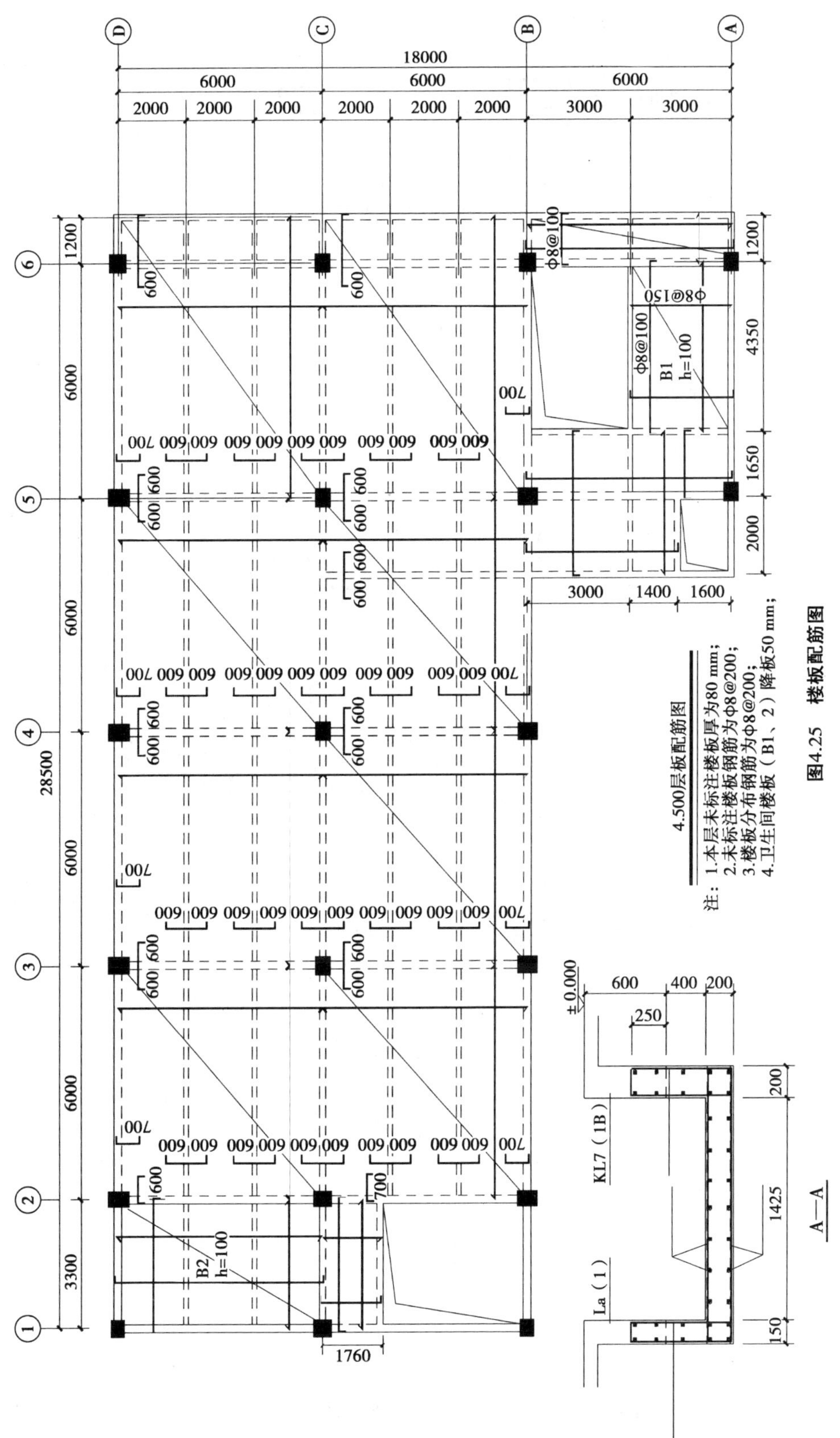

图4.25　楼板配筋图

本工程板配筋表示法详见图 4.26。

图 4.26　板配筋表示法

4.3　JCCAD 建模——独立基础

进入 PKPM 系列软件的主菜单后，用鼠标在屏幕左上角的专业分页上选择【结构】菜单主页。左键点击【结构】栏内【JCCAD】项，菜单上侧出现栏目为【基础工程计算机辅助设计】的 JCCAD 主菜单。如图 4.27 所示。

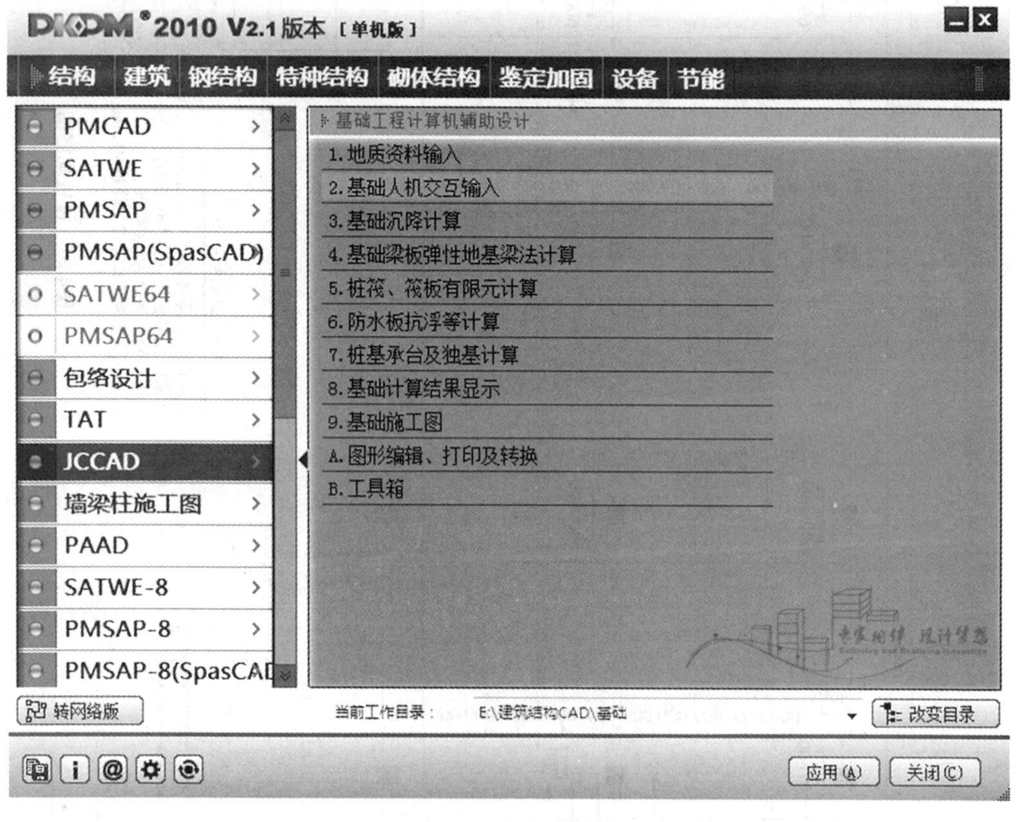

图 4.27　"基础工程计算机辅助设计"对话框

4.3.1　基础人机交互输入

执行 JCCAD 主菜单"2. 基础人机交互输入"，通过读入上部结构布置与荷载，自动设计或生成人机交互定义、布置基础模型数据，是后续基础设计、计算、施工图辅助设计的基础。

本菜单根据已提供的上部结构、荷载以及相关地基资料的数据完成计算与设计。

本菜单运行的必要条件：

①已完成上部结构的模型数据荷载数据的输入。程序可以接以下模块生成的模型数据和荷载数据：PMCAD、砌体结构、钢结构进行基础建模及分析。

②如果要读取上部结构分析传来的荷载，还应该运行相应的程序的内力计算部分。这些程序包括PK，SATWE，TAT，PMSAP，砌体结构等程序。

③如果要自动生成基础插筋数据，还应运行画柱施工图程序。

接上面所得数据及计算结果，进行该项工程的基础部分设计。本节以独立基础为例进行基础的简单介绍。

打开PKPM结构主菜单，点击JCCAD菜单，进入【2.基础人机交互输入】。界面会出现一个"基础模型输入JCSR.exe"对话框，如图4.28所示。或者有详细地质资料需作基础变形计算时，先从菜单【1.地质资料输入】开始。

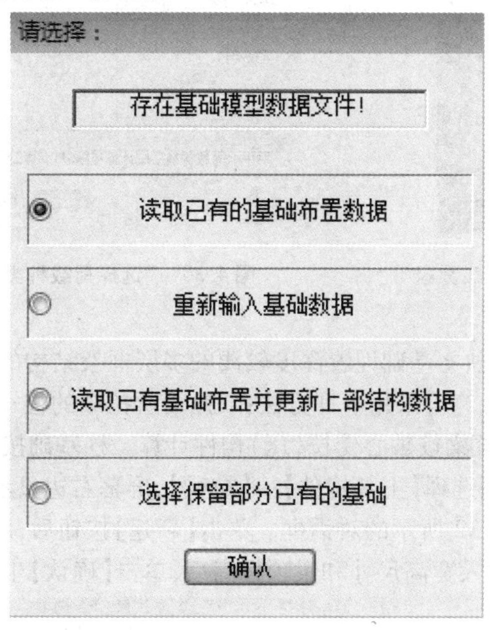

图4.28　"基础模型输入JCSR.exe"对话框

在对话框窗口"存在基础模型数据文件"下有4个单项可供选择，如图4.28所示。根据具体情况选择其中之一，如选择第一个"读取已有的基础布置数据"，点击【确认】按钮，屏幕右侧出现如图4.29所示的【主菜单】工具条。

(1)生成柱下独基数据前的操作

1)荷载输入

如图4.29所示工具条中选择【荷载输入】进行荷载选择。选择【读取荷载】，屏幕会出现"请选择荷载类型"对话框，如图4.30所示。选择"SATWE荷载"、"SATWE恒活标准荷载"，点击【确认】进行计算。

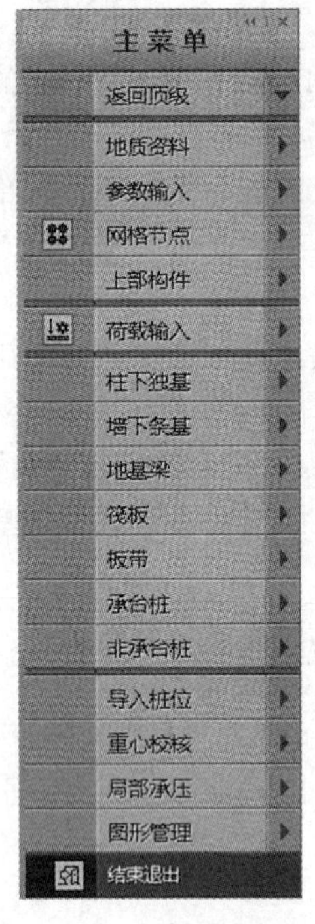

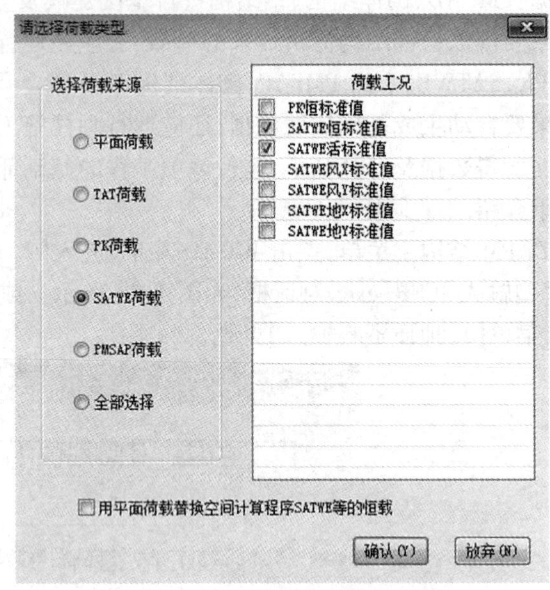

图 4.29 "主菜单"工具条　　图 4.30 "选择荷载种类"对话框

2)拉梁的计算

对于无地下室且柱下独立基础埋置深度较浅的多层框架结构的拉梁,一般应设置在基础顶面。此时,拉梁的配筋计算可采用下列方法:取拉梁所拉结的柱子中轴力较大者的 1/10 作为拉梁的轴心拉(压)力,拉梁按轴心受拉(压)构件计算。柱基础按偏心受压考虑。

如图 4.29 所示工具条选择【上部构件】→【拉梁】,屏幕右边显示如图 4.31 所示菜单。选择【拉梁布置】弹出如图 4.32 所示的对话框。单击【新建】按钮后,屏幕上弹出如图 4.33 所示的【拉梁定义】对话框。输入宽高尺寸和梁顶标高后,单击【确认】生成或修改一种拉梁类型。

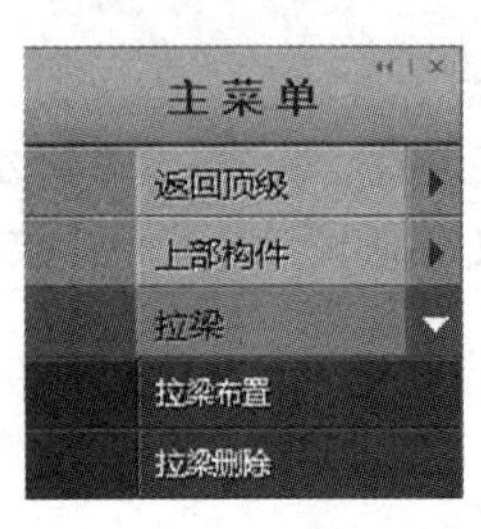

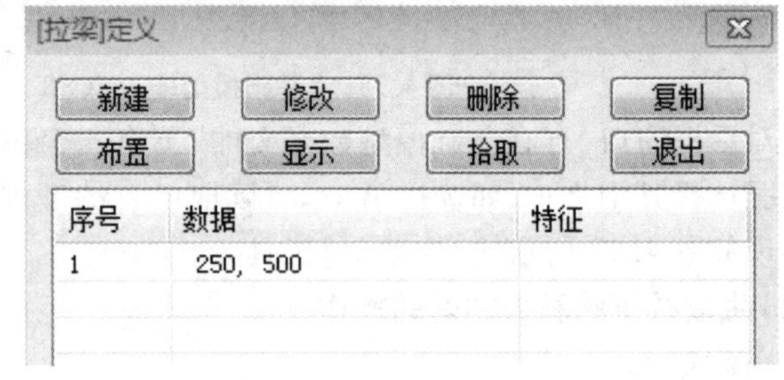

图 4.31 "拉梁"菜单　　图 4.32 "[拉梁]定义"菜单

当要布置拉梁时,可选取一种拉梁类型,单击【布置】按钮,在弹出的【输入移心值】对话框中,视需要输入偏轴移心值,再在平面图上选取相关网格线,布置拉梁。

(2)柱下独基

柱下独立基础是一种分离式的浅基础。它承受一根或几根柱传来的荷载,基础之间一般用拉梁连接在一起以增加其整体性。

本菜单用于独立基础设计,根据指定设计参数和输入的多种荷载自动计算独基尺寸、自

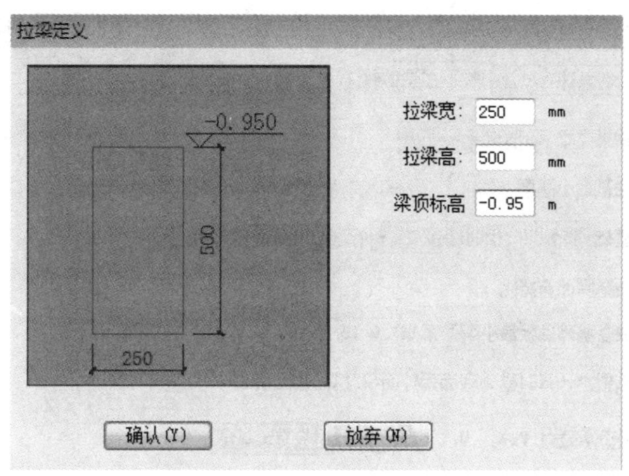

图4.33　“拉梁定义”对话框

动配筋,并可人工干预,修正各参数。

1)自动生成

选择如图4.29所示工具条中的【柱下独基】自动生成菜单进行独立基础的布置。点击【自动生成】菜单后,在平面图上用围区布置、窗口布置、轴线布置、直接布置等方式布置柱下独立基础。选定后,弹出如图4.34和图4.35所示的【基础设计参数输入】对话框,它包括输入“地基承载力计算参数”和“柱下独立基础参数”,自动进行这类独基设计,屏幕显示柱下独基形状。

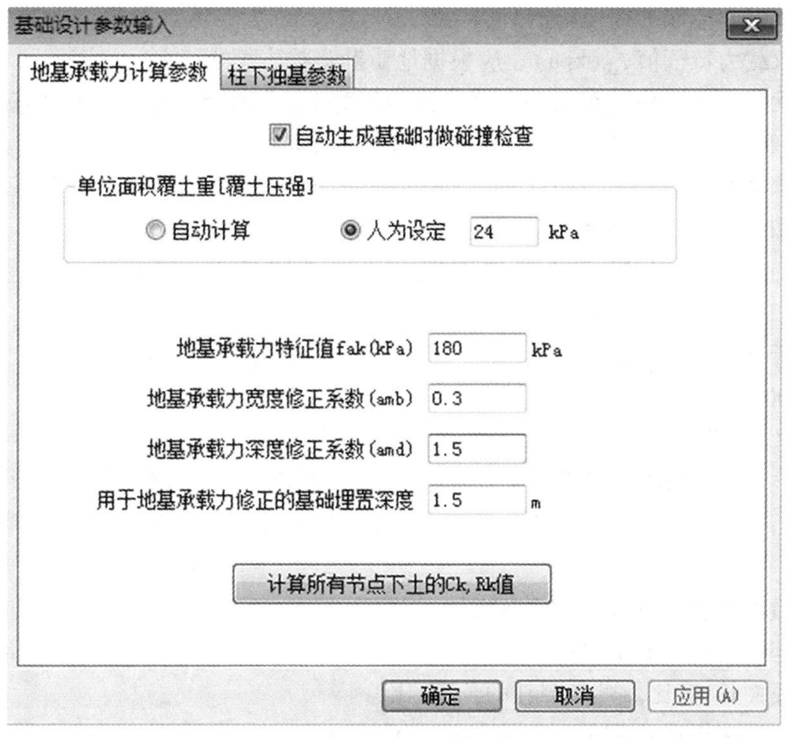

图4.34　地基承载力计算参数

地基承载力计算操作说明,如图4.34所示。

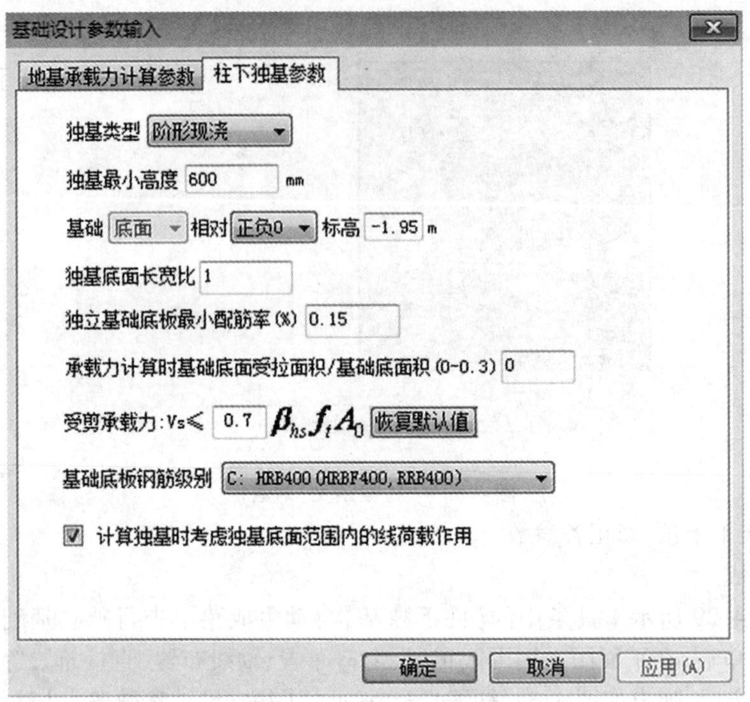

图 4.35 柱下独基参数

①自动生成基础时做碰撞检查。勾选。

②覆土压强。应取加权平均值。

③地基承载力特征值f_{ak}(kpa)。应根据地质勘察报告填入。

④地基承载力宽度修正系数(amb)。初始值为0。具体参见《建筑地基基础设计规范》(GB 50007—2011)第5.2.4条的相关规定以及该规范的表5.2.4。

⑤地基承载力深度修正系数(amd)。初始值为1。具体参见《建筑地基基础设计规范》(GB 50007—2011)第5.2.4条的相关规定。

⑥用于地基承载力修正的基础埋置深度。具体参见《建筑地基基础设计规范》(GB 50007—2011)第5.2.4条的相关规定。

⑦计算所有节点下土的C_k,R_k值。一般情况下不用点击。具体参见《建筑地基基础设计规范》(GB 50007—2011)附录E。

图4.35操作说明:

①独基类型。JCCAD给出有“锥形现浇”、“锥形预制”、“阶形现浇”、“阶形预制”、“锥形短柱”、“锥形高杯口”、“阶形短柱”、“阶形高杯口”共8种独立基础类型,根据需要选择独立基础类型。

②独基最小高度。可取隐含值600。

③首层基础高程。据实填写。

④独基底面长、宽比。可参照柱的长、宽比。

⑤独立基础底板最小配筋率。可取隐含值0.15%。具体参见《混凝土结构设计规范》(GB 50010—2010)的相关规定。

⑥承载力计算时基础底面受拉面积/基底面积(0-0.3)。取0值。

⑦受剪承载力。采用默认值。

⑧基础底板钢筋级别。根据相关规定选取。

⑨计算独基时考虑独基底面范围内的线荷载作用。勾选。

2)计算结果

完成以上操作步骤后,点击【计算结果】菜单,屏幕会出现计算结果的文件,如图 4.36 所示。结果内容包括各荷载工况组合、每个柱子在各组荷载下求出的底面积、冲切计算结果、程序实际选用的底面积、底板配筋计算值与实配钢筋。

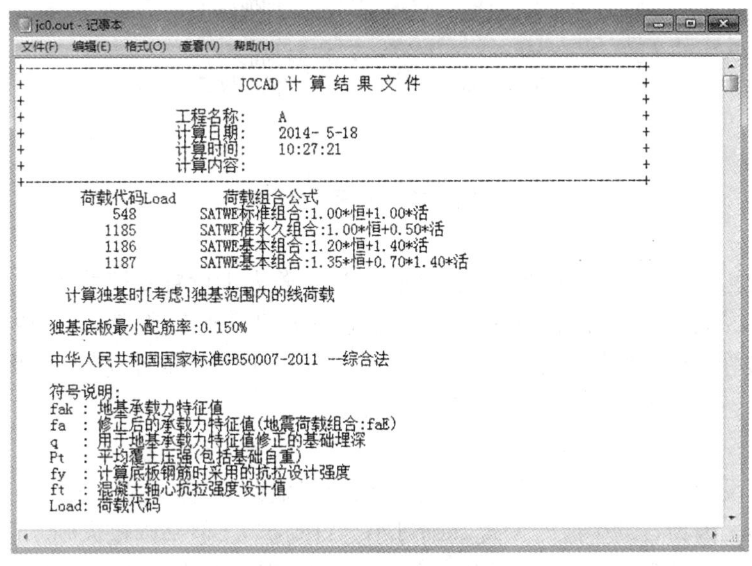

jc0.out - 记事本

文件(F)　编辑(E)　格式(O)　查看(V)　帮助(H)

```
+-----------------------------------------------------------------------+
+                     JCCAD 计 算 结 果 文 件                              +
+                                                                       +
+                 工程名称:    A                                         +
+                 计算日期:    2014- 5-18                                +
+                 计算时间:    10:27:21                                  +
+                 计算内容:                                              +
+-----------------------------------------------------------------------+
     荷载代码Load        荷载组合公式
          548         SATWE标准组合:1.00*恒+1.00*活
         1185         SATWE准永久组合:1.00*恒+0.50*活
         1186         SATWE基本组合:1.20*恒+1.40*活
         1187         SATWE基本组合:1.35*恒+0.70*1.40*活

  计算独基时[考虑]独基范围内的线荷载

 独基底板最小配筋率:0.150%

 中华人民共和国国家标准GB50007-2011 --综合法

 符号说明:
 fak  : 地基承载力特征值
 fa   : 修正后的承载力特征值(地震荷载组合:faE)
 q    : 用于地基承载力特征值修正的基础埋深
 Pt   : 平均覆土压强(包括基础自重)
 fy   : 计算底板钢筋时采用的抗拉设计强度
 ft   : 混凝土轴心抗拉强度设计值
 Load: 荷载代码
```

图 4.36　计算结果文件

计算结果说明:

①因为独基计算结果文件 JCO.OUT 文件是固定名文件,再次计算时将被覆盖,所以应将该文件另存到其他目录下或改名另存。

②该文件必须在执行【自动生成】菜单命令后再打开才有效;否则,有可能是其他工程或本工程其他条件下的结果。

③程序默认计算结果文件简略输出,如果想要更多的输出结果,可以在图形管理中的显示内容进行选择。

3)独基布置

点击【独基布置】菜单,屏幕上出现"[柱下独立基础]定义"的对话框,如图 4.37 所示。可以对四种截面类型进行直接修改。例如 5 700 ×2 500 和 5 500 ×2 200 很接近的两种型号,可以直接把 5 500 ×2 200 修改为 5 700 ×2 500 以减少截面的类型。

4)双柱基础

①自动设置。点击进入【双柱基础】菜单,屏幕上显示"构件选择"对话框。在柱下独基类别列表中任选一类独基,再按提示选取要做成双柱基础的两个柱。此时,原有的两个柱下独基示意显示成一个独基,再反复选取另两个柱,直至所有双柱基础设置完毕,按【Esc】退出布置。

布置完成后再运行【自动生成】菜单命令,程序计算后完成双柱基础设计,得到合适的基

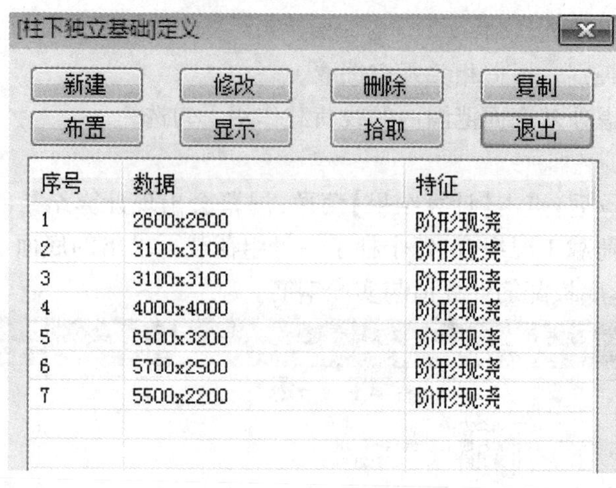

[柱下独立基础]定义

新建 修改 删除 复制
布置 显示 拾取 退出

序号	数据	特征
1	2600x2600	阶形现浇
2	3100x3100	阶形现浇
3	3100x3100	阶形现浇
4	4000x4000	阶形现浇
5	6500x3200	阶形现浇
6	5700x2500	阶形现浇
7	5500x2200	阶形现浇

图 4.37　截面选择

础类型。

②人工设置。多用于设计两柱以上的多柱基础。若人工设置双柱基础,点击【双柱基础】菜单,在【构件选择】对话框中用【新建】按钮设定一个双柱独基类别,且选取此双柱独基类别,按【布置】按钮,再点取要做成双柱基础的柱。当双柱基础布置完毕后,再运行【自动生成】菜单,可对其重新计算,生成合适的双柱基础。

说明:

第一,人工设置双柱基础时,可定义一个较大的基础类型,保证两个柱都在独基底面范围内。但不要太大,因为自动生成时发现基础过小会自动扩大,但基础过大则不会自动缩小。

第二,对双柱基础和多柱基础,可以一根柱为基准,根据多个柱的平面坐标算出基础的移心,并将基础按算得的移心布置在基准柱上,然后再用自动生成菜单验算。

完成以上所有步骤以后,点击主菜单选择【结束退出】菜单。

4.3.2　基础平面施工图

2010 版本的基础施工图程序可以承接基础建模程序中构件数据绘制基础平面施工图,也可以承接 JCCAD 软件基础计算程序绘制基础梁平法施工图、基础梁立剖面施工图、筏板施工图、基础大样图、桩位平面图等施工图。2010 版本程序将基础施工图原来的各个模块整合在同一程序中,实现在一张施工图上绘制平面图、平法图、基础详图功能,减少了逐一进出各个模块的操作,并且采用了全新的菜单组织,程序界面更友好。

在 JCCAD 主菜单中选择【9. 基础施工图】菜单,完成基础的最后出图工作。

点击【参数设置】菜单后,程序弹出"参数设置"对话框,如图 4.38 所示。

此工程采用的是独立基础,应将图 4.38 中"承台"、"条基"、"弹性地基梁"、"墙"、"桩"、"筏板"前面方框中对应的钩去掉。上部菜单如图 4.39 所示,将原基础平面图的标注构件、标注字符、标注轴线、大样图模块加到上部菜单。

按照上部菜单的显示,逐一完成各项菜单下面的工作。点击进入【标注构件】,分别进行【柱尺寸】和【独基尺寸】的标注。点击【标注字符】,分别进行"注柱编号"、"独基编号"、"地梁编号"、"写图名"。点击【标注轴线】,选择【自动标注】。

点击【退出】命令,退出基础平面施工图的绘制菜单。

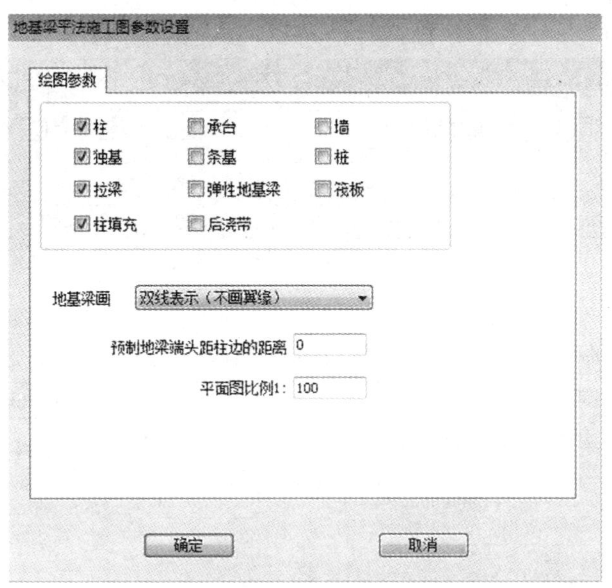

图 4.38　基础平面绘图内容

图 4.39　“基础平面图”的上部菜单

4.3.3　生成施工图

完成以上步骤后，进行施工图 .dwg 文件的生成。点击 PMCAD 主菜单，进入【A——图形编辑、打印及转换】命令，屏幕会出现“二维图形编辑、打印及转换”对话框，如图 4.40 所示。

图 4.40　“二维图形编辑、打印及转换”对话框

在如图 4.40 所示上部菜单【工具】条中选择【T 图转 DWG】命令，屏幕又弹出一个“打开”的对话框，在查找范围内定位本次所做的工程文件名：基础。在文件类型（T）中选择“PKPM

图形文件(＊.T)”,找到 JCPM 的文件,如图 4.41 所示。

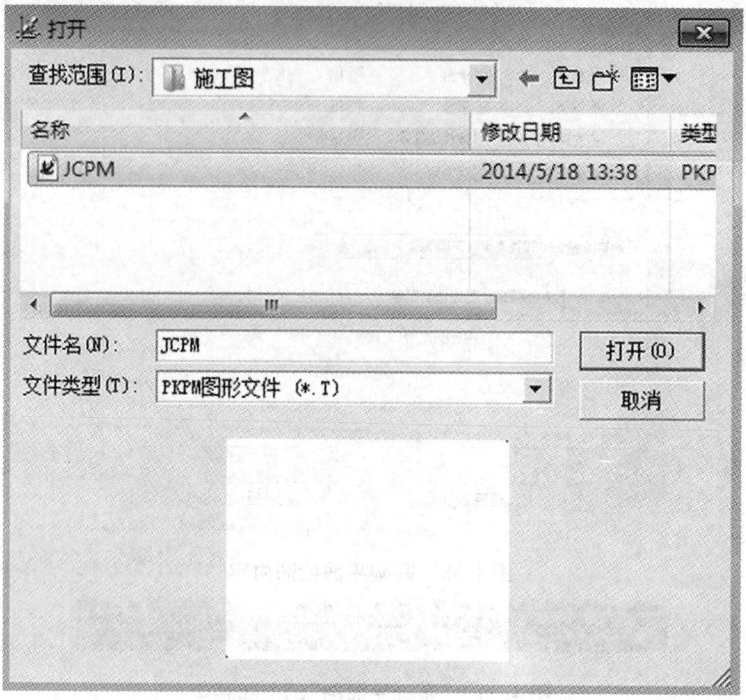

图 4.41　查找文件窗口

选择“打开”即开始转化,转化结束后,.dwg 文件已经生成,关闭各个窗口。进入我的电脑,在本工程源文件中提出文件名为 JCPM 的.dwg 文件,用 AutoCAD 打开,进行修改和补充完善的工作。

4.3.4　工具箱

点击 JCCAD 主菜单,选择【B——工具箱】命令,屏幕会出现“基础工具箱”的对话框,如图 4.42 所示。

点击如图 4.42 中所示的【基础计算】,选择【独立基础】,将弹出“独立基础计算”对话框,如图 4.43 所示。其中,“B 方向板底筋”即为 Y 方向配筋;“L 方向板底筋”即为 X 方向配筋。

回到 JCCAD 主菜单中选择【基础人机交互输入】→【荷载输入】,在【附加荷载】下选择【读取荷载】,在【荷载编辑】下点击【当前组合】选择 SATWE 标准组合:1.00＊恒 +1.00＊活。找出各种基础对应的最大荷载的基础参数,以及其对应的柱子参数。将参数输入如图 4.43 所示对应的位置,点击如图 4.43 所示菜单中的【计算】,即可得到基础的计算书。若计算书中提示“原钢筋 X 方向配筋量不足、原钢筋 Y 方向配筋量不足以及新的计算的配筋方案为:AGx:4@150;AGy:12@100”则重新点击【独立基础】,按其所给配筋方案修改“B 方向底板钢筋和 L 方向底板钢筋”后点击【计算】。然后,点击【文件】→【保存】命令。进入我的电脑,在本工程源文件中打开文件名为“基础计算”的文件即可找到基础计算书。

最后将其【基础详图】及【拉梁剖面图】用 AutoCAD 画出并入施工图中。

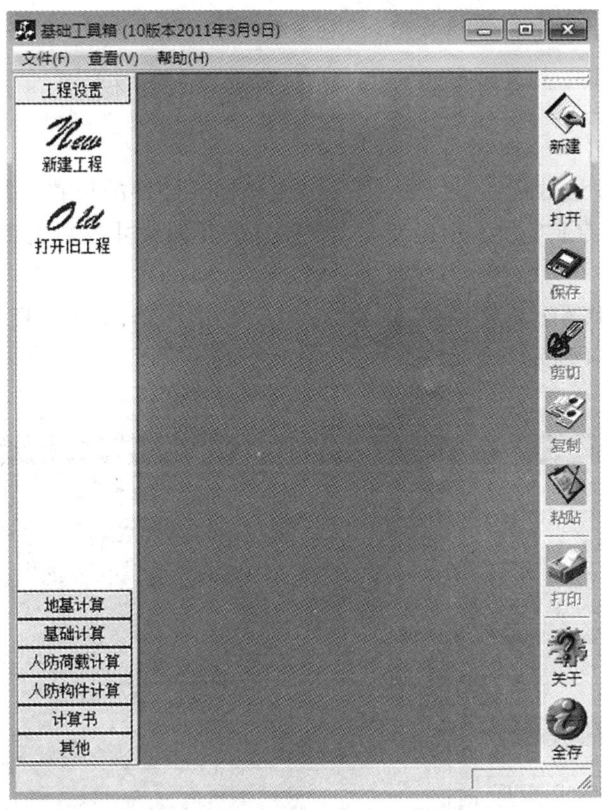

图 4.42　“基础工具箱”对话框

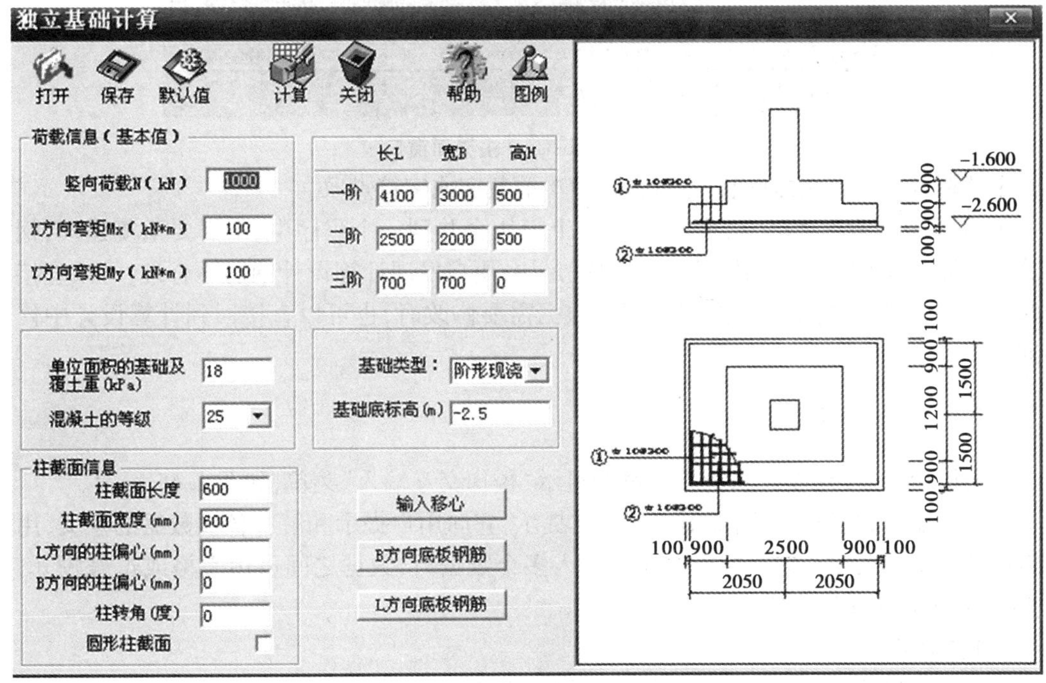

图 4.43　“独立基础计算”对话框

4.4　LTCAD 建模——两跑楼梯

一栋建筑物，只要层数在一层以上，就会出现楼梯。楼梯的位置、层高、踏步尺寸等主要集合尺寸参数由建筑专业提供。结构专业需要确定的几何尺寸参数主要有楼板厚度、梯梁位置及断面尺寸等。

主菜单名称为 LTCAD，为楼梯模块。键入 LTCAD 后回车，即进入楼梯 CAD 软件，屏幕上显示主界面，如图 4.44 所示。

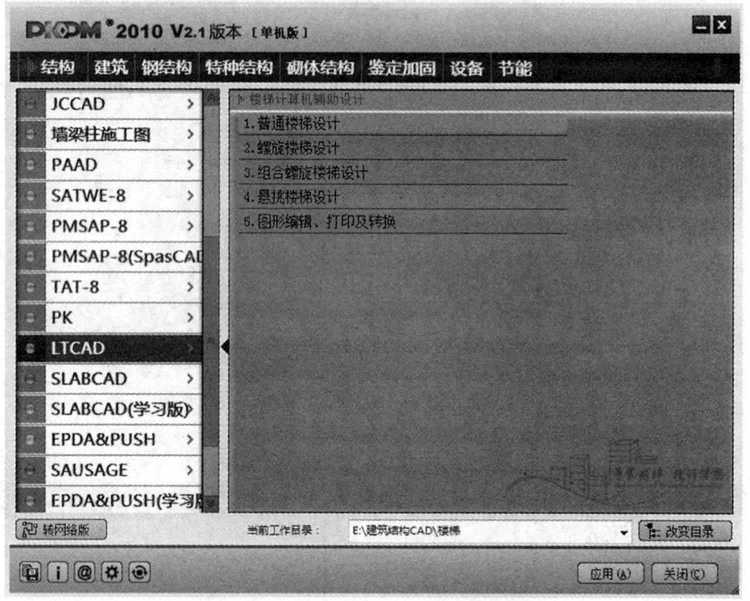

图 4.44　LTCAD 主界面窗口

主菜单可以移动光标点取，也可键入菜单前数字或字符点取。

2010 版把以前主菜单中的第一、二、三个模块合并到一个程序中，不需要重复建模，钢筋计算、楼梯施工图中可来回退出切换。也就是说，用户发现计算设计钢筋不合理，可以直接回到建模中重新建模；施工图中发现有钢筋数据需要修改时，也可以直接回到计算设计中修改钢筋。

4.4.1　人机交互建模

双击【1.普通楼梯设计】，屏幕右侧会显示“楼梯交互输入”菜单，如图 4.45 所示。

交互式输入数据时，在图形下面有中文提示，它向用户提示和解释各项数据的意义，用户只需按照提示键入相关数据即可。同时键入多个数据时，数据之间可用空格或逗号隔开，数据为 0 时，可直接按回车键。

(1)主信息

每一个新建的文件，须首先执行此项菜单，总信息的数据分为两类。

点击【主信息】菜单，屏幕上弹出“LTCAD 参数输入”对话框，如图 4.46、图 4.47 所示。

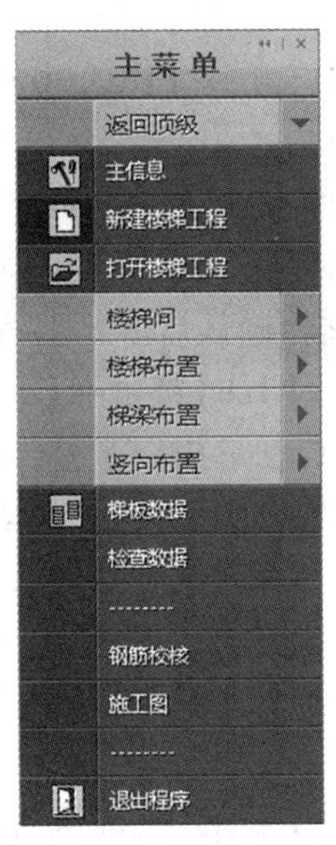
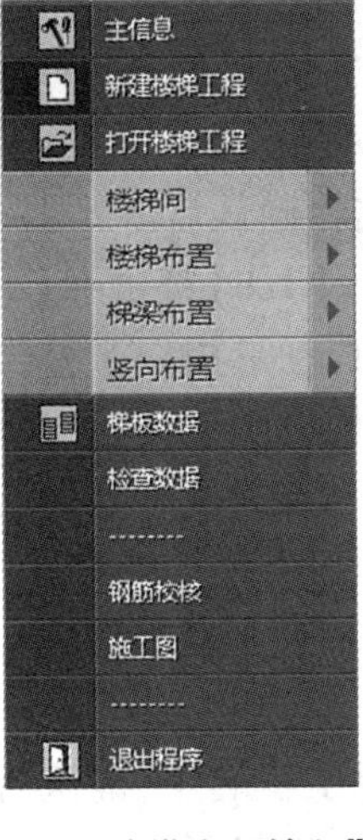

图 4.45　“楼梯交互输入”菜单

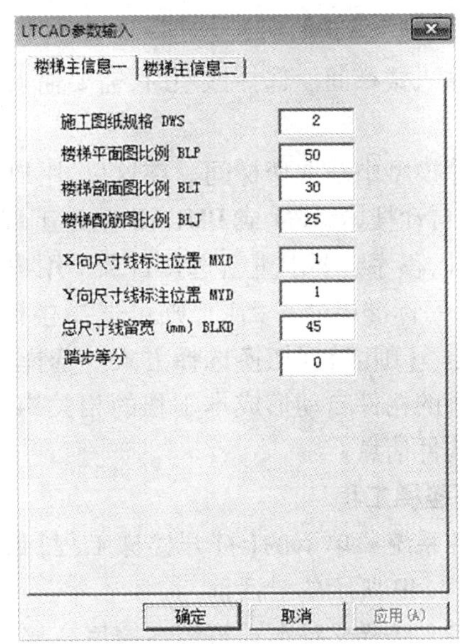

图 4.46　“LTCAD 参数输入”主信息一

具体操作根据楼梯的建施图和结构要求填入相应信息。

旧版 LTCAD 中,程序不计算楼板钢筋,用户需要时只能手工输入并修改。新版 LTCAD 增加了楼梯自动计算的功能,用户只需要在图 4.47 所示的对话框中选择【计算楼面钢筋】,程序则会在钢筋设计计算时自动计算楼面钢筋。当然,计算出来的钢筋也可以修改。

栏杆延伸长度、栏杆拐角长度及踢角度均由建筑资料确定。

(2)新建楼梯工程

使用文件系统菜单下的【新建楼梯工程】或者直接单击工具栏中的【新建楼梯工程】图标,进入如图 4.48 所示的对话框。

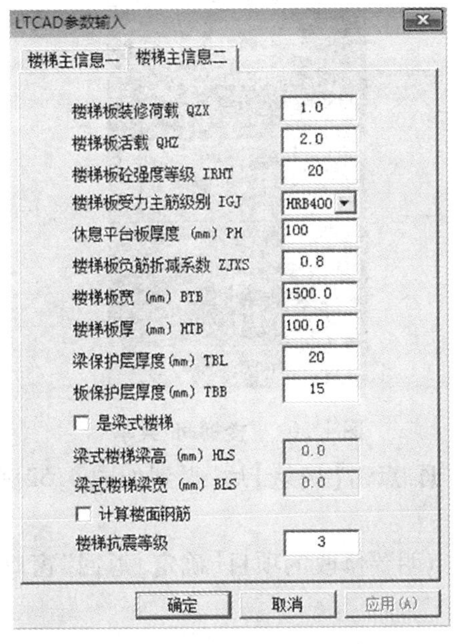

图 4.47　“LTCAD 参数输入”主信息二

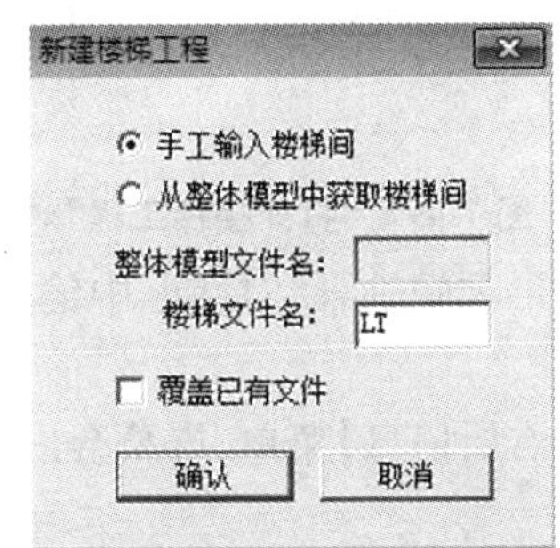

图 4.48　“新建楼梯工程”窗口

具体操作方法如下:

①手工输入楼梯间。选择该项时,需要输入楼梯文件名,然后以类似 PMCAD 的方式建立一个楼梯间。

②从整体模型中获取楼梯间。在这里,用户可以选择从 APM 或 PMCAD 读取文件并建立楼梯间,程序自动搜索 APM 或 PMCAD 整体工程文件名,如果不存在整体工程或者所选目录不是工作目录,程序会要求重新选择目录。用户输入楼梯文件名,确认后屏幕上显示出 APM 或 PMCAD 第一标准层的平面图,则可选择楼梯间所在网格,按【Tab】键可在【光标】→【轴线】→【窗口】→【围区】间切换选择方式。选择完毕后,程序会自动形成一个楼梯间,并且根据楼梯间所有的构件自动形成本工程的相关构件信息,在形成构件信息中,会自动过滤掉楼梯间没有的构件信息。

(3)打开楼梯工程

使用文件系统菜单下的【打开楼梯工程】或者直接点取工具栏中的"打开楼梯工程"图标,进入如图 4.49 所示的对话框。

①直接输入楼梯文件名。可以在这里直接填入已有的楼梯工程名字,确认后即可打开。若忘记了工程文件名,可以点击【查找】按钮来查找楼梯工程名。选择了楼梯名后,可以预览该楼梯图形,从而确定楼梯工程。

②直接进入上次楼梯工程。选择图 4.49 中的【上次退出时保存的楼梯工程】时,程序会自动搜索上次正常退出时的楼梯工程名,并直接进入。

(4)楼梯间

①选取【楼梯间】菜单(如图 4.50 所示)下的【矩形房间】命令,屏幕出现"矩形梯间输入"对话框,如图 4.51 所示。

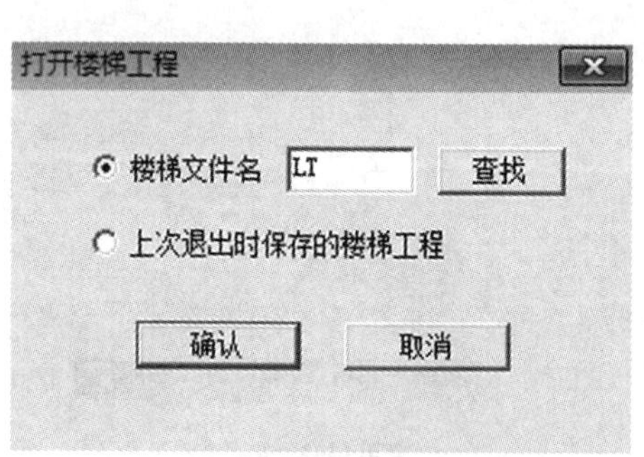

图 4.49 "打开楼梯工程"对话框

图 4.50 "楼梯间"菜单

②在"矩形梯间输入"对话框中输入相关的数据,点击【确认】后,得到如图 4.52 所示的矩形房间。

③选择【本层信息】菜单,屏幕会出现"用光标点明要修改的项目[确定]返回"窗口,如图 4.53 所示。

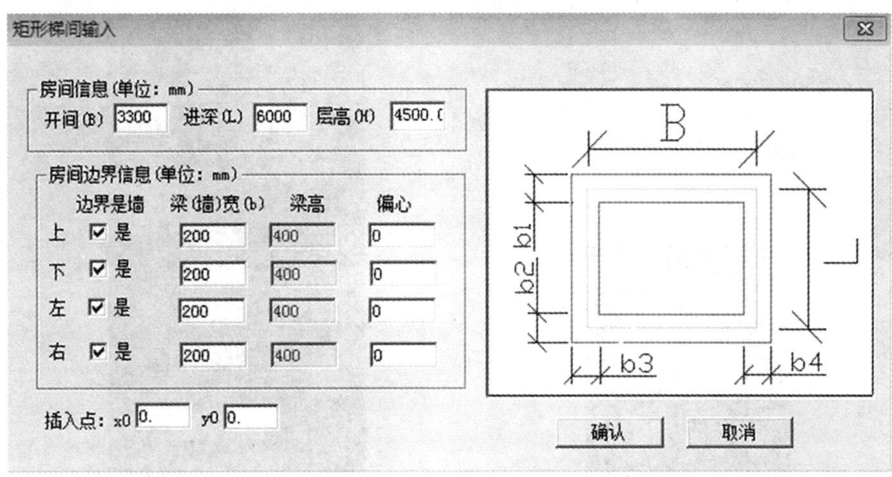

图 4.51　“矩形梯间输入”对话框

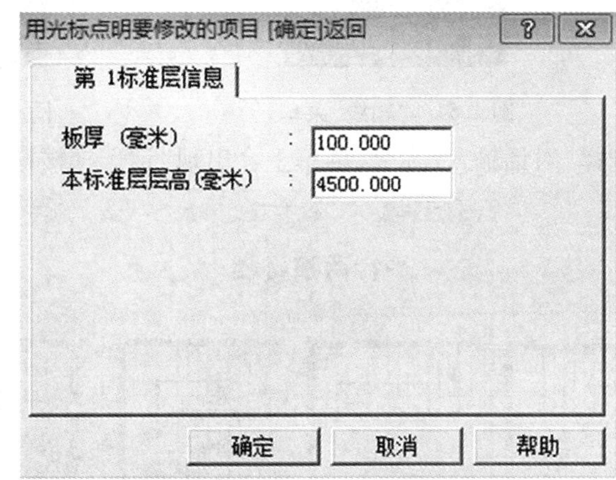

图 4.52　矩形房间简图　　　图 4.53　“用光标点明要修改的项目[确定]返回”窗口

板厚,可取值为计算跨度的 1/30 ~ 1/25。本标准层层高,根据实际填写。

(5)轴线输入

选取【轴线】菜单,如图 4.54 所示。该菜单主要用于编辑网点、轴线命名、构件定位等。

(6)楼梯布置

①选取【楼梯布置】菜单,如图 4.55 所示。

图 4.54 “轴线”菜单

图 4.55 “楼梯布置”菜单

②选择“对话输入”命令，屏幕上会出现“请选择楼梯布置类型”对话框，如图 4.56 所示。

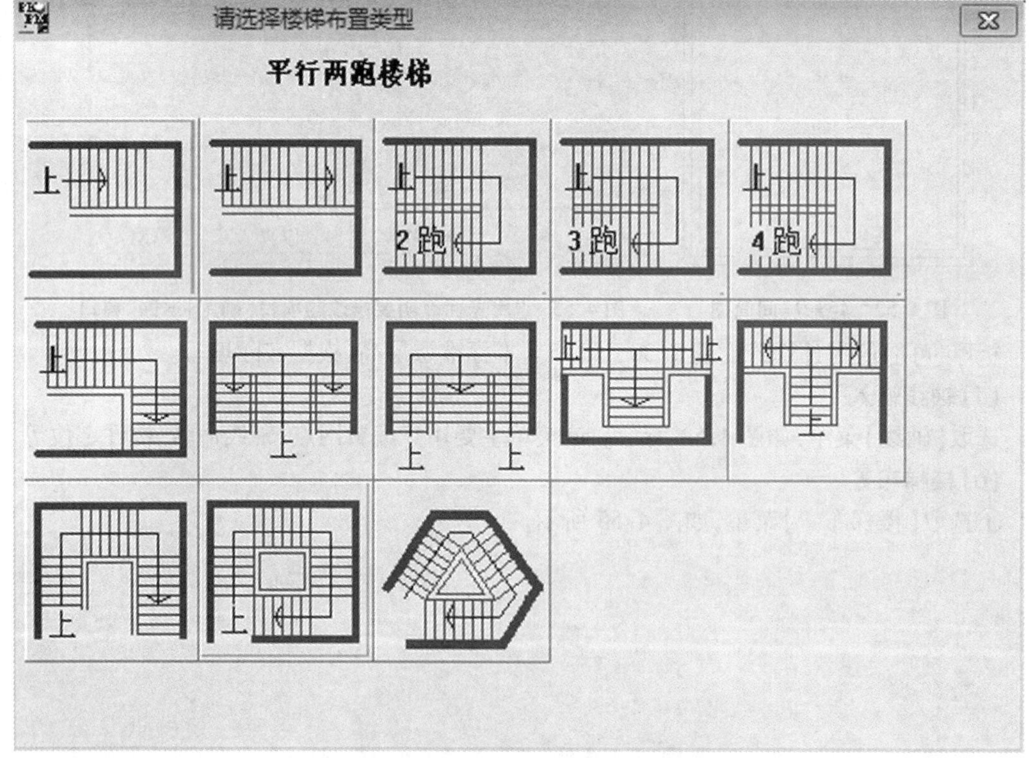

图 4.56 “请选择楼梯布置类型”对话框

③选择“平行两跑楼梯”，弹出“平行两跑楼梯”对话框，如图 4.57 所示。

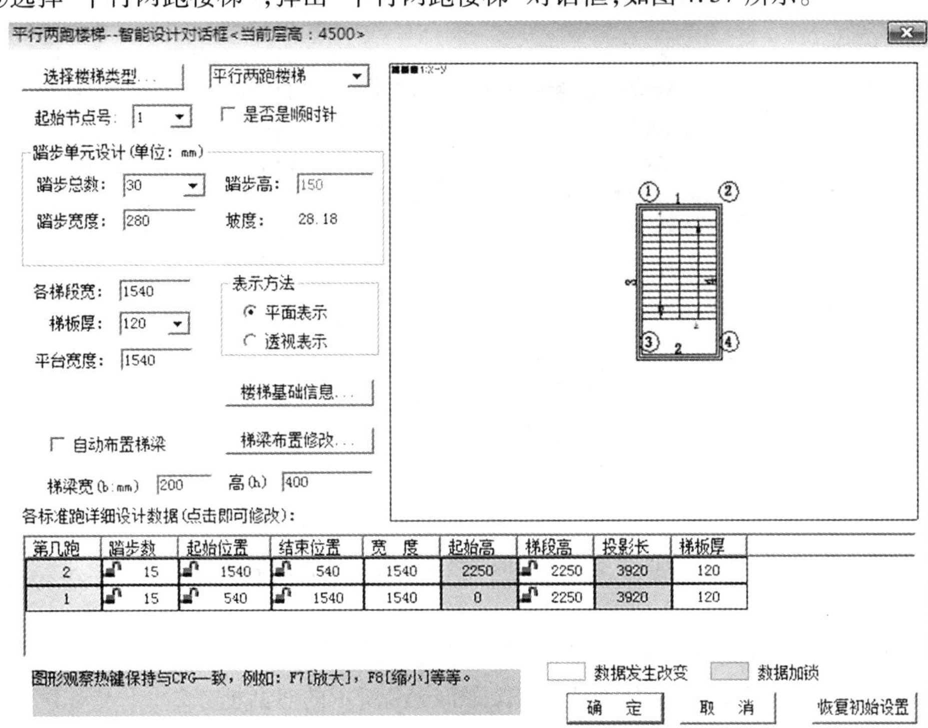

图 4.57　“平行两跑楼梯”对话框

④在“平行两跑楼梯”对话框中输入相关的数据，同时勾选如图 4.57 所示的对话框中的【自动布置梯梁】。点击【确定】，显示如图 4.58 所示。

(7)楼梯定义

①选择“楼梯定义”菜单，屏幕会出现“截面列表”对话框，如图 4.59 所示。

②在“截面列表”对话框中选择序号 1，点击【确定】，屏幕显示如图 4.60 所示。

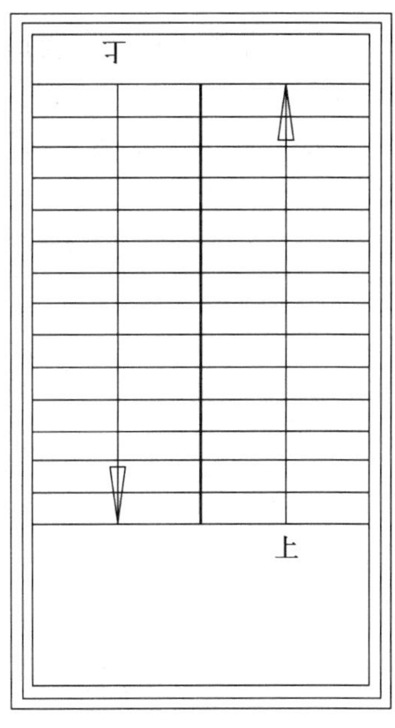

图 4.58　楼梯平面布置简图

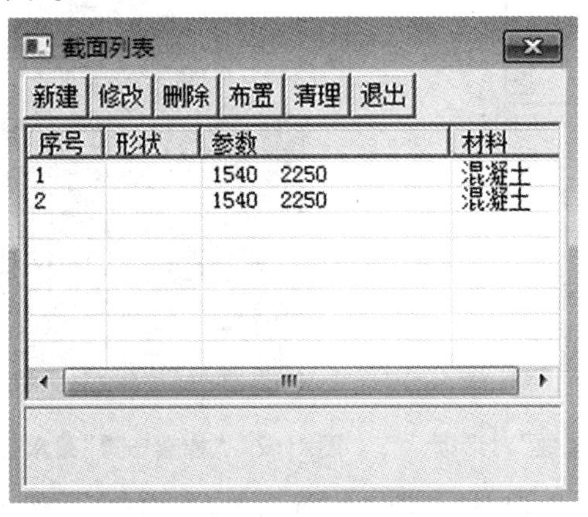

图 4.59　“截面列表”对话框

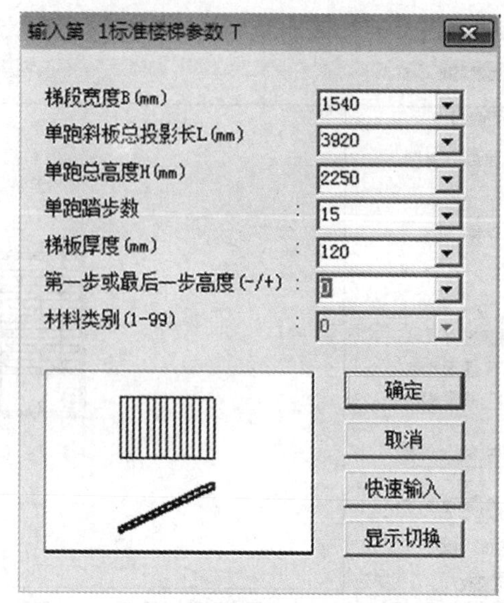

图 4.60 “输入第 1 标准楼梯参数 T”输入对话框

(8)楼梯基础

楼梯基础用于描述与楼梯板连接的楼梯基础或地梁。

①点取【楼梯基础】菜单后,屏幕上弹出如图 4.61 所示的对话框。

②在图 4.61 所示的“输入第 1 标准楼梯参数”对话框中输入适当的数据。

(9)梯梁布置

①在主菜单目录下选择【梯梁布置】菜单,屏幕会出现【梯梁布置】菜单的工具条,如图 4.62所示。

②点击【梯梁布置】菜单,屏幕出现“梁截面列表”对话框。选择【新建】,屏幕出现“请用光标选择类型”的窗口,如图 4.63 所示。

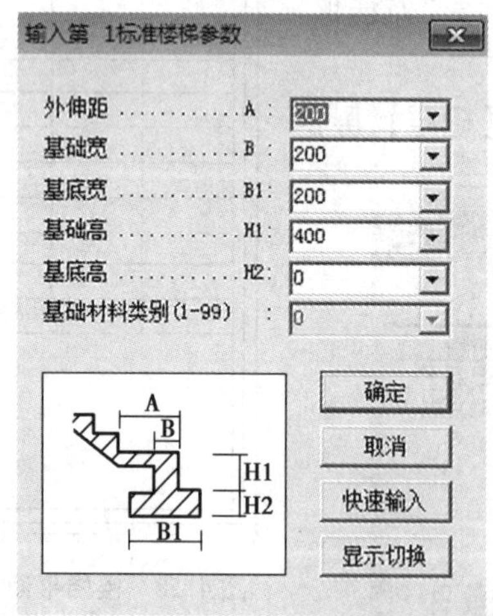

图 4.61 “输入第 1 标准楼梯参数”对话框

图 4.62 “梯梁布置”菜单的工具条

③选择需要的类型点击,屏幕会出现“输入第 1 标准梁参数”窗口,如图 4.64 所示。

④在图 4.64 所示的“输入第 1 标准梁参数”窗口中输入适当的数据,完成梯梁布置。

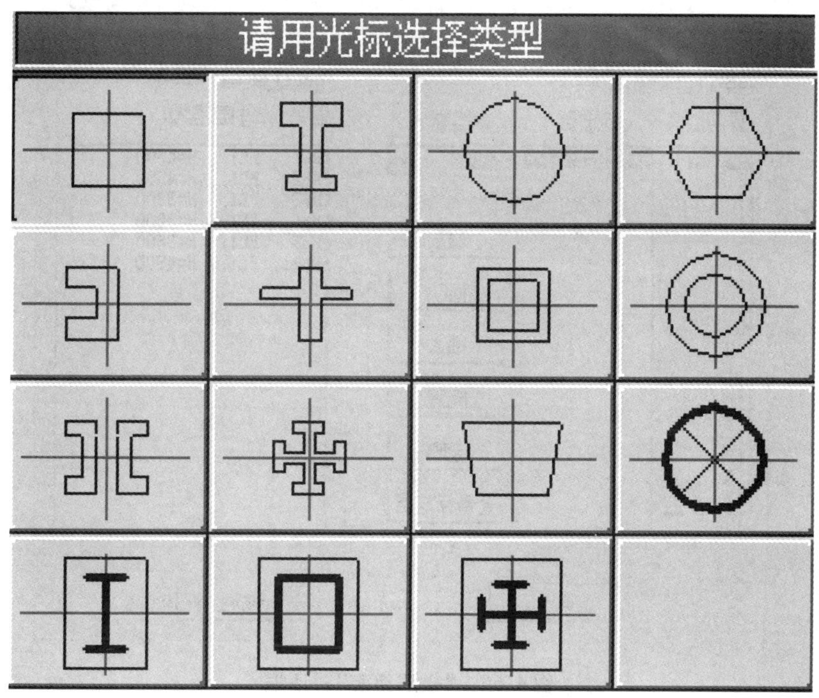

图4.63 “请用光标选择类型”窗口

多层建筑一般都需要添加新标准层:回到主菜单选择【楼梯布置】,选择【换标准层】,选中“添加新标准层”,选取新增标准层方式后,点击【确定】。将需要修改的标准层置为当前,点击【楼梯布置】菜单下的【楼梯删除】,然后重复以上步骤即可。

(10)竖向布置

①在主菜单目录下选择【竖向布置】菜单,屏幕会出现【竖向布置】菜单的工具条,如图4.65所示。

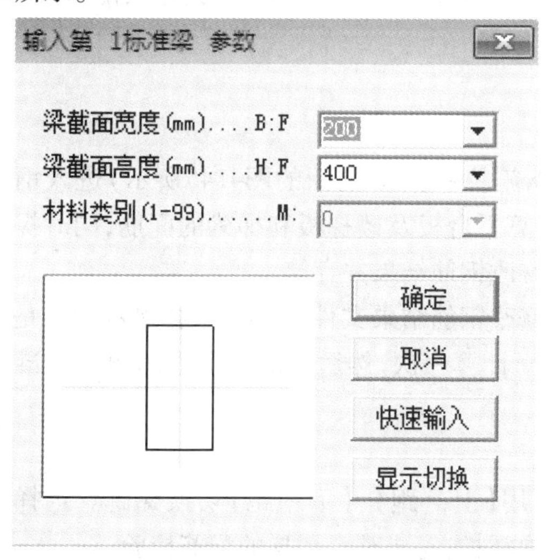

图4.64 “输入第1标准梁参数”窗口

图4.65 “竖向布置”菜单工具条

②选择【楼层布置】命令,屏幕出现“楼层组装”对话框,如图4.66所示。

③根据实际情况输入适当的数据,点击【确定】,完成楼层组装。然后选择【全楼组装】命

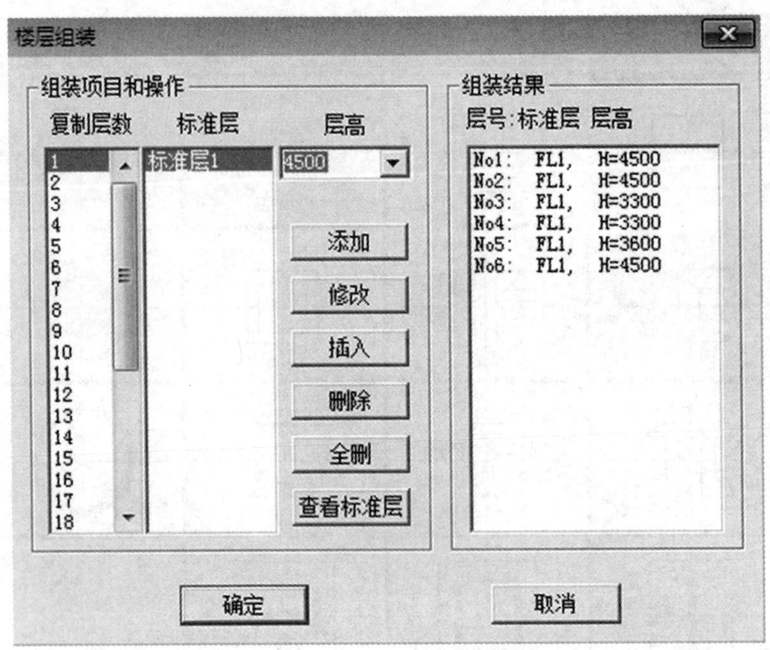

图 4.66 "楼层组装"对话框

令,进行整楼楼梯的模型组装。

(11)保存文件

保存文件在下拉菜单中和工具栏中都有,也可以执行 SAVE 命令。

定时存盘:程序设置了自动保存楼梯工程的功能,默认间隔时间为 10 分钟。也可以通过选择主菜单中"状态设置"—>"定时存盘"设置自动存盘的时间间隔。

(12)数据检查

此项菜单对输入的各项数据作合理性检查,并向 LTCAD 主菜单中的其他项传递数据。

4.4.2 楼梯配筋校核

(1)调用"钢筋计算设计"程序

在完成楼梯建模后,选择右侧菜单中的【钢筋校核】(如前面的图4.45所示)进入钢筋设计计算模块,菜单如图 4.67 所示。程序可以计算平台板及楼梯板和梯梁的配筋,同时提供了计算书。可以通过计算书查看计算过程,同时修改钢筋结果并存储。

进入程序时,会先查找有无以前的计算或修改钢筋结果文件,如果有,会提示用户是否读入该结果。如选择不读入,则程序自动全部重新计算一次,然后在屏幕上显示第一标准层第一梯跑的配筋结果图。

(2)选择梯跑

选择不同标准层的不同梯跑显示;也可以用【上一跑】、【下一跑】切换梯跑。选择完毕后,屏幕上显示所选梯跑的配筋和受力图。依次类推,完成整个楼梯的配筋校验。

(3)楼梯计算书

进入该项,输入必要的工程信息后,程序自动根据目前的楼梯数据生成楼梯计算书。计算书中给出了详细的计算技术条件以及计算过程,可以直接对该计算书进行修改、预览、打印、存储等操作,也可以插入图片(包含位图和 PKPM 的.T 图)、文件等。

保存文件,退出【楼梯配筋校核】。

4.4.3　施工图

(1)调用“施工图”程序

①在经过楼梯钢筋校核后,可点击图 4.67 中的【施工图】进入施工图模块。进入施工图模块(只要有了钢筋数据,也可以从交互输入模型模块直接进入)后,屏幕会显示“图形合并”工具条,如图 4.68 所示。

图 4.67　“钢筋计算设计”菜单

图 4.68　“图形合并”工具条

②点击图 4.68 中的【设置】,弹出“设置”对话框,选中或修改对话框中的数据,点击【确认】,然后依次完成除【插入图形】外的各项命令。

③选择图 4.68 中的【插入图形】命令,完成图形的拼装。拼装后的楼梯施工图如图 4.69 所示。

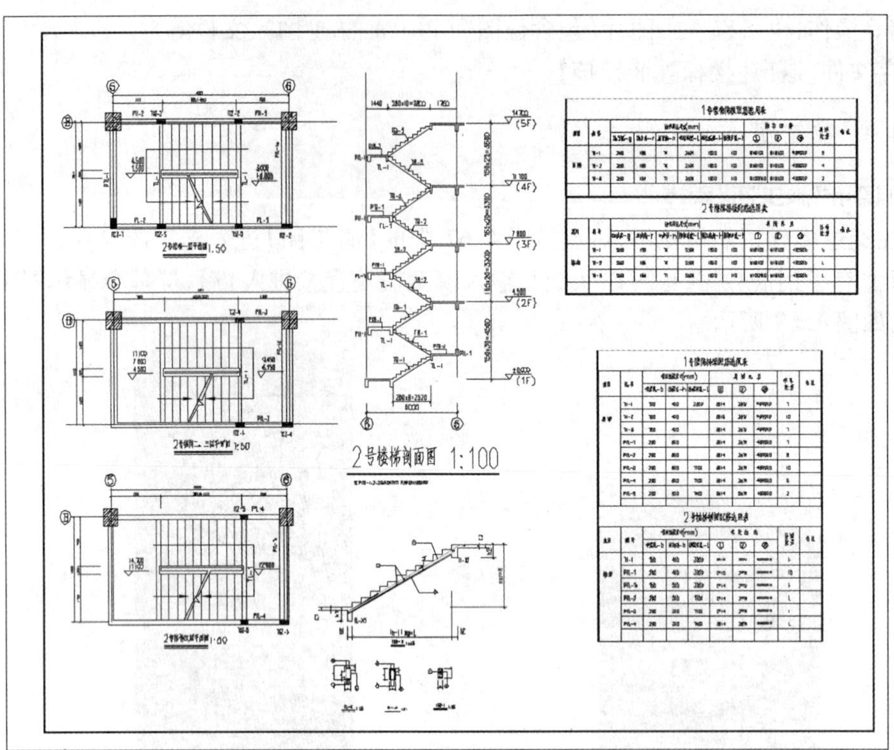

图 4.69(a)　楼梯施工图(一)

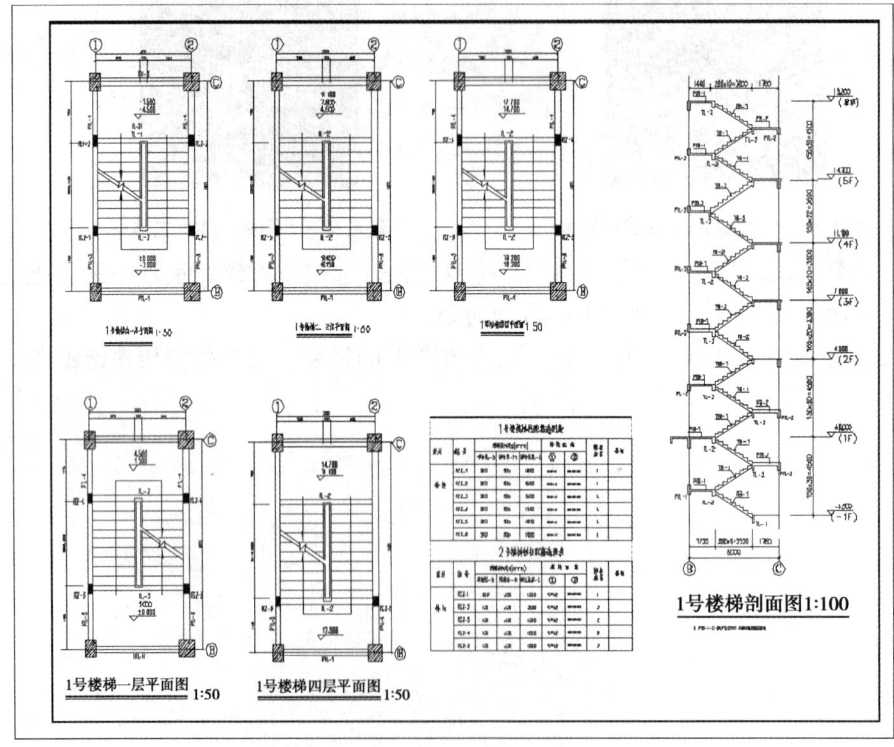

图 4.69(b)　楼梯施工图（二）

(2)退出程序

完成以上操作后,点击图4.67中的【交互输入】回到交互输入菜单,点击【退出程序】,存盘退出。

(3)生成施工图

操作步骤同本章4.3.3节所述,可将拼装形成的 *.T 施工图转化为 *.dwg 文件,从而可根据需要进一步修改。

PKPM 的功能不仅限于此,本书只针对基本的操作步骤做了介绍,希望读者不要局限于书上讲解的操作步骤,自己应该结合规范,多摸索、多操作,进而发现问题并解决问题,以加深对知识的理解和提高操作技能。

4.5　STS 建模——门式刚架

PKPM 系列软件的 STS 模块是钢结构模块,它能完成钢结构的模型输入、截面优化、结构分析、构件验算、节点设计与施工图绘制。目前在使用 STS 进行设计时,主要有两种模式:第一种是三维整体建模和分析;第二种是“平面建模 + 工具箱”的模式,也就是二维设计。考虑到“平面建模 + 工具箱”的模式能更好地让初学者掌握 STS 的应用方法,本节按二维设计进行介绍。本节以门式刚架的分析和设计的实例,简单介绍 STS 模块的操作流程。

4.5.1　设计条件

某厂房位于昆明郊区,厂房长 84.48 m,宽 15.48 m,檐口高度为 7.5 m,女儿墙高度为 0.9 m。屋面为双坡屋面,坡度 1:10,室内外高差 0.15 m。厂房为一跨,跨度 15 m,每跨有一台吊车,柱距为 6 m,厂房设有夹层。

本厂房的设计参数如下:

结构类型。门式刚架。

屋面材料。采用压型钢板轻钢屋面。

本地设防烈度。8 度,场地土类别Ⅱ类。

基本风压。0.3 kN/m^2;基本雪压:0.3 kN/m^2。

屋面恒荷载。0.3 kN/m^2;屋面活荷载:0.3 kN/m^2。

吊车数据。5 t 电动单梁,跨度为 13.5 m。

4.5.2　平面建模

门式刚架的结果分析在设计中多以单榀平面刚架分析为主,在二维设计中首先介绍平面刚架设计。由本工程条件可知,门式刚架可分为 2 榀,轴线 1 ~ 15 为 GJ-1,轴线 16 为 GJ-2,现以轴线 3 为例,介绍平面建模的方法。

(1)启动门式刚架平面设计

在进行设计之前,要为分析的工程建立一个独立的工作目录,用来存放建模过程中产生的数据文件。首先在 D 盘建立一个新的文件夹,定义文件夹名称为钢结构,如图 4.70 所示。

启动 PKPM 软件 STS 模块后,进入用户界面,点击【改变目录】,选择刚才新建的钢结构文

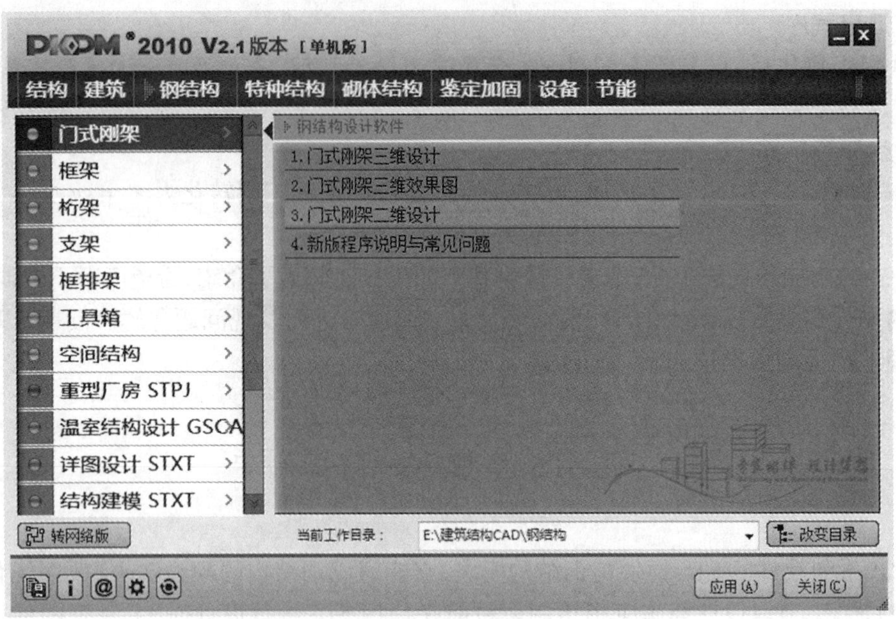

图 4.70　STS 菜单

件夹，选择 3 门式刚架二维设计，点击应用后出现 PK 结果计算交互式数据输入。对于首次设计，点取【新建文件】，程序弹出【输入文件名称】对话框，输入工程名厂房，单击【确定】，进入平面建模的主界面，如图 4.71 所示。

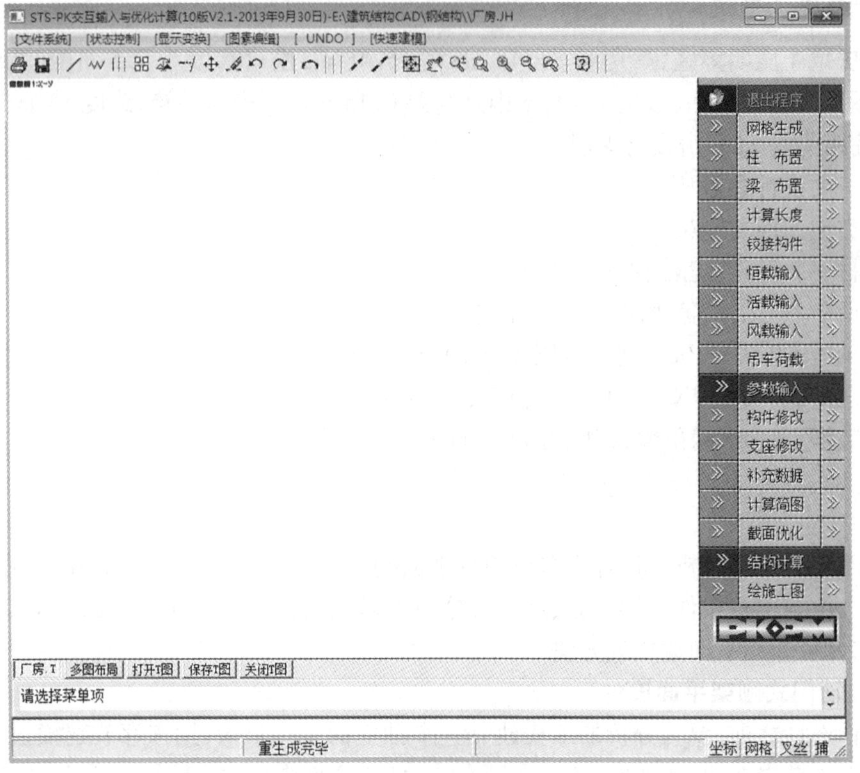

图 4.71　门式刚架平面建模主页面

(2)轴线建立

工程中多采用快速建模的方法,步骤为【网格生成】→【快速建模】→【门式刚架】,弹出如图 4.72(a)所示的对话框,根据工程条件依次输入各参数,如图 4.72(b)所示。

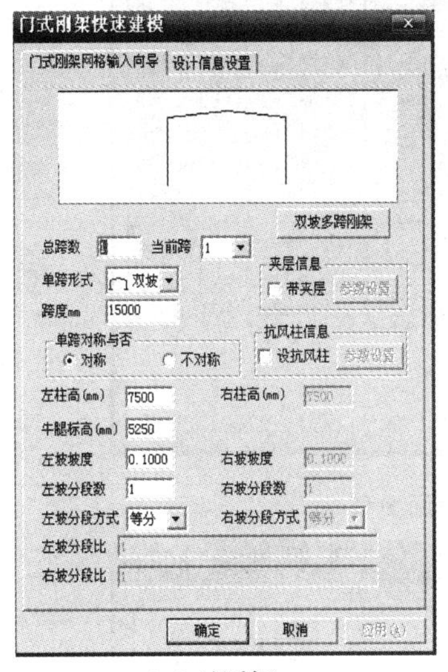

(a)对话框

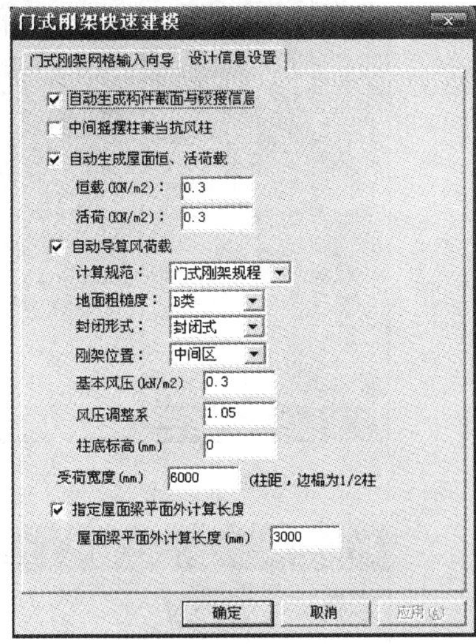

(b)依次输入各参数

图 4.72　门式刚架快速建模

(3)布置柱

本工程柱采用等截面焊接 H 型钢,截面为 H400 ×220 ×6 ×8。具体布置如下:

①单击【柱布置】,弹出下级菜单。

②单击【截面定义】,弹出如图 4.73 所示对话框。首次打开时,程序自动设置一个截面,使用者设计时可先删除这个截面,再单击【增加】按钮打开如图 4.74 所示的对话框,选择第四种 H 型钢,出现截面参数对话框,如图 4.75 所示,依次输入柱截面尺寸。

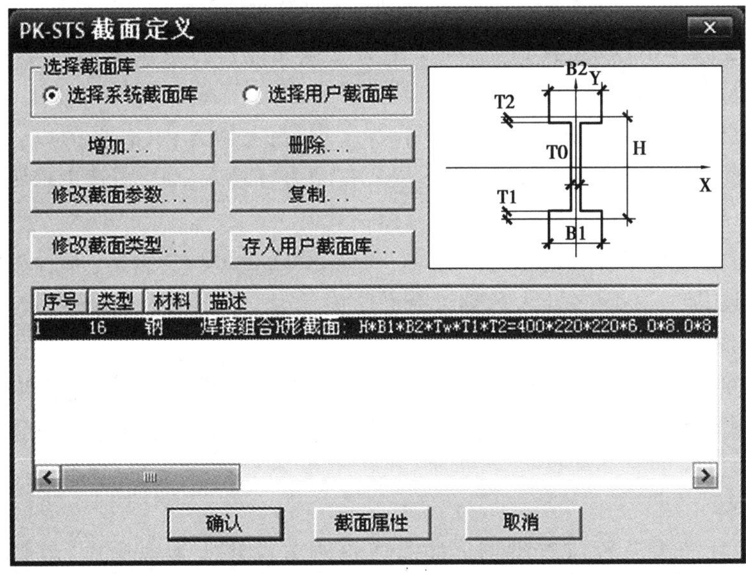

图 4.73　PK-STS 截面定义

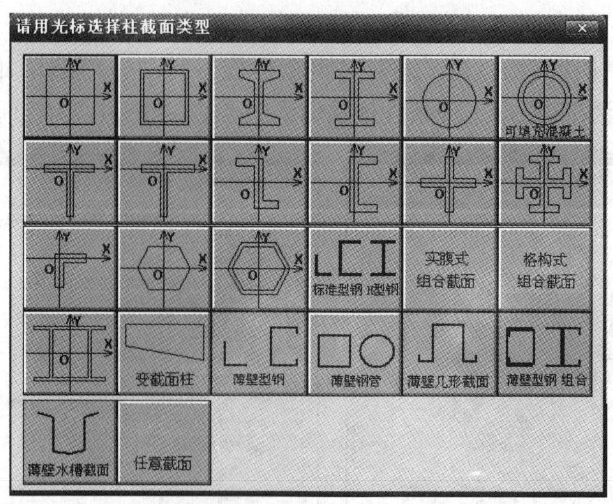

图 4.74　主截面类型

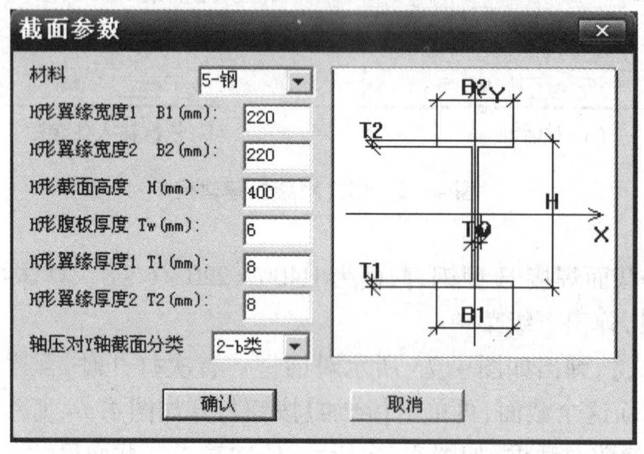

图 4.75　H 型钢截面定义

③截面定义后，单击【柱布置】选择刚才定义的截面进行布置。根据命令行提示，选择布置的方法，按【Tab】键转成轴线方式。

此处布置边柱时，需要考虑偏心的影响。程序规定：左偏为正，右偏为负。由于轴线均位于柱的边缘，因此当布置左侧边柱时输入 -200，右侧边柱输入 200，布置中柱则无偏心。

(4) 布置梁

本工程梁为变截面钢梁，梁截面尺寸为(400 - 300) ×200 ×6 ×8。布置方法与柱基本相同，这里不再细述，唯一不同之处为选择梁截面时应选择变截面梁。如图 4.76 所示。

(5) 计算长度

在【计算长度】中主要查看【平面内】和【平面外】两项，STS 中规定：平面内的长度程序默认为 -1，一般不需要改动；平面外计算长度程序默认为杆件的几何长度，一般应根据实际情况修改。本例中梁的平面外计算长度改为 3 000，其余不变。

(6) 铰接构件

此菜单主要功能为设置节点类型。如需要将刚节点修改为铰接点，可通过此菜单来完成，操作较简单，可通过提示完成。

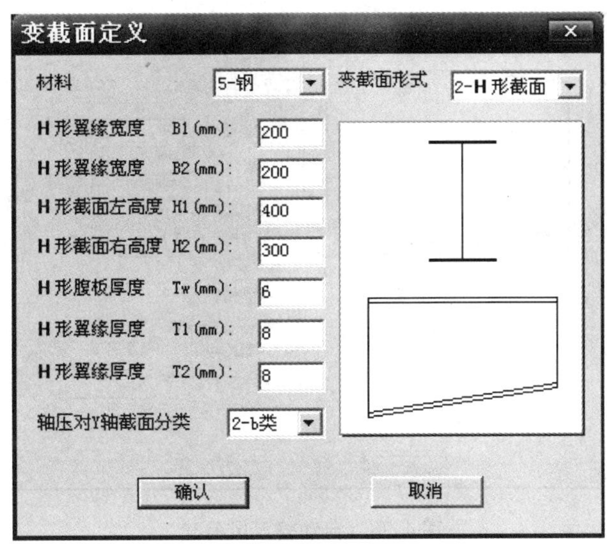

图4.76　变截面钢梁截面定义

(7)恒载输入

单击【恒载输入】→【梁间恒载】,弹出如图4.77所示梁间恒载输入(恒荷载)对话框,本例选择第二种,输入荷载值"1.8"。确定后按照命令行提示转成轴线方式指定梁,完成屋面恒荷载的输入。

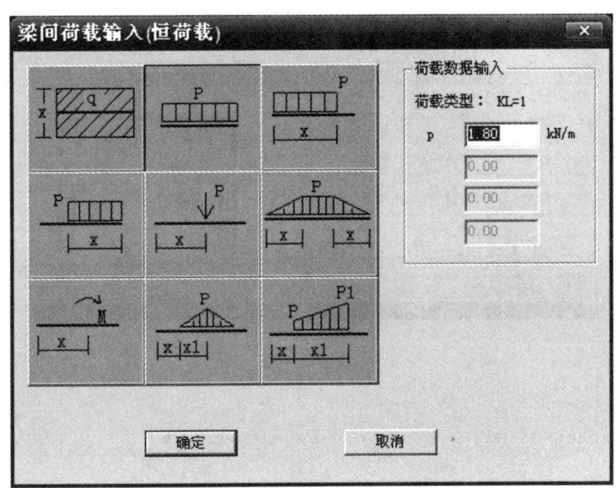

图4.77　梁间恒载输入

(8)活载输入

方法同恒载输入,本例活载值输入"1.8"。

(9)左风输入

对于两坡单跨门式刚架,实际工程中多用【自动布置】来完成风荷载的输入。在使用此项功能时,需要根据工程条件和相应规范输入各参数。

单击【左风输入】→【自动布置】,打开如图4.78所示对话框,依次填写各项。填写后可通过左侧"构件风荷载信息"核对构件的风荷载是否正确。确定无误后,点击【确定】完成布置。

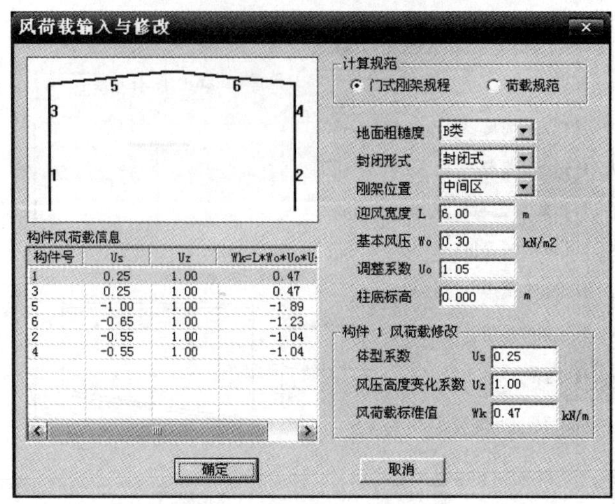

图 4.78　自动输入风荷载

(10)右风输入

右风输入与左风输入布置相同。

(11)吊车荷载

布置吊车荷载时，首先应输入吊车数据再进行布置。单击【吊车数据】打开如图 4.79 所示的对话框。输入第一个吊车数据，单击【增加】，打开如图 4.80 所示对话框。单击【导入 Dmax、Dmin、Tmax、WT】打开如图 4.81 所示的“吊车荷载输入向导”对话框。

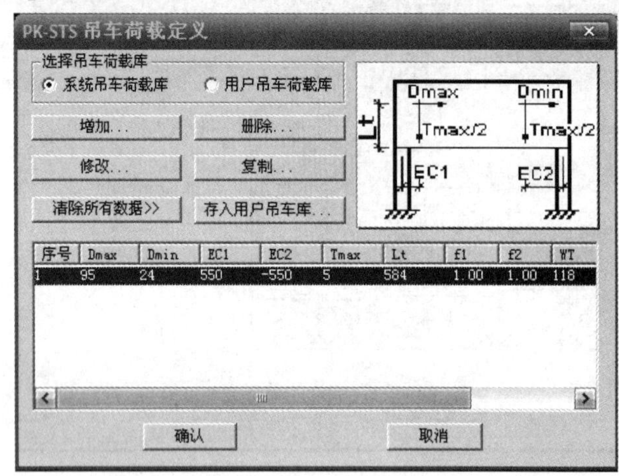

图 4.79　吊车荷载定义

吊车台数为 1 台，输入“1”后，“第二台吊车序号 1”变成灰色。单击“第一台吊车序号 1”，出现如图 4.82 所示的“吊车数据”对话框。本例吊车为 5 t 电动单梁，跨度为 13.5 m，根据吊车资料输入吊车各参数，输入完成后单击“增加”按钮，则出现刚定义的吊车资料。单击“确定”后返回“吊车荷载输入向导”对话框，单击【计算】，程序自动计算，计算值显示在该对话框右侧“吊车荷载计算结果”里。继续单击【直接导入】程序自动将计算结果传到“吊车荷载数据”中。

在“吊车数据信息”中，需要填入吊车荷载作用点与节点的距离，EC1 和 EC2 是吊车竖向荷载与下柱的偏心距；Lt 为横向水平荷载到吊车梁下翼缘的距离。

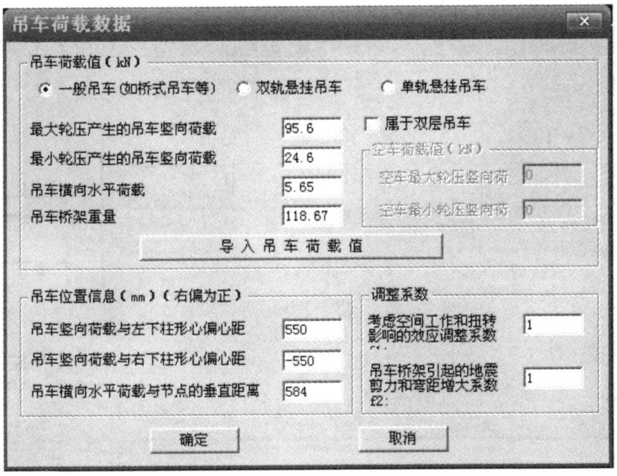

图4.80　定义吊车数据

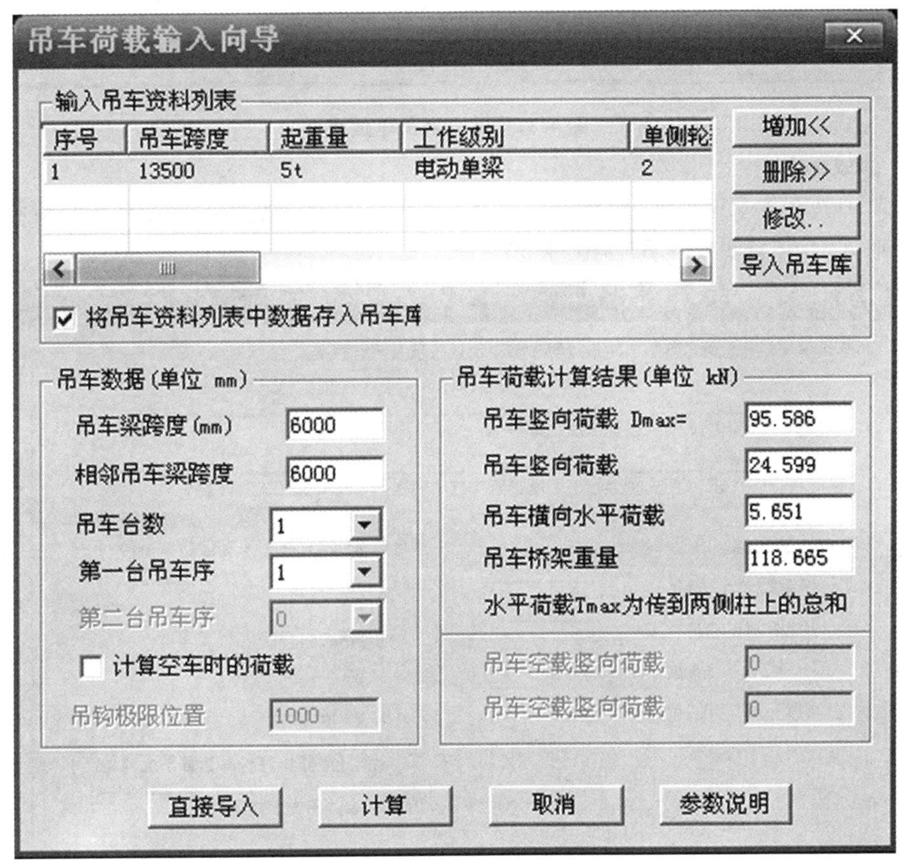

图4.81　吊车荷载输入向导

吊车数据完成后，单击【布置吊车】，选择吊车数据按照命令行提示完成布置即可。若出现错误，应用【删除吊车】删除后重新布置。

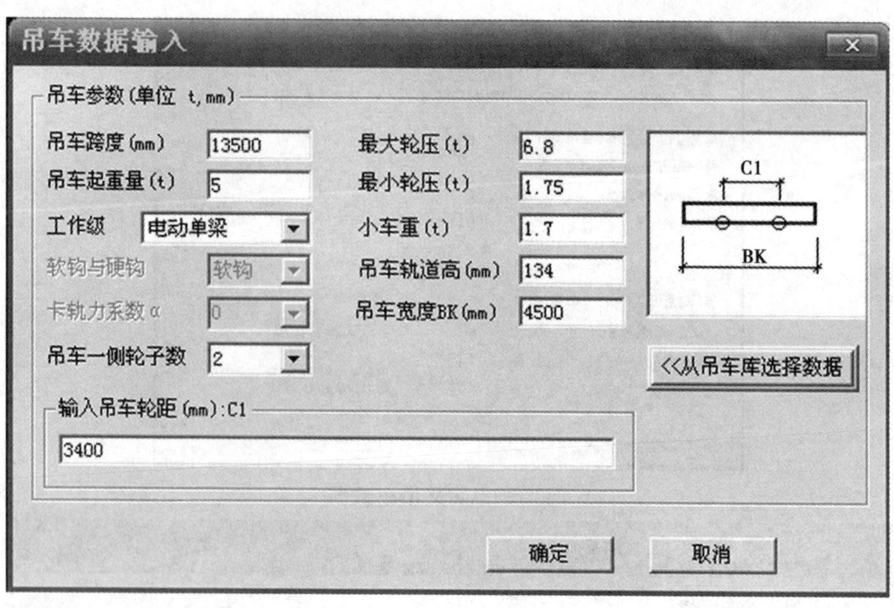

图 4.82　第一台吊车数据

(12)参数输入

此菜单中共有4个选项卡,应根据工程条件及门式刚架轻型房屋钢结构设计规程等相关规范依次输入,具体详见图4.83至图4.86。

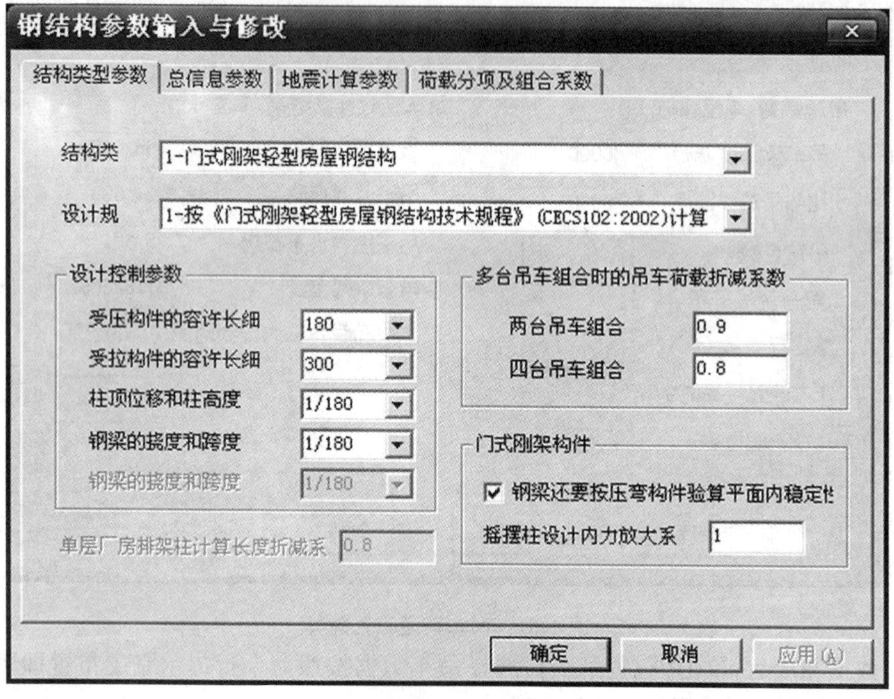

图 4.83　结构类型参数选项卡

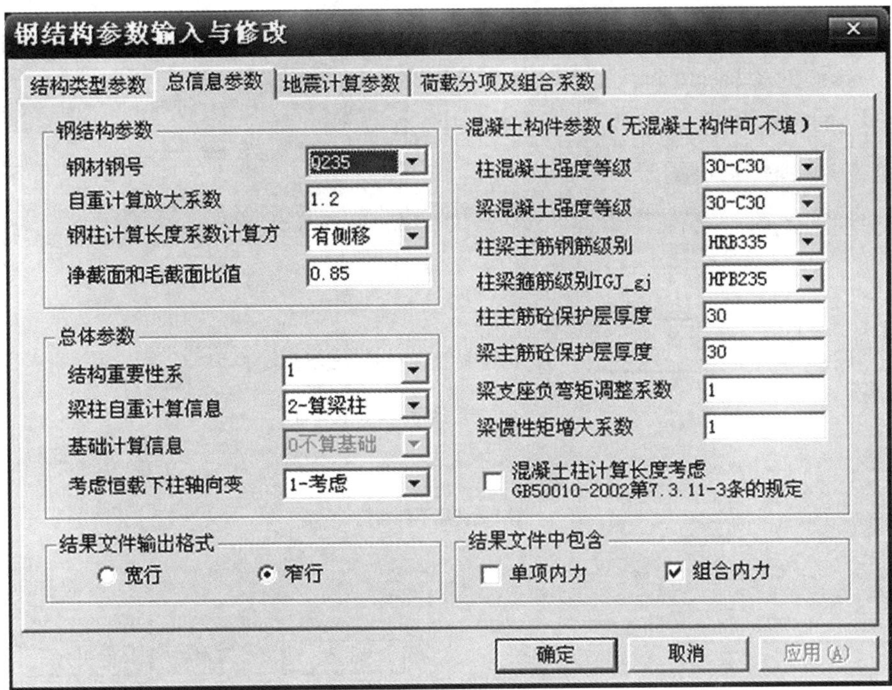

图 4.84　总信息参数选项卡

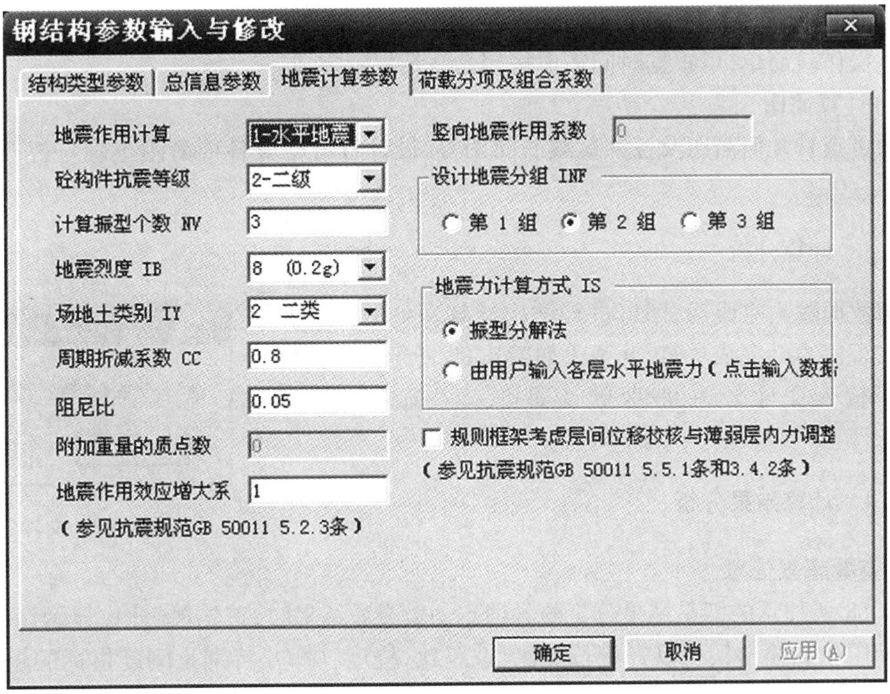

钢结构参数输入与修改

结构类型参数 | 总信息参数 | 地震计算参数 | 荷载分项及组合系数

地震作用计算 1-水平地震
砼构件抗震等级 2-二级
计算振型个数 NV 3
地震烈度 IB 8 (0.2g)
场地土类别 IY 2 二类
周期折减系数 CC 0.8
阻尼比 0.05
附加重量的质点数 0
地震作用效应增大系 1
（参见抗震规范GB 50011 5.2.3条）

竖向地震作用系数 0
设计地震分组 INF
第 1 组　第 2 组　第 3 组
地震力计算方式 IS
振型分解法
由用户输入各层水平地震力（点击输入数据
规则框架考虑层间位移校核与薄弱层内力调整
（参见抗震规范GB 50011 5.5.1条和3.4.2条）

确定　取消　应用(A)

图 4.85　地震计算参数选项卡

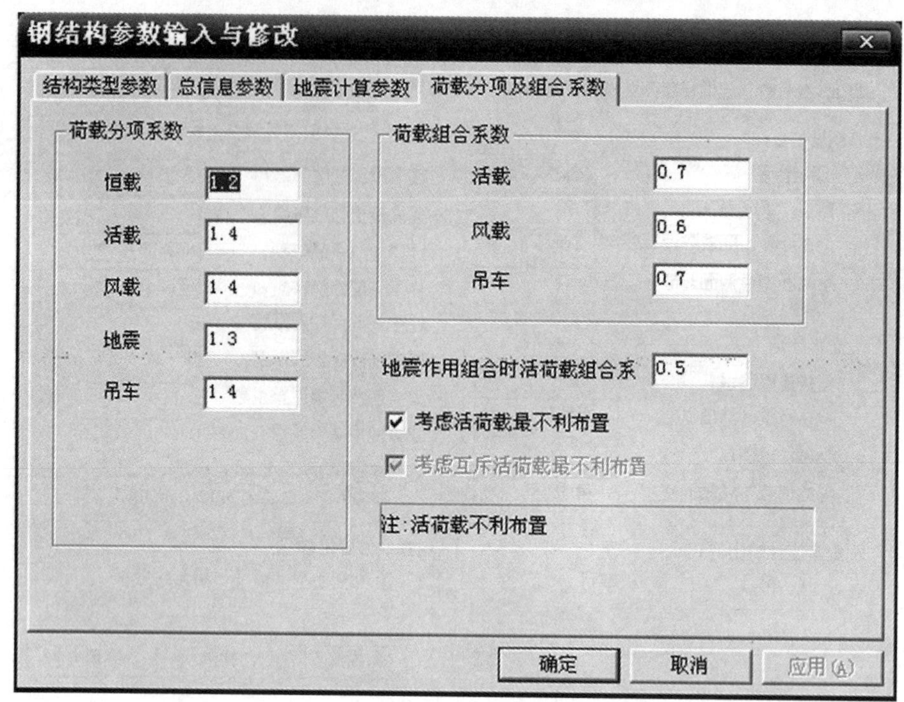

图 4.86　荷载分项及组合系数选项卡

(13)构件查询、修改支座、补充数据

此项操作较简单,可根据时间需要按照命令行提示完成。

(14)计算简图

此项可查看几何简图及各种荷载的简图等,设计者可检查各项简图正确与否,进行必要的修改。

4.5.3　计算分析

全部数据输入完成后,即可进行结构计算。单击【结构计算】按钮,程序自动完成计算,并弹出如图 4.87 所示的对话框。设计者可输入文件名,一般取默认即可,点“确定”生成计算书。

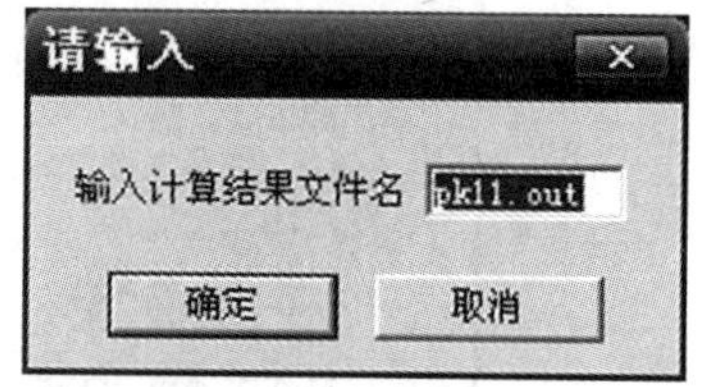

图 4.87　文件名

4.5.4　计算结果分析

(1)查看超限信息

图 4.88 所显示的即是结果分析的各项。一般查看结果时,首先单击【1. 显示计算结果文件】→【超限信息输出】,可以查看长细比、宽厚比、挠度、应力,特别是刚度指标的超限(如图 4.89 所示),可根据此项信息对前面的工作进行修改。本例中没有超限信息,代表各个参数均满足要求。

(2)配筋包络和钢结构应力比图

此项主要查看各构件的应力比,若不满足则数字显示为红色,可相应地调整前面的信息,直到所有构件均满足要求,其余各项,可查看内力包络图及节点位移图等信息。

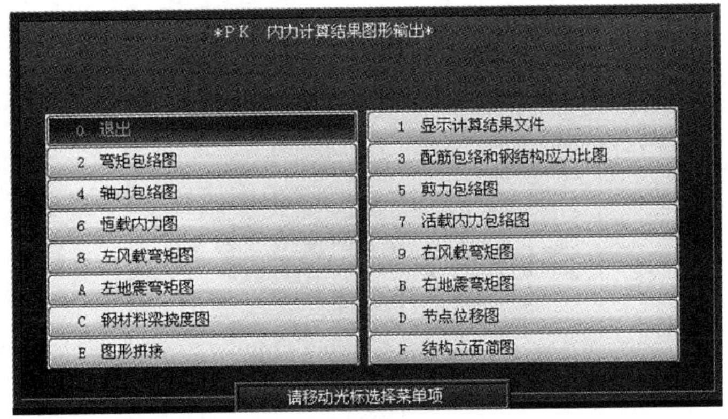

图4.88　PK内力计算结果图形输出

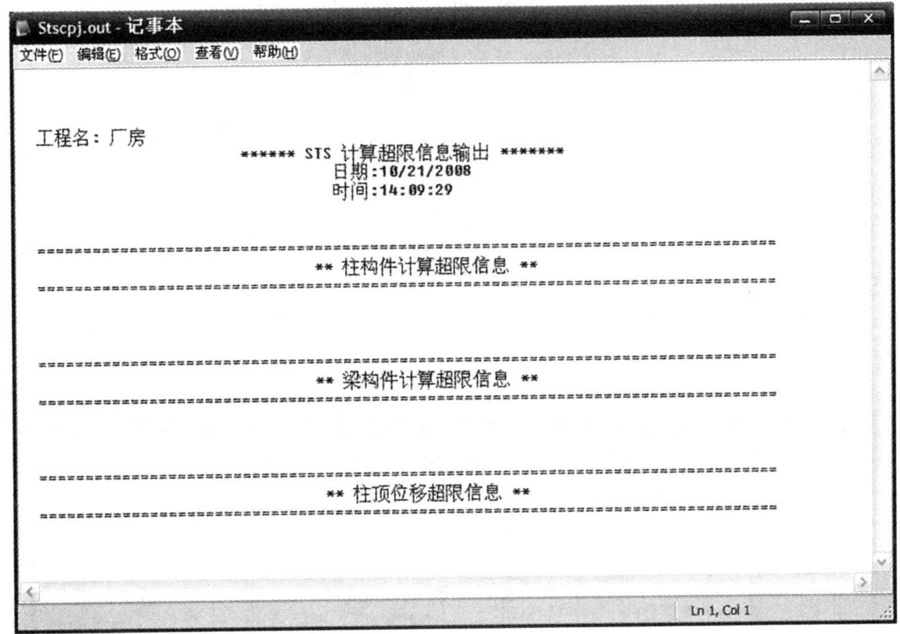

图4.89　超限信息

4.5.5　施工图绘制

以上设计均满足要求后，即可进入施工图的绘制。STS在施工图绘制菜单里完成节点部分的设计后，才能进入最后的绘图。节点设计可能由于所选梁柱截面不合理而无法继续设计，因此只有在节点设计中证明梁柱尺寸合理后，才能继续后面的工作。

绘施工图，首先必须进行【设置参数】，一般为默认值。

(1)拼接，檩托

此项菜单主要是完成梁上檩托和柱子檩托的布置，布置后将在后面的施工图中出现。单击【拼接，檩托】→【布梁檩托】，出现“钢梁檩托布置”对话框，如图4.90所示选择排列方式2，到屋脊距离为250，檩托间距一般取为檩条间距，即1 500，其余参数取默认值。由于本例设计中墙面均为砖墙，则不需要布置墙托。如需要，布置方法同梁檩托布置。

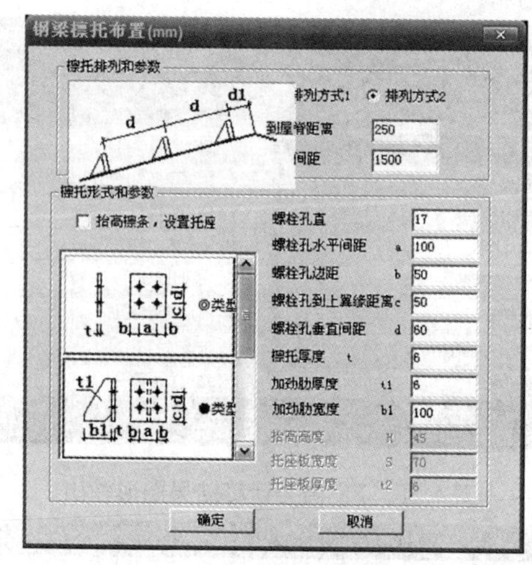

图 4.90　梁檩托布置

(2)节点设计

单击【节点设计】后系统弹出 4 个选项卡,如图 4.91 至图 4.94 所示,根据设计要求依次选择设计形式和参数。全部填好后,单击【确定】,程序自动进行节点设计。单击【节点修改】,若有不满足项目,程序将显示【存在节点设计不满足,请查看出错信息】,此时点击【出错信息】查看不满足信息的具体内容。如要对个别节点进行修改,单击【修改节点】,命令行提示:"请输入节点剖面号"。输入剖面号后弹出节点修改对话框,可对相应的各项进行修改,直到节点设计满足各项要求。

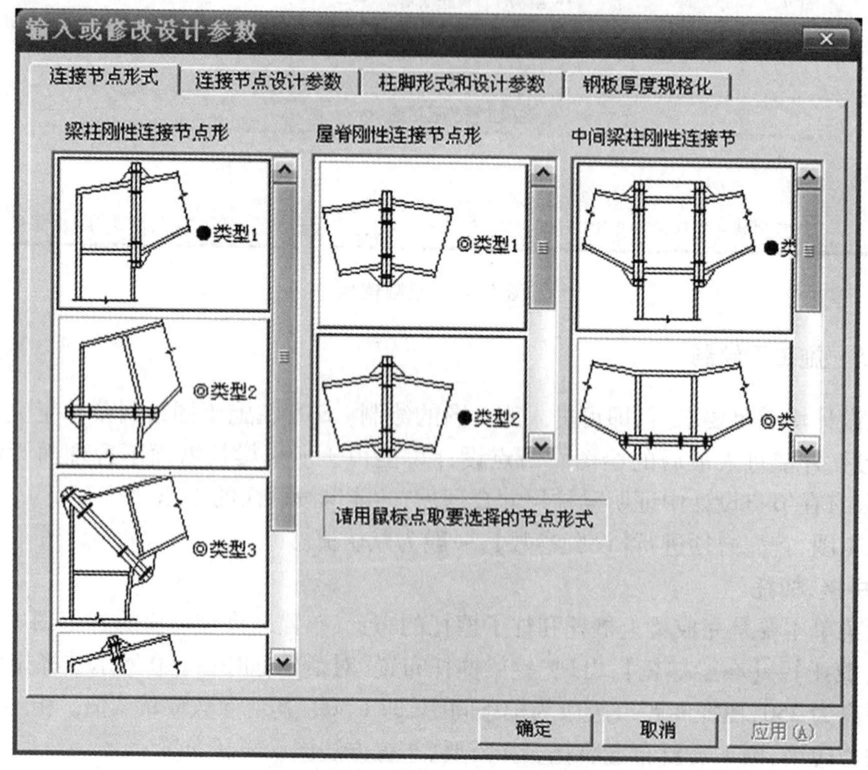

图 4.91　连接节点形式界面

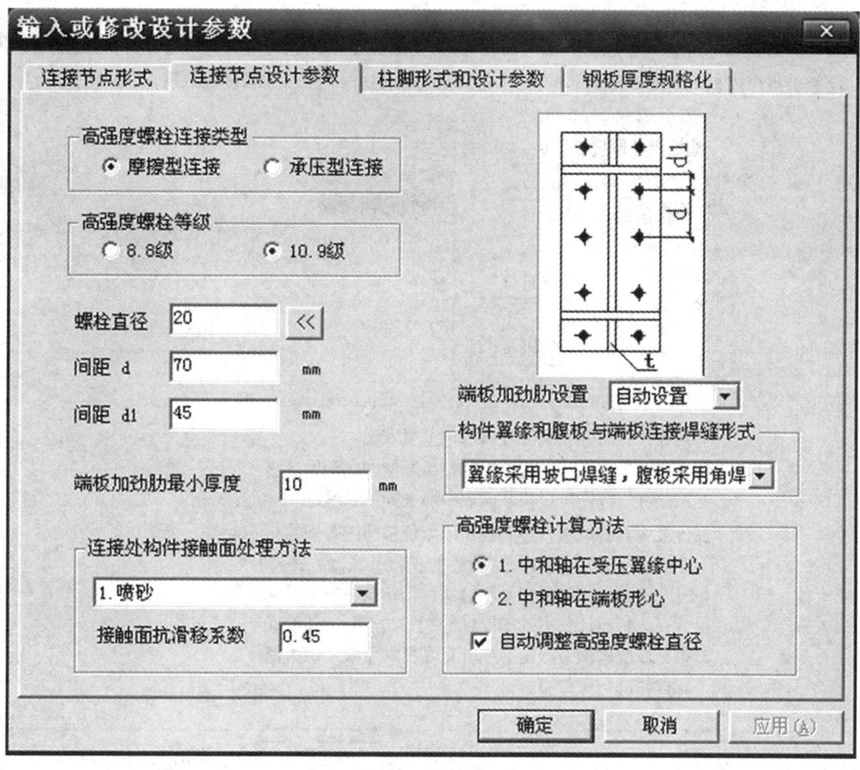

图 4.92　连接节点形式界面

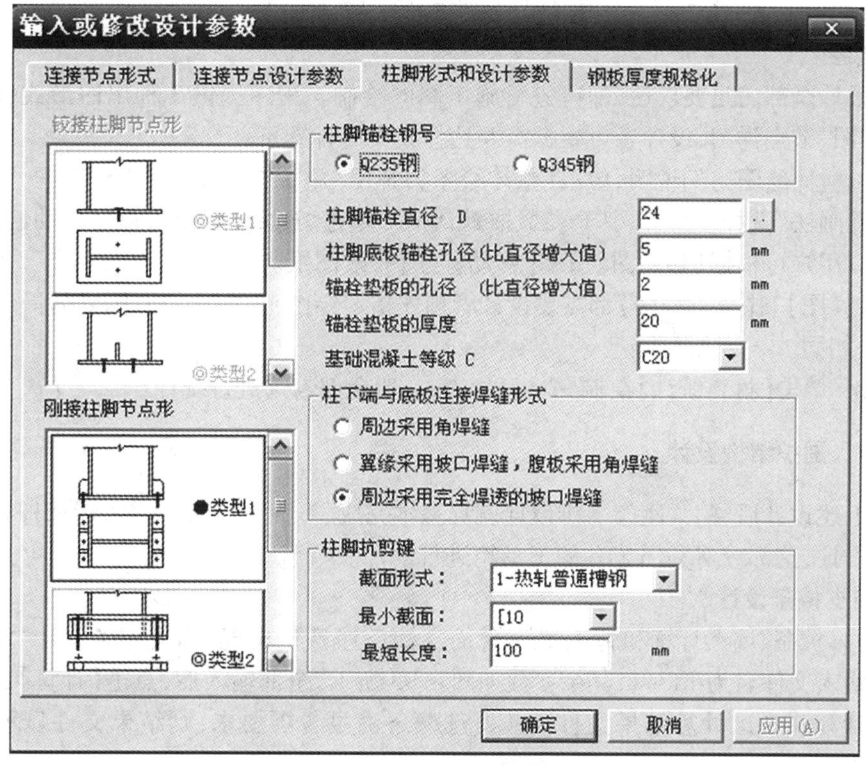

图 4.93　连接节点设计参数界面

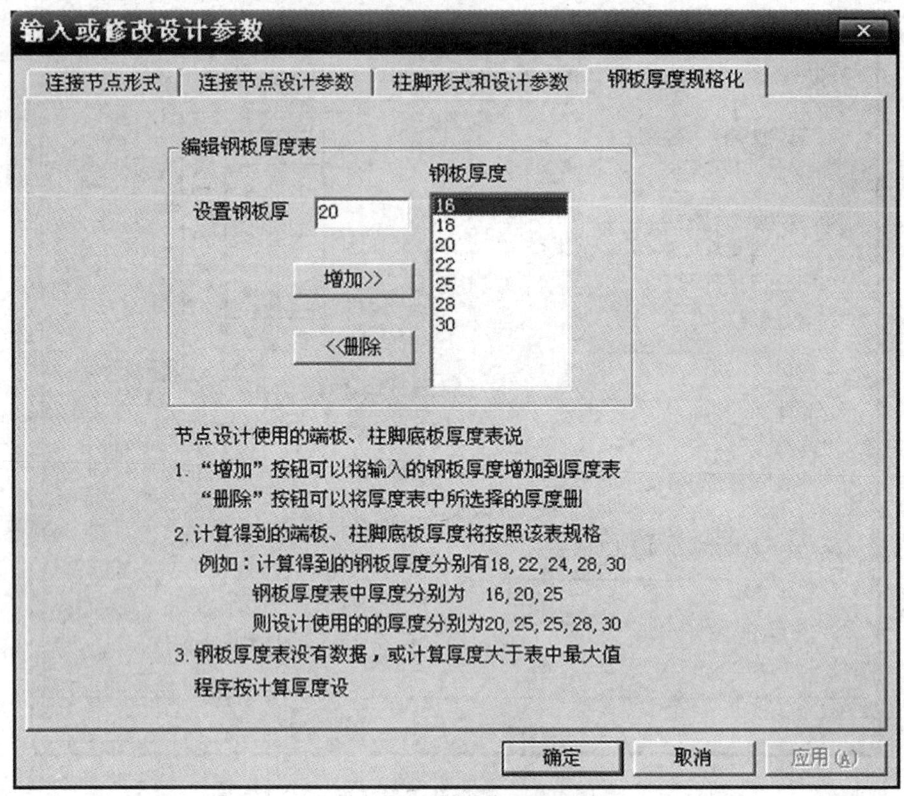

图 4.94 钢板厚度规格化界面

(3)绘图

节点设计全部满足要求后，即可进行施工图的绘制。程序提供 3 种出图形式，即整体绘图、构件详图、节点详图，设计者可根据需要选择其中一种即可。

本例以整体绘图为例说明，单击【整体绘图】，弹出“施工图绘制信息”对话框。其中，“高强度螺栓孔画法”选择菱形孔，其余参数取默认值。单击“确定”按钮后程序自动绘制节点图和材料表。用户可根据【移动图块】和【移动标注】修改图纸。

【构件详图】和【节点详图】都需要设计者预先指定绘图范围，选定范围后的操作与【整体绘图】方法相同。

接下来，单击【材料统计】绘制钢材订货表，一般全部勾选进行统计。

4.5.6 围护结构设计

完成上述设计后，门式刚架二维设计就算基本完成，下面一步将要进入屋面檩条、支撑及吊车梁的设计，这部分将利用 STS 的工具箱进行设计。

(1)简支檩条设计

单击【1. 檩条、墙梁计算和施工图】→【简支檩条计算】，出现“简支檩条设计”对话框，首次设计要输入文件名为 LT－1，其余参数如图 4.95 所示，全部输入后，点击【计算】，程序自动完成檩条计算并弹出计算结果文件。若所选檩条满足各项要求，则结果文件显示“计算满足”。

本例中檩条共有 8 种檩条，设计者应依次计算，直到全部满足。

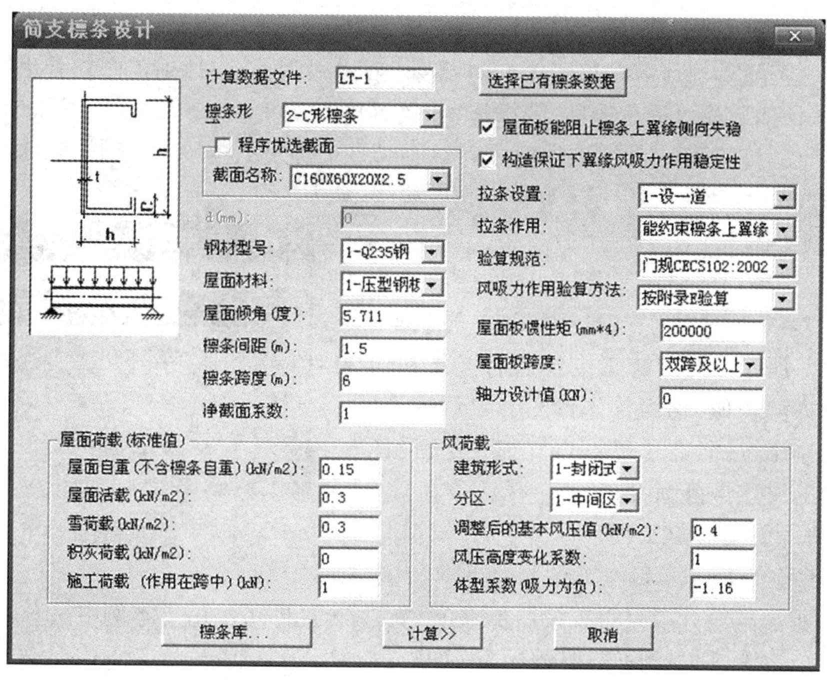

图4.95　“简支檩条设计”对话框

(2)隅撑计算

单击【1.檩条、墙梁计算和施工图】→【隅撑计算】,出现“隅撑与檩条连接图”,输入数据如图4.96所示,数据输入后计算方法与檩条计算相同,不再详述。本例中隅撑也有2种形式,应分别计算。

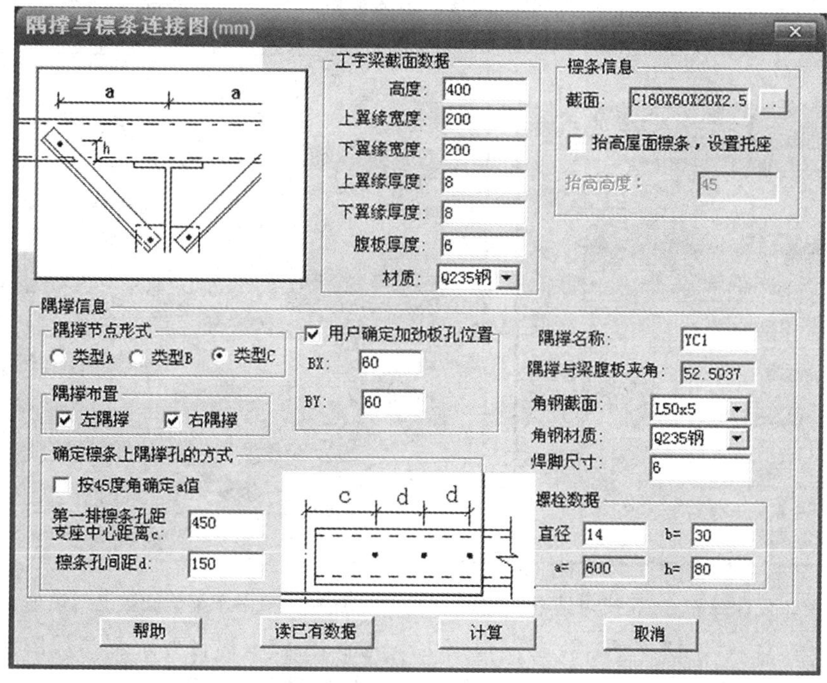

图4.96　“隅撑设计”对话框

(3)绘制檩条、隅撑施工图

单击【1.檩条、墙梁计算和施工图】→【檩条(墙梁)、隅撑、支撑施工图】,弹出"绘图参数"对话框,选默认值后就可进行檩条、隅撑施工图绘制。

需要注意的是,STS 自动绘制的门式刚架施工图需要人工校核,某些檩条、隅撑的施工图仍然需要修改。

(4)绘制支撑施工图

单击【2.支撑计算与施工图】,出现【屋面支撑计算】、【柱间支撑计算】和【支撑、系杆施工图】3 个菜单,如图 4.97 所示。此处施工图绘制与檩条和隅撑施工图绘制方法类似,均为首先输入参数后计算,计算满足后绘制施工图,在这里不再详细介绍,设计者可根据前面的讲述自行练习。

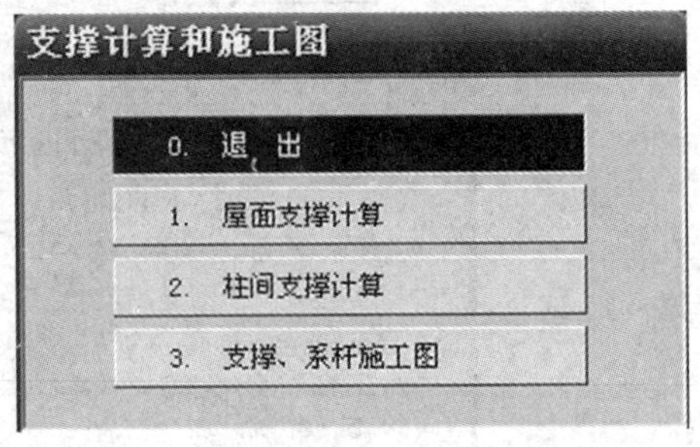

图 4.97 "支撑计算和施工图"对话框

(5)吊车梁计算和施工图

点击【3.吊车梁计算和施工图】,出现 7 个选项(如图 4.98 所示),设计者只需要按照步骤依次填写计算即可。由于本例中吊车吨位较小,可不设置制动结构等,则本例不需要运行 5 ~ 7 项。

具体步骤如下:

①点击【1.吊车梁计算】,出现 3 个选项卡,根据平面建模的数据依次填写后点击确定。其中第二项吊车梁截面参数如图 4.99 所示。全部填写完毕后,点击【确定】。

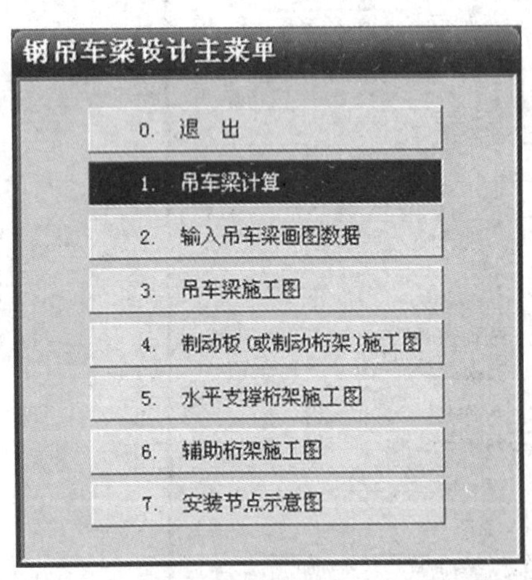

图 4.98 "吊车梁计算和施工图"对话框

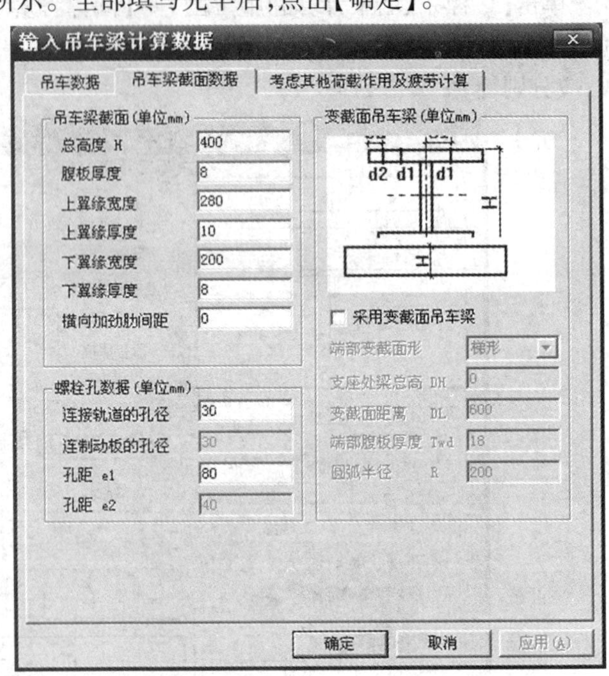

图 4.99 吊车梁截面数据对话框

②点击【2.输入吊车梁画图数据】,弹出 7 个选项卡,根据设计要求和参数依次填写后【确定】即可。这里只列举几项菜单,如图 4.100(a)和图 4.100(b)所示。

③点击【3.吊车梁施工图】按钮,完成吊车梁的绘制工作。

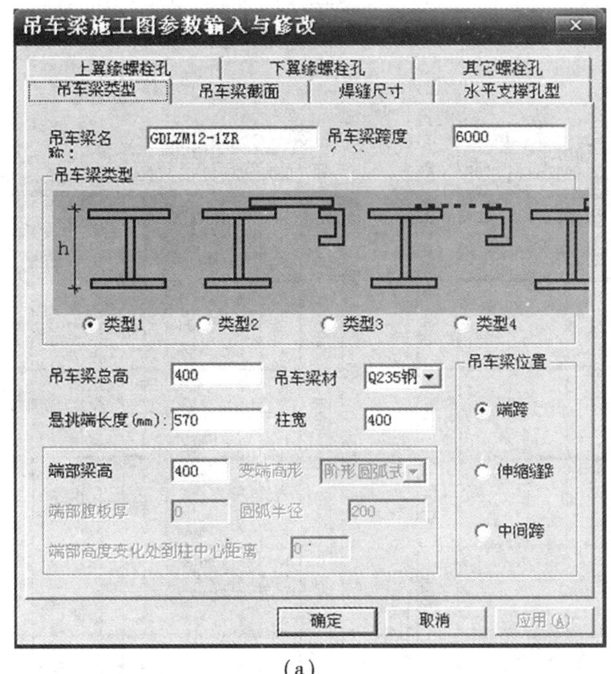

(a)

吊车梁施工图参数输入与修改

上翼缘螺栓孔 | 下翼缘螺栓孔 | 其它螺栓孔
吊车梁类型 | 吊车梁截面 | 焊缝尺寸 | 水平支撑孔型

吊车梁截面尺寸mm
上翼缘宽 280
上翼缘厚 10
下翼缘宽 200
下翼缘厚 8
腹板厚度: 8

横向加劲肋尺寸mm
宽度： 90
高度： 332
厚度： 6
间距： 760

纵向加劲肋尺寸mm
无　有
宽度: 0
厚 0
距梁顶距 10

平板支座加劲肋尺寸
宽度mm: 90
厚度mm: 8

平板支座垫板尺寸
宽度mm: 50
厚度mm: 22

突缘支座加劲肋尺寸mm
宽度: 190
厚度: 6
伸出长度: 12

吊车梁之间连接板尺寸mm
宽度： 230
高度： 170
厚度： 10

悬挑端数据
边肋到梁端距离 138
梁端到轴线的距离 30

确定　取消　应用(A)

(b)

图4.100　“吊车梁施工图参数输入与修改”对话框

这里由程序自动绘制的施工图也需要人工校核和修改，设计者不应完全依赖程序，还要与实际工程结合修改施工图。

以上讲述的即是门式刚架二维设计的全部过程。

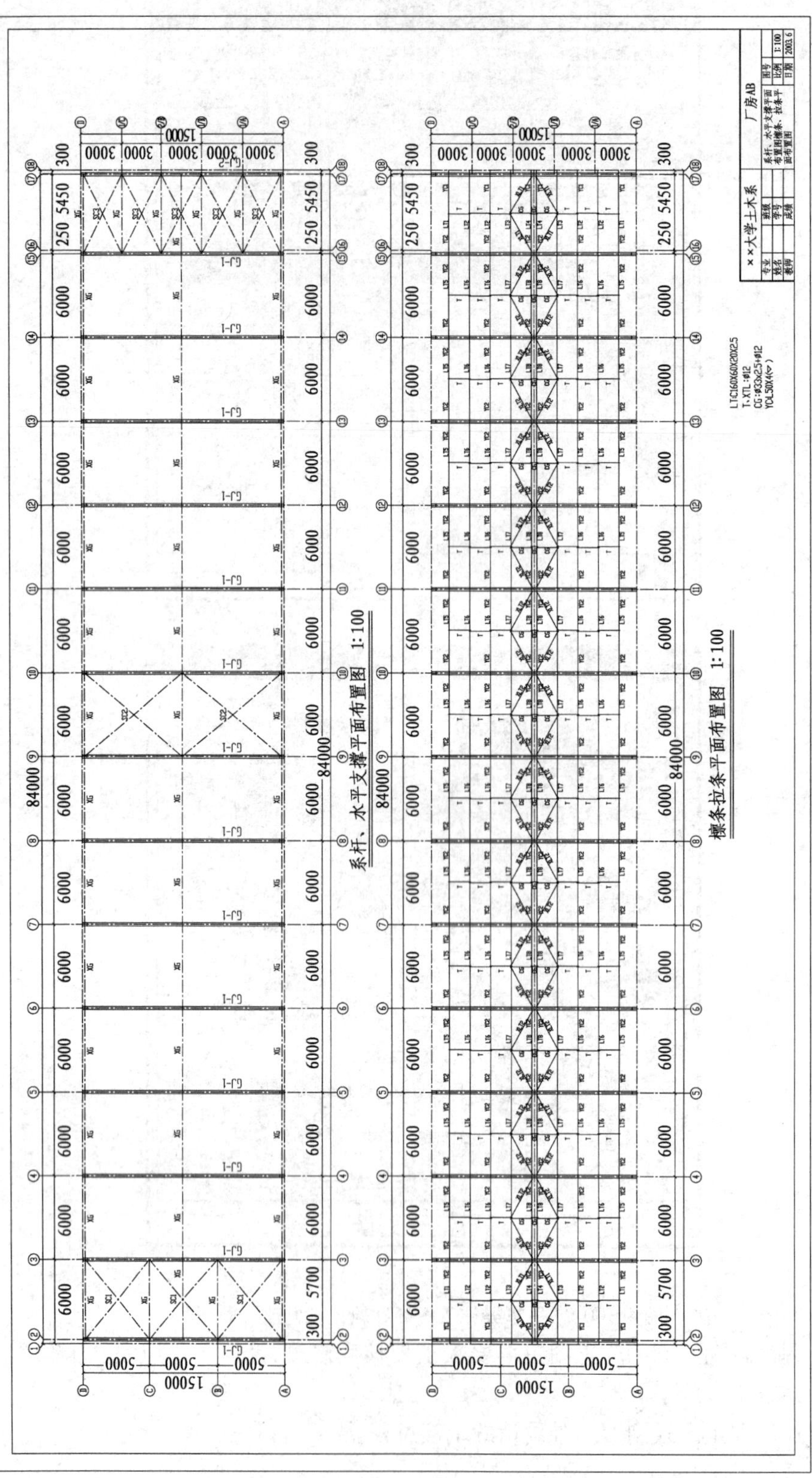

图4.101 门式刚架结构平面布置图

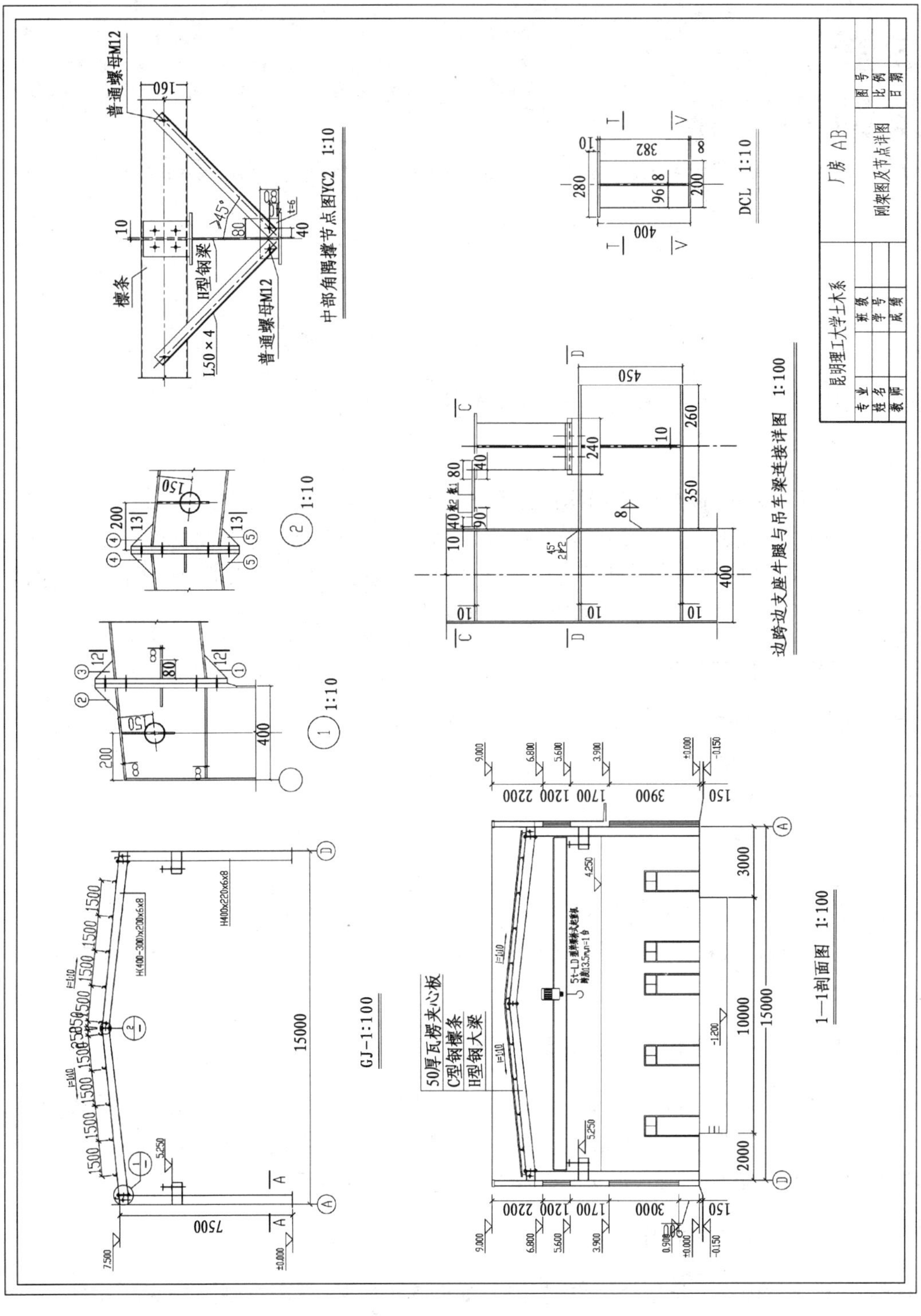

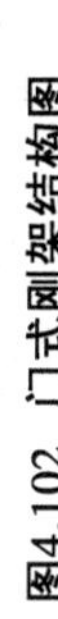

图4.102　门式刚架结构图

第 5 章
建筑结构计算

5.1 SATWE 软件简介

SATWE 软件是为多、高层建筑结构设计服务的空间组合结构有限元分析软件，分为多层版本（SAT-8）和高层版本（SATWE）。与 TAT 的区别在于，TAT 是一个空间杆件程序，而 SATWE 软件采用空间杆单元模拟梁、柱及支撑等杆件，采用在壳元基础上凝聚而成的墙元模拟剪力墙，模型化误差小，分析精度高，计算速度快，深受设计人员欢迎。

5.1.1 SATWE 的应用范围

①结构层数（高层版）≤300 层；
②每层节点数≤8 000；
③每层梁数≤8 000；
④每层柱数≤5 000；
⑤每层墙数≤3 000；
⑥每层支撑数≤2 000；
⑦每层塔数（或刚性楼板块数）≤10；
⑧结构总自由度数不限。

5.1.2 SATWE 软件多层和高层版本的区别

SATWE 软件有多层和高层两个版本，SAT-8 适用于 8 层及 8 层以下的结构设计；SATWE 适用于 100 层以下的结构设计。相比 SATWE，多层版本 SAT-8 没有考虑楼板弹性变形功能，没有动力时程分析和吊车荷载分析功能，也没有与 FEQ 的数据接口。

5.1.3 SATWE 软件的操作界面

在 SATWE 主界面左上角选择【结构】按钮，如图 5.1 所示，点击左侧【SATWE】按钮，界面左边出现 SATWE 操作命令子菜单，包括【接 PM 生成 SATWE 数据】、【结构内力，配筋计算】、

【PM次梁内力和配筋计算】、【分析结果图形和文本显示】、【结构的弹性动力时程分析】、【框支剪力墙有限元分析】、【复杂空间结构建模及分析】、【弹塑性静力分析PUSH】。这8个子菜单按SATWE分析操作步骤依次排列,后文中将依次对各子菜单进行相应介绍。

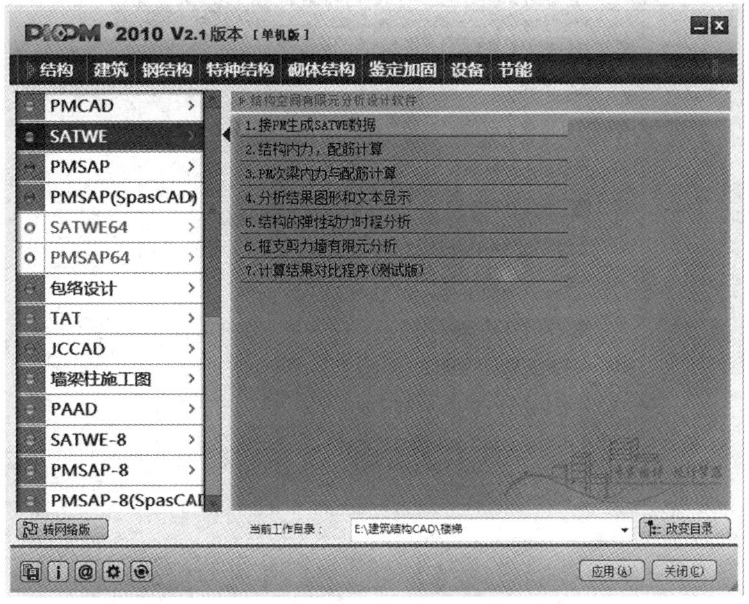

图5.1 SATWE软件操作界面

5.2 接PM生成SATWE数据

当用户进入SATWE软件操作界面以后,双击【接PM生成SATWE数据】菜单,系统将弹出如图5.2所示的【SATWE前处理】对话框。其中有【补充输入及SATWE数据生成】和【图形检查】两个选项,分别如图5.2、图5.3所示。

5.2.1 分析与设计参数补充定义

SATWE软件结构分析需要补充的参数一共有11项,分别为总信息、风荷载信息、地震信息、活荷信息、调整信息、配筋信息、荷载组合、设计信息、地下室信息、砌体结构和广东规程。

对于一个新工程,在第一次启动SATWE主菜单时,程序将上述的参数赋值(取多数工程常用值作为隐含值)。

点击图5.2中【分析与设计参数补充定义(必须执行)】选项,可以弹出如图5.4所示参数设定的对话框。

(1)总信息

总信息参数输入界面如图5.4所示。

1)水平力与整体坐标角(°)

该参数为地震力、风力作用方向与结构整体坐标的夹角,逆时针为正,一般取0°。

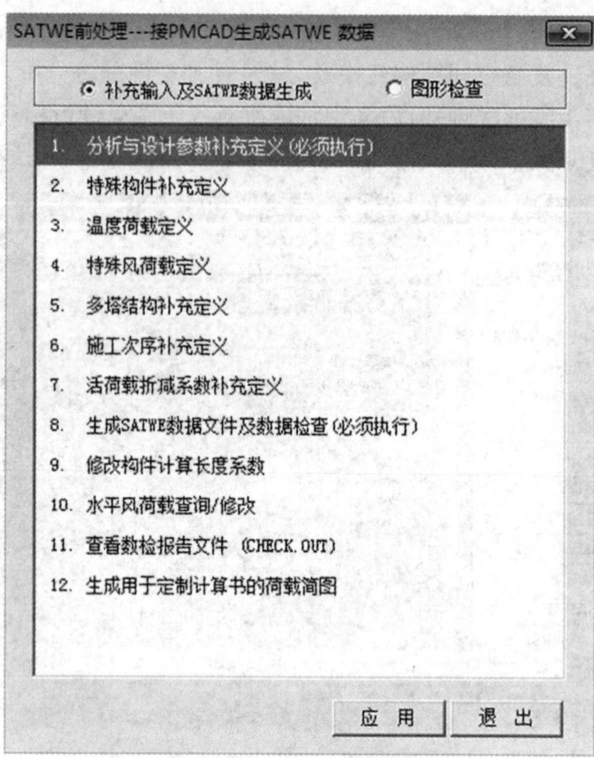

图 5.2 补充数据及 SATWE 数据生成菜单

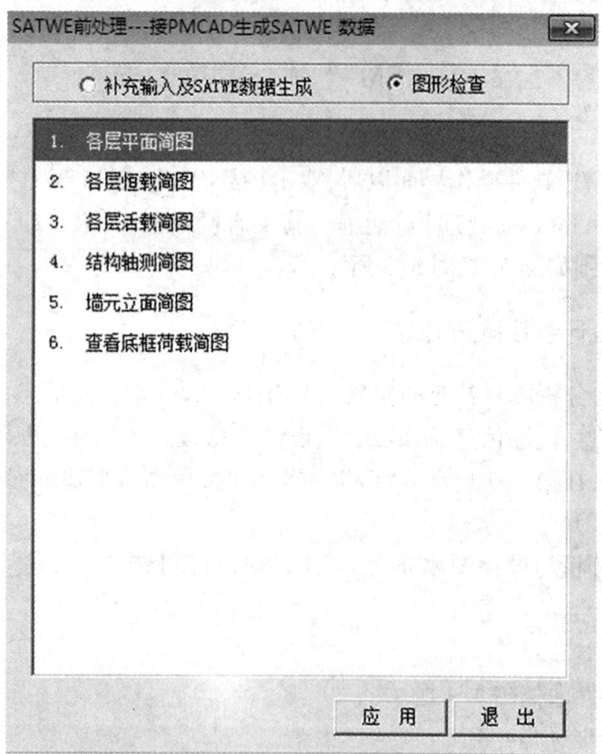

图 5.3 图形检查菜单

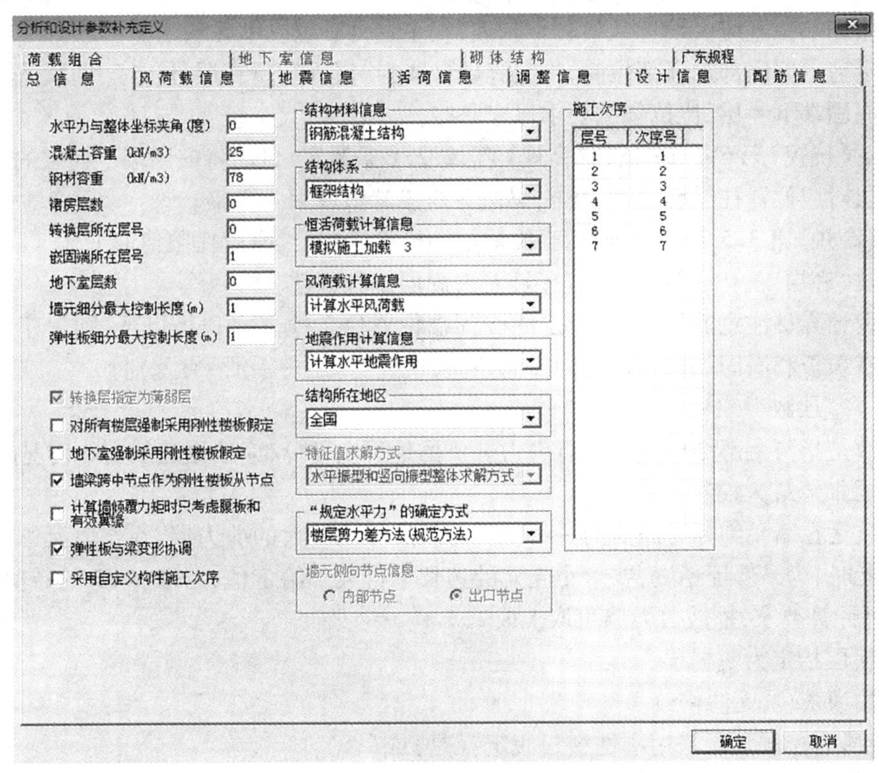

图 5.4　总信息参数输入界面

2)混凝土容重(kN/m³)

一般情况下,钢筋混凝土的容重为 25 kN/m³。若考虑构件表面粉刷层重,钢筋混凝土的容重需要适当调整。结构类型为框架结构、框剪结构、剪力墙结构时,钢筋混凝土的容重可以取 26、27、28。

3)钢材容重(kN/m³)

一般取 78,如果考虑饰面设计者可以适量增加。

4)裙房层数

可以定义裙房层数,按实际情况确定。

5)转换层所在层号

设有转换层,必须指明层号,以便进行正确的内力调整。

6)嵌固端所在层号

《建筑抗震设计规范》(以下简称《抗规》)GB 50011—2010 第 6.1.3.3 条规定了地下室作为上部结构嵌固部位时应满足的要求;第 6.1.10 条规定剪力墙底部加强部位的确定与嵌固端有关;《抗规》第 6.1.14 条提出了地下室顶板作为上部结构嵌固部位时的相关计算要求;《高层建筑混凝土结构技术规程》JGJ3—2010(以下简称《高规》)第 3.5.2.2 条规定结构底部嵌固层的刚度比不宜小于 1.5。

针对以上条文,2010 版 SATWE 新增了【嵌固端所在层号】这项重要参数。这里的嵌固端指上部结构的计算嵌固端,当地下室顶板作为嵌固部位时,那么嵌固端所在层为地上一层,即地下室层数 +1;而如果在基础顶面嵌固时,嵌固端所在层号为 1。程序默认的嵌固端所在层号为“地下室层数 +1”,如果修改了地下室层数,则应注意确认嵌固端所在层号是否需相应修

改。判断嵌固端位置应由设计人员自行完成,程序主要实现以下几项功能:

①确定剪力墙底部加强部位时,将起算层号取为“嵌固端所在层号—1”,即默认将加强部位延伸到嵌固端下一层,比抗规的要求保守一些。

②针对《抗规》第 6.1.14 条和《高规》第 12.2.1 条规定,自动将嵌固端下一层的柱纵向钢筋相对上层对应位置柱纵筋增大 10%;梁端弯矩设计值放大 1.3 倍。

③按《高规》第 3.5.2.2 条规定,当嵌固层为模型底层时,刚度比限值取 1.5。

④涉及“底层”的内力调整等,程序针对嵌固层进行调整。

提醒设计人员注意的是,如果指定的嵌固端位置位于地下室顶板以下,则程序并不会自动对地下室顶板和嵌固端位置执行同样的调整,这点与《用户手册》有差别。

7)地下室层数

此参数是指与上部结构同时进行内力分析的地下室部分,应根据建筑实际情况确定。

8)墙元细分最大控制长度

此参数是在墙元细分时需要的一个值。对于尺寸比较大的剪力墙,在作墙元细分形成一系列小壳元时,为了保证精度,要求小壳元的边长不得大于给定值,可取 1 ~5 的数值,一般取 2 就可满足计算要求,框肢剪力墙可取 1 或 1.5。

9)转换层指定为薄弱层

此参数为灰色,无法修改。

10)对所有楼层强制采用刚性楼板假定:(是)或(否)

“强制刚性楼板假定”可能改变结构初始的分析模型,因此其适用范围是有限的,一般仅在计算位移比和周期比时建议选择。在进行结构内力分析和配筋计算时,仍要遵循结构的真实模型,才能获得正确的分析和设计结果,此时不能再选择“强制刚性楼板假定”。

11)地下室强制采用刚性楼板假定

一般情况不选取,按强制刚性板假定时保留弹性板面外刚度考虑。但已选择对所有楼层墙肢采用刚性楼板假定的话,此项无意义。

12)墙梁跨中节点作为刚性楼板从节点

一般为缺省勾选。不勾选的话,位移偏小。

13)计算墙倾覆力矩时只考虑腹板和有效翼缘

此项应勾选,使得墙的无效翼缘部分内力计入框架部分,使框架、短肢墙和普通强的倾覆力矩结果更合理。

14)弹性板与梁变形协调

它相当于强制刚性板假定时保留弹性板面外刚度,自动实现梁板边界变形协调,计算结构符合实际受力情况,应勾选。

15)采用自定义构件施工次序

满足部分复杂结构的需求。

16)墙元侧向节点信息

此参数为墙元刚度矩阵凝聚计算的一个控制参数,有“出口节点”和“内部节点”两个选项。在一般工程中,多层结构多选“出口节点”;高层结构多选“内部节点”。

17)结构材料信息

这包括钢筋混凝土结构、钢与混凝土混合结构、有填充墙钢结构、无填充墙钢结构和砌体结构,按主体结构材料填写。

18)结构体系

这分为框架、框剪、框筒、筒中筒、剪力墙、短肢剪力墙和复杂高层、板柱剪力墙等结构,按设计结构体系选择。

19)恒活荷载计算信息

这可以按如下原则选择:

①不计算恒活荷载和竖向力。

②一次性加载计算。主要用于多层结构,按一次加荷方式计算竖向力。

③模拟施工方法1。按一般的模拟施工加荷方式计算竖向力,对高层结构,一般都采用这种方法计算。

④模拟施工方法2。这是在"模拟施工方法1"的基础上将竖向构件(柱、墙)的刚度增大10倍的情况下再进行结构的内力计算,以削弱竖向荷载刚度的重分配。

⑤模拟施工方法3。采用分层刚度分层加载模型,接近于施工过程,故此建议一般对多、高层建筑首选模拟施工3。对钢结构或大型体育馆类(指没有严格的标准层概念)结构应选一次加载。对于长悬臂结构或有吊柱结构,由于一般是采用悬挑脚手架的施工工艺,故对悬臂部分应采用一次加载进行设计。当有吊车荷载时,不应选用模拟施工3。

20)风荷载计算信息

按设计要求考虑是否需要计算风荷载。

21)地震作用计算信息。

这是地震作用计算控制参数,有以下几种情况:

①不计算地震作用。

②计算水平地震作用。计算 X,Y 两个方向的地震作用;

③计算水平和竖向地震作用。计算 X,Y 和 Z 三个方向的地震作用。

22)结构所在地区

一般选择"全国"。分为全国、上海、广东,分别采用《中国国家规范》、《上海地区规程》和《广东地区规程》。B类建筑和A类建筑选项只在坚定加固版本中才可选择。

23)特征值求解方式

仅在选择了"计算水平和反应谱方法竖向地震"时,才允许选择"特征值求解方式"。

水平震型和竖向震型整体求解:只做一次特征值分析。

水平震型和竖向震型独立求解:做两次特征值分析。

24)"规定水平力"的确定方式

一般选择"楼层剪力差方法(规范方法)"。

25)施工次序

模拟施工1或3的计算模式下,为适应某些复杂结构,新增了自定义施工次序菜单,可以对楼层组装的各自然层分别指定施工次序号,避免某些复杂结构出现下层还没有建造,上层反倒先进入施工行列的情况。

(2)风荷载信息

风荷载信息参数输入界面如图5.5所示。

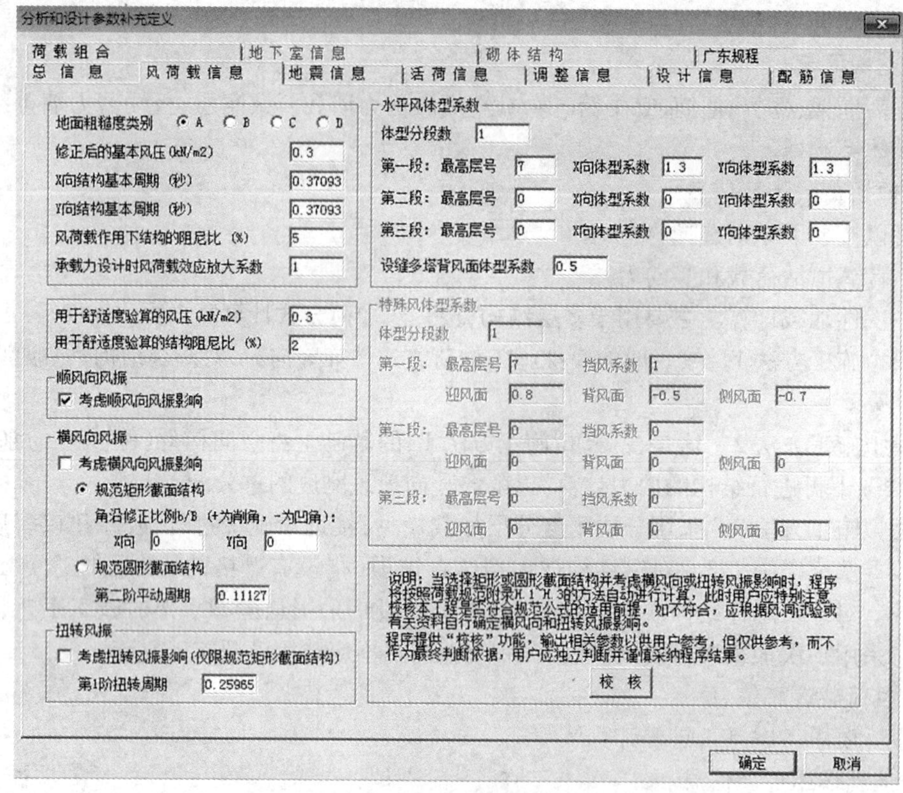

图 5.5　风荷载信息参数输入界面

1)地面粗糙度类别

A：指近海海面和海岛、海岸、湖岸及沙漠地区。

B：指田野、乡村、丛林、丘陵以及房屋比较稀疏的乡镇和城市郊区。

C：指有密集建筑群的城市市区。

D：指有密集建筑群且房屋较高的城市市区。

2)修正后的基本风压(kN/m^2)

按照《建筑结构荷载规范》GB 50009—2012(以下简称《荷载规范》)附录 D.4 中附表 D.4 给出的 50 年一遇的风压采用，但不得小于 0.3 kN/m^2。一般情况下，高度大于 60 m 的高层建筑可按 100 年一遇的风压制采用；对于高度不超过 60 m 的高层建筑，其风压是否提高，可由结构工程师根据结构的重要性按实际情况确定。

3)X 向结构基本周期(秒)

第一次计算时采用默认值，然后根据计算出的周期乘以折减系数后回代。

4)Y 向结构基本周期(秒)

第一次计算时采用默认值，然后根据计算出的周期乘以折减系数后回代。

5)风荷载作用下结构的阻尼比

混凝土结构及砌体结构为 0.05%，有填充墙钢结构为 0.02%，无填充墙钢结构为 0.01%。

6)承载力设计时风荷载效应放大系数

程序缺省值为 1.0，对风荷载比较敏感的高层建筑，承载力设计时应按基本风压的 1.1 倍采用。

7)用于舒适度验算的风压(kN/m^2)

缺省与风荷载计算的基本风压取值相同。一般可取100年一遇的风压。

8)用于舒适度验算的结构阻尼比(%)

按照《高规》要求,验算风振舒适度时结构阻尼比宜取0.01~0.02,程序缺省取0.02。

9)顺风向风振

对于基本自振周期 T_1 大于0.25 s的工程结构,如房屋、屋盖及各种高耸结构,以及对于高度大于30 m且高宽比大于1.5的高柔房屋,均应考虑风压脉动对结构发生顺风向风振的影响。

10)横风向风振

目前暂不起作用。

11)扭转风振

一般考虑。

12)水平风体型系数

一般为缺省值。

13)设缝多塔背风面体型系数

一般为缺省值。

14)特殊风体型系数

此项为灰色,无法修改。

(3)地震信息

地震信息参数输入界面如图5.6所示。

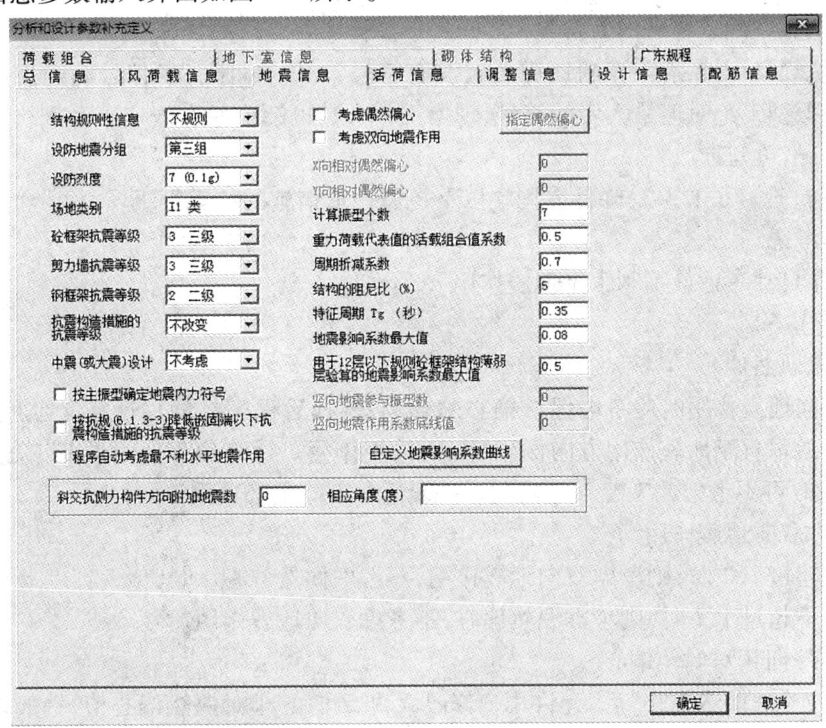

图5.6 地震信息参数输入界面

1)结构规则性信息:规则或不规则

该参数目前不起作用。

2)设计地震分组:一、二、三组

根据结构所处地区按《抗规》附录 A 选用。

3)设防烈度:6~9 度

根据结构所处地区按《抗规》附录 A 选用。如在附录 A 中查不到,则表明该地区为非抗震设计区。

4)场地类别

依据《抗震》规范,提供 I_0、I_1、Ⅱ、Ⅲ、Ⅳ共五类场地类别。其中,I_0类为 2010 版新增的类别。

5)混凝土框架抗震等级

按《抗规》6.1.2 填写。

6)剪力墙抗震等级

按《抗规》6.1.2 填写。

7)钢框架抗震等级

按《抗规》6.1.2 填写。

8)抗震构造措施的抗震等级

一般为不改变,学校提高一级。

9)中震(或大震)设计

一般为不考虑。

10)按主振型确定地震内力符号

根据《抗规》5.2.3 条计算的地震效应没有符号,SATWE 原有的符号确定规则是每个内力分量取各振型下绝对值最大者的符号,现增加本参数可解决原有规定下个别构件内力符号不匹配的情况,可勾选。

11)按《抗规》(6.1.3-3)降低嵌固端以下抗震构造措施的抗震等级

一般不考虑。

12)程序自动考虑最不利水平地震作用

一般勾选。

13)考虑偶然偏心

计算单向地震作用时应考虑偶然偏心的影响,选择后程序将增加计算 4 个地震工况,即每层的质心沿垂直于地震作用方向偏移 5% 的地震作用。计算位移比时看此工况下的值,计算位移(角)时可不考虑此工况下的情况。一般情况下高层都选取。

14)考虑双向地震作用

位移比超过 1.2 时,则考虑双向地震作用,不考虑偶然偏心。

位移比不超过 1.2 时,则考虑偶然偏心,不考虑双向地震作用。

15)X(Y)向相对偶然偏心

勾选了"考虑偶然偏心"后,允许用户修改 X 和 Y 向的相对偶然偏心值,一般取缺省值为 0.05。

16)计算振型个数

一般最少取3且为3的倍数。当考虑扭转耦联计算时,振型数应不少于9。对于多塔结构振型数应大于12。衡量指标是:有效质量系数≥90%。

17)重力荷载代表制的荷载组合值系数

一般情况下取缺省值0.5。

18)周期折减系数

对于框架结构可取0.6~0.7;对于框架-剪力墙结构可取0.7~0.8;框架-核心筒结构可取0.8~0.9;剪力墙结构可取0.8~1.0。

19)结构的阻尼比(%)

一般混凝土结构取0.05,钢结构取0.02,混合结构在二者之间取值。程序缺省值为0.05。

20)特征周期 Tg(秒)

程序依据《抗规》第3.2.3条、第5.1.4条表5.1.4-2取特征周期值。

21)地震影响系数最大值

程序地震作用的计算,程序按规范自动调整,如有特殊要求,也可自行修改。

22)用于12层一下规则混凝土框架结构薄弱层验算的地震影响系数最大值

由"结构所在地区""场地类别""设计地震分组"等参数控制,程序按规范自动调整,如有特殊要求,也可自行修改。

23)竖向地震参与振型数

用于竖向地震作用的计算。

24)竖向地震作用系数底线值

根据《高规》第4.3.15条规定:"大跨度结构、悬挑结构、转换结构、连体结构的连接体的竖向地震作用标准值不宜小于结构或构件承受的重力荷载代表值与表4.3.15所规定的竖向地震作用系数的乘积",程序设置"竖向地震作用系数底线值"这项参数以确定竖向地震作用的最小值。当振型分解反应谱方法计算的竖向地震作用小于该值时,将自动取该参数确定的竖向地震作用底线值。

程序按不同的设防烈度确定默认的竖向地震作用系数底线值,设防烈度修改时,该参数也联动改变,设计人员也可自行修改,该参数作用相当于竖向地震作用的最小剪重比。在WZQ.OUT文件中输出竖向地震作用系数的计算结果,如果不满足要求则自动进行调整。

25)自定义地震影响系数曲线

SATWE允许设计人员输入任意形状的地震设计谱,以考虑来自安全评估报告或其他情形的比规范设计谱更贴切的反应谱曲线。单击该按钮,在弹出的对话框中可查看按规范公式得出的地震影响系数曲线,并可在此基础上根据需要进行修改,形成自定义的地震影响系数曲线。

26)斜交抗侧力构件方向附加地震数(相应角度)

地震作用的最大方向值偏离主轴大于15°时,在此需要填写此角度,作为附加地震计算的角度(逆时针为正,顺时针为负)。SATWE参数中增加"斜交抗侧力构件附件地震角度"与填写"水平与整体坐标夹角"计算结果的区别在于:水平力与整体坐标夹角不仅改变地震力而且改变风荷载的作用方向,而斜交抗侧力构件附加地震角度仅改变地震力方向。一般应尽量调整结构使角度不超标。

《抗规》5.1.1 条规定，有斜交抗侧力构件的结构，当相交角度大于 15°时，应分别计算个抗侧力构件的水平地震作用。

主要是针对“非正交的、平面不规则”的结构，这里填的是除了两个正交的，还要补充计算的方向角数。相应角度：就是除 0°和 90°这两个角度外需要计算的其他角度，个数要与“斜交抗侧力构件方向附加地震数”相同，这样程序计算的就是填入的角度再加上 0°和 90°这些方向的地震力。该角度是与 X 轴正方向的夹角，以正方向为正。

(4)活荷信息

活荷信息参数输入界面如图 5.7 所示。

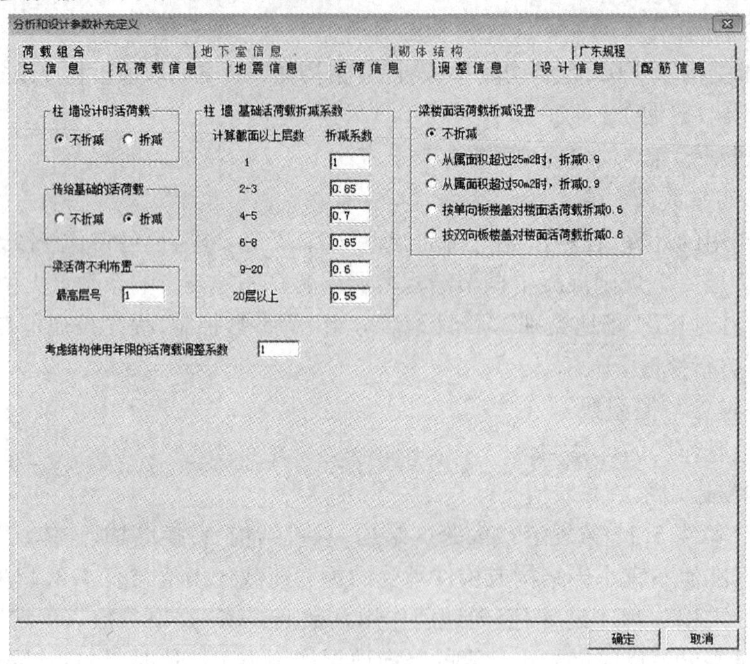

图 5.7　活荷信息参数输入界面

1)柱、墙设计时活荷载

一般为折减。

2)传给基础的活荷载

一般为不折减。

3)梁活荷不利布置最高层号

多层应取全部楼层，高层宜取全部楼层。

4)考虑结构使用年限的活荷载调整系数

设计使用年限为 50 年时取 1.0，设计使用年限为 100 年时取 1.1。

5)柱、墙、基础活荷载折减系数

对于《荷载规范》表 5.1.1 中第 1(1)项功能(如住宅、办公等)的建筑，其 SATWE 所列的折减系数不需修改，但是对于《荷载规范》表 5.1.1 中其他项功能(如教学楼、商场、书店、食堂等)的建筑，其 SATWE 所列的折减系数需按照《荷载规范》第 5.1.2 条第 2 项修改。

(5)调整信息

调整信息参数输入界面如图 5.8 所示。

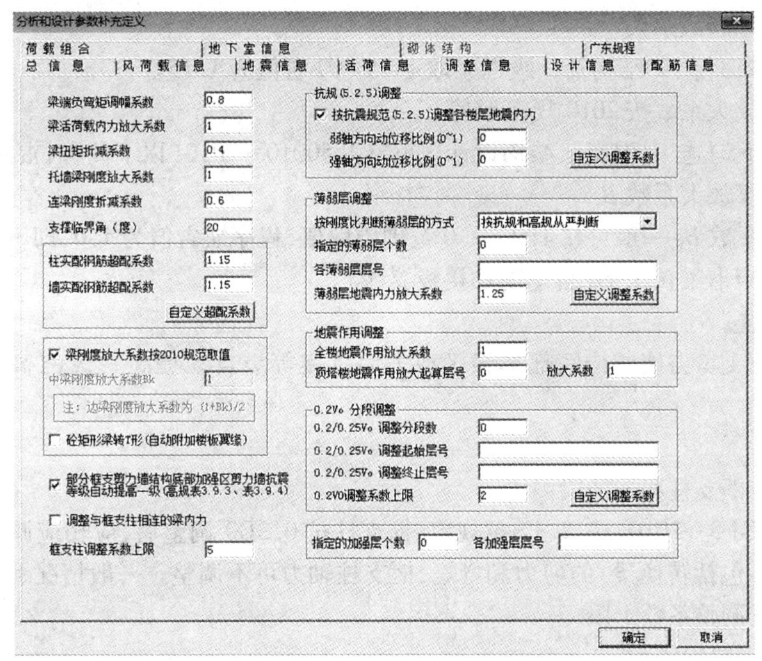

图 5.8　调整信息参数输入界面

1）梁端负弯矩调幅系数

《高规》5.2.3 条：现浇框架梁 0.8～0.9，装配整体式框梁 0.7～0.8。缺省值为 0.85。

2）梁活荷载内力放大系数

《高规》（JGJ 3—2010）5.1.8 条说明：如果活荷载较大，可将未考虑活荷载不利布置计算的框架梁弯矩乘以 1.1～1.3。近似考虑活荷载不利布置影响时，梁正、负弯矩应同时放大；已考虑活荷载不利布置时，取 1.0。

3）梁扭矩折减系数

《高规》（JGJ 3—2010）5.2.4 条规定对于现浇楼板结构，应考虑楼板对梁抗扭的约束作用。程序通过对梁的扭矩进行折减达到减少梁的扭转变形和扭矩计算值，折减系数为 0.4～1.0，一般取 0.4。对不与刚性楼板相连或圆弧梁，此系数不起作用。

4）托墙梁刚度放大系数

由于 Satwe 程序计算框支梁和梁上的剪力墙分别采用梁元和墙元两种不同的计算模型，造成剪力墙下边缘与转换大梁的中性轴变形协调，而与转换大梁的上边缘变形不协调，或者说，计算模型的刚度偏柔了。

为了真实反映转换梁刚度，使用该放大系数。一般取 100，当为了使设计保持一定的富裕度，也可少考虑或不考虑该系数。

5）连梁刚度折减系数

《抗规》（GB 50011—2010）6.2.13 条规定折减系数不宜小于 0.5，当连梁内力由风荷载控制时，不宜折减；《高规》（JGJ 3—2010）5.2.1 条指出：通常，设防烈度低时可少折减一些（6°、7°时可取 0.7），设防烈度高时可多折减一些（8°、9°时可取 0.5）。折减系数不宜小于 0.5，以保证连梁承受竖向荷载能力。

6)实配钢筋超级系数

《抗规》6.2.4 条:9°结构及一级框架取 1.15。缺省值为 1.15。

7)梁刚度放大系数按 2010 规范取值

一般情况下勾选。《混凝土结构设计规范》GB 50010—2010(以下简称《混规》)5.2.4 条。

8)中梁刚度放大系数 B_k

刚度增大系数 B_k 一般可在 1.0~2.0 范围内取值,程序缺省值为 1.0,即不放大。

9)混凝土矩形梁转 T 形(自动附加楼板翼缘)

一般不勾选。

10)部分框支剪力墙结构底部加强区剪力墙抗震等级自动提高一级(《高规》表 3.9.3、表 3.9.4)

一般勾选。

11)调整与框支柱相连的梁内力

《高规》(JGJ 3—2010)10.2.17 条规定,框支柱按 0.3Q0 调整后,应相应调整框支柱的弯矩及柱端梁(不包括转换梁)的剪力和弯矩,框支柱轴力可不调整。一般情况下勾选。

12)框支柱调整系数上限

一般取程序缺省值 5。

13)指定的加强层个数

《抗规》6.1.10 规定了抗震墙底部加强部位的范围应符合下列规定:

①底部加强部位的高度,应从地下室顶板算起。

②部分框支抗震墙结构的抗震墙,其底部加强部位的高度,可取框支层加框支层以上两层的高度及落地抗震总高度的 1/10 二者的较大值。其他结构的抗震墙,房屋高度大于 24 m 时,底部加强部位的高度可取底部两层和墙体总高度的 1/10 二者的较大值;房屋高度不大于 24 m 时,底部加强部位可取底部一层。

③当结构计算嵌固端位于地下一层的底板或以下时,底部加强部位尚宜向下延伸到计算嵌固端。

14)各加强层层号

根据《抗规》6.1.10 条并结合工程实际情况填写。

15)《抗规》(5.2.5)调整

一般情况下勾选。抗规(GB 50011—2010)5.2.5 条为强制性条文,必须执行。应注意的是 6 度区没有剪重比控制指标要求,宜按 $\lambda=0.008$ 进行控制。该内容可在计算结果文本信息中查看。

16)薄弱层调整

《抗规》规定薄弱层的地震剪力增大系数不小于 1.15,高规则要求由 02 规程的 1.15 增大到 1.25. 缺省值为 1.25。

17)地震作用调整

当采用时程分析计算出的楼层剪力大于按振型分解计算的地震剪力时,应乘以相应的放大系数,其他情况下一般不考虑地震作用放大。另外,当剪重比不满足要求太多时,在调整结构布置无效时,可通过考虑加大地震作用满足剪重比的要求。可通过此参数来放大地震作用,提高结构的抗震安全度,其经验取值范围是 1.0~1.5。

18)0.2 V_0 分段调整

0.2 V_0 调整只针对框剪结构和框架-核心筒的框架梁、柱的弯矩和剪力,不调整轴力(见《高规》第8.1.3条、第8.1.4条及第9.1.11条规定)。在程序中,0.2 V_0 是否调整与“总信息”栏的“结构体系”选项无关。框架剪力的调整必须满足规范规定的楼层“最小地震剪力系数(剪重比)”的前提下进行。调整起始层号,当有地下室时宜从地下一层顶板开始调整;调整终止层号,应设在剪力墙到达的层号;当有塔楼时,宜算到不包括塔楼在内的顶层为止,或者填写SATINPUT02V.PM文件,实现人工指定各层的调整系数。

根据《高规》第8.1.4条分段调整时,每段的层数不应少于3层,底部加强部位的楼层应在同一段内。对于转换层框支柱,《高规》第10.2.17条规定了地震剪力调整方法。SATWE只需在特殊构件中选定框支柱,程序会自动进行框支柱的地震剪力调整,不需再进行0.2 V_0 调整。设计人员也可点取“自定义调整系数”,分层分塔指定0.2 V_0 调整系数,数据记录在SATINPUT02V.PM文件中。如果不需要,则可直接删除该文件,或将注释行下内容清空即可。程序优先读取该文件信息,如该文件不存在,则取自动计算的系数。

需提醒设计人员注意:

①自定义0.2 V_0 调整系数时,仍应在参数中正确填入0.2 V。调整的分段数和起始、终止层号,否则自定义调整系数将不起作用。

②程序默认的最大调整系数为2.0,实际工程中可能不满足规范要求,此时用户可把“起始层号”填为负值(如-2),则程序将不控制上限,否则程序仍按上限2.0控制。

③当结构体系选择“有填充墙或无填充墙钢结构”时,程序自动作min(0.25 V_0,1.8 $V_{f\max}$)的调整,详见《抗规》8.2.3条3款。非抗震设计时,不需要进行0.2 V_0 调整。

19)0.2 V_0,框支柱调整上限

由于程序计算的0.2 V_0 框支柱的调整系数值可能很大,用户可设置调整系数的上限值,这样程序进行相应调整时,采用的调整系数将不会超过这个上限值。程序默认0.2V_0 调整上限为2.0,框支柱调整上限为5.0,可以自行修改。

(6)荷载组合

荷载组合参数输入界面如图5.9所示。此处可以指定各个荷载工况的分项系数和荷载组合系数。

(7)设计信息

设计信息参数输入界面如图5.10所示。

1)结构重要性系数

该参数用于非抗震组合的构件承载力验算(详见《混凝土结构设计规范》GB 50010—2010(以下简称《混规》)公式3.3.2-1)。当结构安全等级为二级或设计使用年限为50年时,应取1.0。建议一般取默认值1.0。

2)钢构件截面净毛面积比

该参数用来描述钢截面被开洞(如螺栓孔等)后的削弱情况。该值仅影响强度计算,不影响应力计算。建议当构件连接全为焊接时取1.0,螺栓连接时取0.85。

3)梁按压弯计算的最小轴压比

当梁的轴压力设计值超过用户指定限值时,自动按偏心受压构件计算。

分析和设计参数补充定义

总信息 | 风荷载信息 | 地震信息 | 活荷信息 | 调整信息 | 设计信息 | 配筋信息

荷载组合 | 地下室信息 | 砌体结构 | 广东规程

注：程序内部将自动考虑(1.35恒载+0.7*1.4活载)的组合

恒荷载分项系数γG 1.2
活荷载分项系数γL 1.4
活荷载组合值系数ΨL 0.7
重力荷载代表值效应的活荷组合值系数γEG 0.5
重力荷载代表值效应的吊车荷载组合值系数 0.5
风荷载分项系数γW 1.4
风荷载组合值系数ΨW 0.6
水平地震作用分项系数γEh 1.3
竖向地震作用分项系数γEv 0.5
吊车荷载组合值系数 0.7

温度荷载分项系数 1.4
吊车荷载分项系数 1.4
特殊风荷载分项系数 1.4

温度作用的组合值系数
仅考虑恒、活荷载参与组合 0.6
考虑风荷载参与组合 0
考虑仅地震作用参与组合 0

砼构件温度效应折减系数 0.3

□ 采用自定义组合及工况 自定义 说明

确定 取消

图 5.9 荷载组合参数输入界面

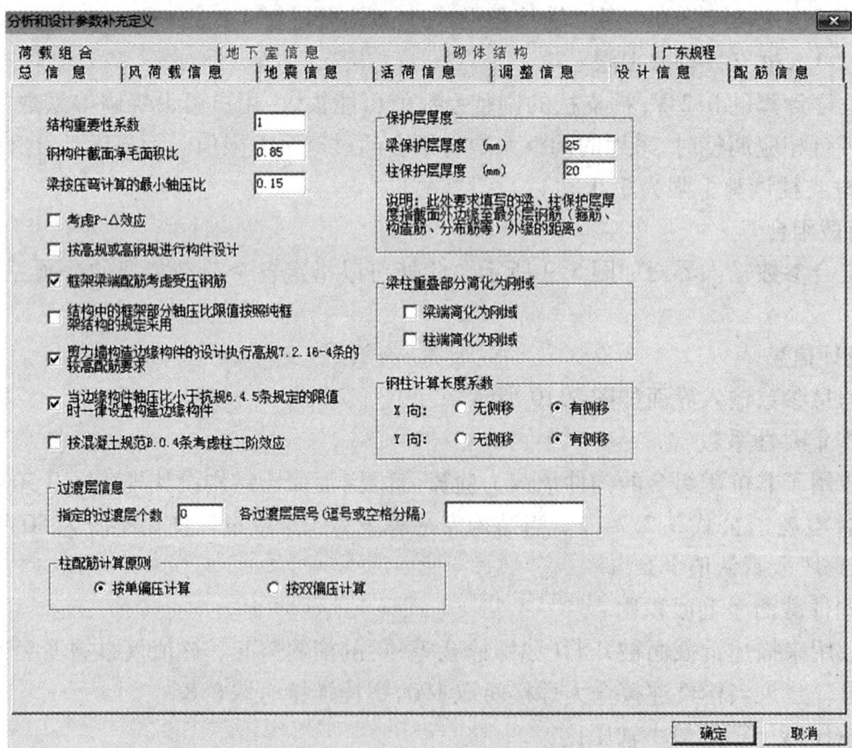

图 5.10 设计信息参数输入界面

4）考虑P-△效应

重力二阶效应一般称为P-△效应，在建筑结构分析中指的是竖向荷载的侧移效应。《抗规》第3.6.3条规定，“当结构在地震作用下的重力附加弯矩大于初始弯矩的10%时，应计入重力二阶效应的影响”。《高规》第5.4.2条规定，“当高层建筑结构不满足本规程第5.4.1条的规定时，结构弹性计算时应考虑重力二阶效应对水平力作用下结构内力和位移的不利影响”。建议一般先不选择，经试算后根据WMASS.OUT文件中给出的结论来确定，对于高层钢结构宜考虑。考虑P-△效应后，对高层的影响是“中间大两端小”。

一般钢结构构件相对于钢筋混凝土构件来说，截面小、刚度小，因此结构的位移要比钢筋混凝土结构大些，因此在计算多层钢结构时，宜考虑P-△效应；计算高层钢结构时，应考虑P-△效应（详见《抗规》第8.2.3条1款）。考虑P-△效应后，水平位移增大5%～10%。一般当层间位移角大于1/250时应该考虑P-△效应。

5）按高规或高钢规进行构件设计

选择此项，程序按《高规》进行荷载组合计算，按《高钢规》进行构件设计计算；否则按多层结构进行荷载组合计算，按普通钢结构规范进行构件设计计算。

6）框架梁端配筋考虑受压钢筋

一般情况下都考虑。

7）结构中的框架部分轴压比限制按照纯框架结构的规定采用

根据《高规》第8.1.3条规定，框架-剪力墙结构，底层框架部分承受的地震倾覆力矩的比值在一定范围内时，框架部分的轴压比需要按框架结构的规定采用。勾选此选项后，程序将一律按纯框架结构的规定控制结构中框架的轴压比，除轴压比外，其余设计仍遵循框剪结构的规定。

8）剪力墙构造边缘构件的设计执行《高规》7.2.16-4条的较高配筋要求

《高规》第7.2.16-4条规定：“抗震设计时，对于连体结构、错层结构以及B级高度高层建筑结构中的剪力墙（筒体），其构造边缘构件的最小配筋应按照要求相应提高”。勾选此项时，程序将一律按照《高规》第7.2.16-4条的要求控制构造边缘构件的最小配筋，即对于不符合上述条件的结构类型，也进行从严控制；如不勾选，则程序一律不执行此条规定。

9）当边缘构件轴压比小于《抗规》6.4.5条规定的限制时一律设置构造边缘构件

根据《抗规》表6.4.5-1和《高规》表7.2.14，当剪力墙底层墙肢截面的轴压比小于某限值时，可以只设构造边缘构件。部分框支剪力墙结构的剪力墙（《高规》第10.2.20条）及多塔建筑（《高规》第10.6.3-3条）不适用此项。程序会自动判断约束边缘构件楼层（考虑了加强层及其上下层），并按此参数来确定是否设置约束边缘构件，并可在“特殊构件定义”里分层、分塔交互指定。

10）按《混范》B.0.4条考虑柱二阶效应

一般情况下均应选择。

11）过渡层信息

《高规》7.2.14-3条规定：B级高度高层建筑的剪力墙，宜在约束边缘构件层与构造边缘构件层之间设置1～2层过渡层。程序不自动判断过渡层，用户可在此指定。程序对过渡层执行如下原则：①过渡层边缘构件的范围仍按构造边缘构件；②过渡层剪力墙边缘构件的箍筋配置按约束边缘构件确定一个体积配筋率（配箍特征值λ_c），又按构造边缘构件为0.1，取其平均值。

12）柱配筋计算原则

按单偏压计算，双偏压复核。单偏压计算只考虑平面内的弯矩和轴力，在同一组设计内力中，当两个方向的弯矩都很大时，可能配筋不足。双偏压计算同时考虑平面内和平面外的弯矩和相应的轴力，但结果不唯一。程序按照双偏压计算时，按照第一组组合内力进行计算，初步给定角筋和腹筋，从第二组组合内力起验算初步配筋，并按照先角筋后腹筋或按弯矩比例增大的方式给出配筋结果。程序计算没有考虑配筋优化，故配筋可能偏大。具体应用宜按单偏压计算，并对计算结果按双偏压校核。对于异形柱框架结构中的异形柱和特殊构件定义的角柱，程序自动按照双偏压计算。

13）保护层厚度

《混规》8.2.1 条规定。

14）梁柱重叠部分简化为刚域

若不作为刚域，即将梁柱重叠部分作为梁长度的一部分进行计算；若作为刚域，则是将梁柱重叠部分作为柱宽度进行计算（详见《高规》5.3.4 条）。2008 版以前只有梁刚域，2010 版增加了柱刚域。建议一般选择（否）；而对异形柱框架结构，宜选择（是）。勾选后，可能会改变梁端弯矩、剪力。提醒设计人员注意：

①当考虑了梁端负弯矩调幅后，则不宜再考虑节点刚域。

②当考虑了节点刚域后，则在梁平法施工图中不宜再考虑支座宽度对裂缝的影响。

15）钢柱计算长度系数

该参数仅对钢结构有效，对混凝土结构不起作用，分为有侧移和无侧移两个选项。根据《钢规》5.3.3 条，对于无支撑纯框架，选择有侧移，对于有支撑框架，应根据是“强支撑”还是“弱支撑”来选择有侧移还是无侧移（即有支撑框架是否无侧移应事先通过计算判断）。通常钢结构宜选择“有侧移”，如不考虑地震、风作用时，可以选择“无侧移”。钢柱的有侧移或无侧移，也可近似按以下原则考虑：

①当楼层最大柱间位移小于 1/1 000 时，可以按无侧移设计。

②当楼层最大柱间位移大于 1/1 000 但小于 1/300 时，柱长度系数可以按 1.0 设计。

③当楼层最大柱间位移大于 1/300 时，应按有侧移设计。

（8）配筋信息

配筋信息参数输入界面如图 5.11 所示。

1）箍筋强度（N/mm^2），梁箍筋强度（设计值）

从 pm 参数中读取，此处不能修改。

2）箍筋间距：梁箍筋间距（mm）

强制为 100，不允许修改。对于箍筋间距非 100 的情况，用户可对配筋结果进行折算。

3）结构底部需要单独指定墙竖向分布筋配筋率的层数 NSW

底部加强部位最高层号。

4）结构底部 NSW 层的墙竖向分布筋配筋率（%）

一般取 0.6。

5）梁抗剪配筋采用交叉斜筋方式时，箍筋与对角斜筋的配筋强度比

一般取默认值 1。

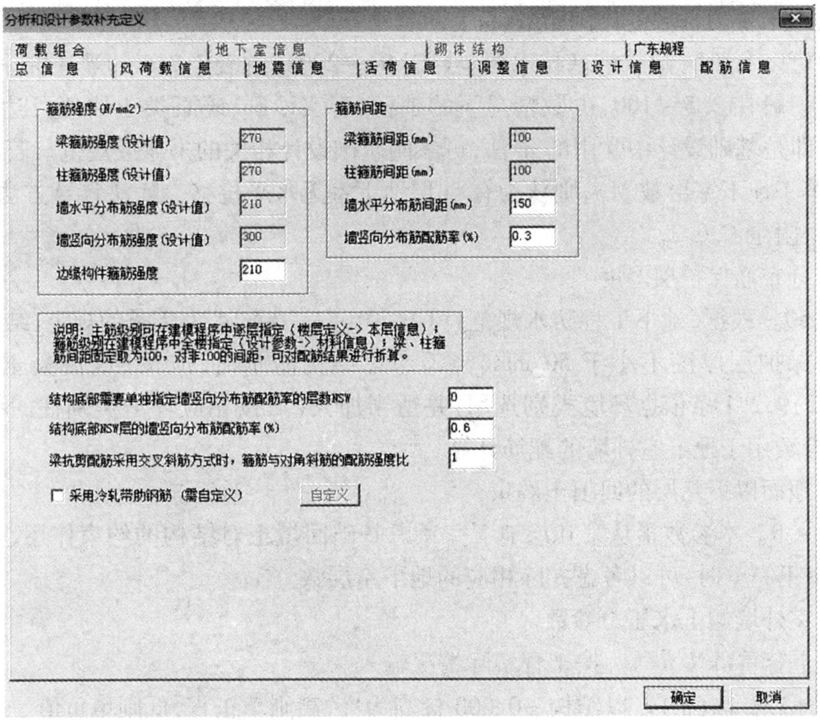

图5.11　配筋信息参数输入界面

(9)地下室信息

地下室信息参数输入界面如图5.12所示。

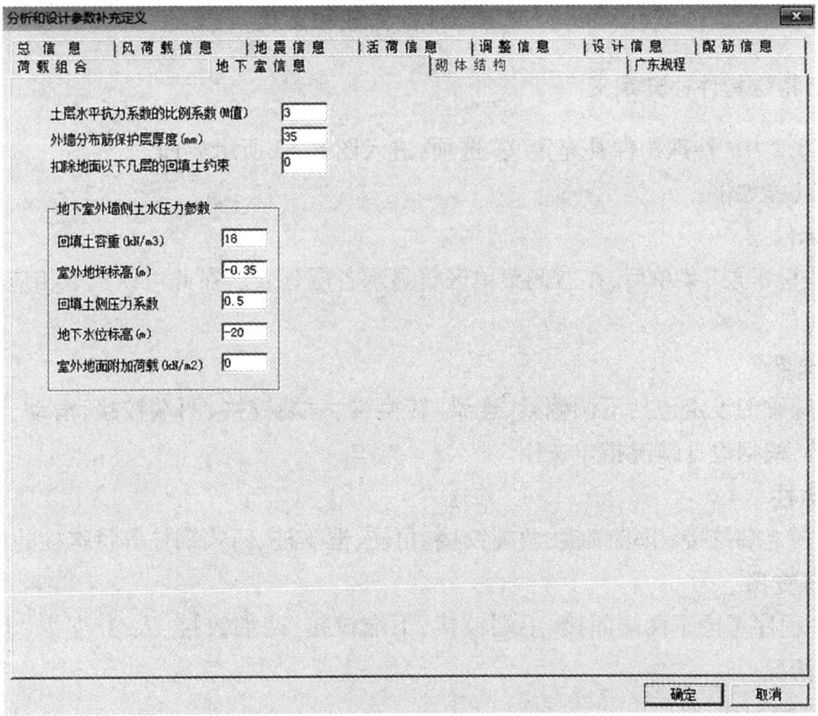

图5.12　地下室信息参数输入界面

1）土层水平抗力系数的比例系数（*M* 值）

该参数可以参照“《建筑桩基技术规范》JGJ 94—2008”的表5.7.5的灌注桩顶来取值。*M* 的取值范围一般在2.5～100，少数情况下的中密、密实沙砾、碎石类土取值可达100～300。其计算方法即是基础设计中常用的m法，可参阅基础设计相关的书籍或规范。若填一负数m（m小于或等于地下室层数M），则认为有m层地下室无水平位移。M法计算方法见《建筑桩基技术规范》附录C.0.2。

2）外墙分布筋保护层厚度

一般为50。根据《地下工程防水规范》（GB 50108—2008）4.1.7条的规定，结构混凝土迎水面的钢筋保护层厚度不小于50 mm，当不考虑结构防水时，应按照《混凝土规范》（GB 50010—2002）9.2.1条依据环境类别选用，并适当加大（可按相应环境类别柱的保护层厚度选用）。该参数用于地下室外墙的配筋计算。

3）扣除地面以下几层的回填土约束

一般输入0。本参数指从第几层地下室考虑基础回填土对结构的约束作用，一般可不扣除，当地下室不完整时，可以考虑扣除相应的地下室层数。

4）地下室外墙侧土水压力参数

①回填土容重（kN/m^3）。按工程实际情况输入。

②室外地坪标高（m）。以结构±0.000标高为准，高则填正直，低则填负值。

③回填土侧压力系数。按实际填写，用于计算地下室外墙的土压力，应按实填写，室外地面附加荷载取4.0～10.0 kN/m^2。

④地下水位标高（m）：以结构±0.000标高为准，按工程实际情况输入。

⑤室外地面附加荷载（kN/m^2）：应考虑地面恒载和活载。

5.2.2 特殊构件补充定义

选择图5.2中“特殊构件补充定义”选项，进入图5.13所示界面。

各菜单功能如下：

（1）换标准层

选择“换标准层”菜单后，在右侧菜单区将显示各层列表。在此可以选取相应标准层进行相关操作。

（2）特殊梁

此处特殊梁的设定包括不调幅梁、连梁、转换梁、一端铰接、两端铰接、滑动支座、门式钢梁、耗能梁等，根据设计情况指定选用。

（3）特殊柱

此处包括上端铰接、下端铰接、两端铰接、角柱、框支柱、门式钢柱等特殊柱的设置。

（4）特殊支撑

SATWE程序考虑了两端固接、上端铰接、下端铰接、两端铰接、人/V支撑、十/斜支撑等约束的支撑情况。

（5）特殊墙

此处包括临空墙、抗震等级、材料强度、配筋率等信息的设置。

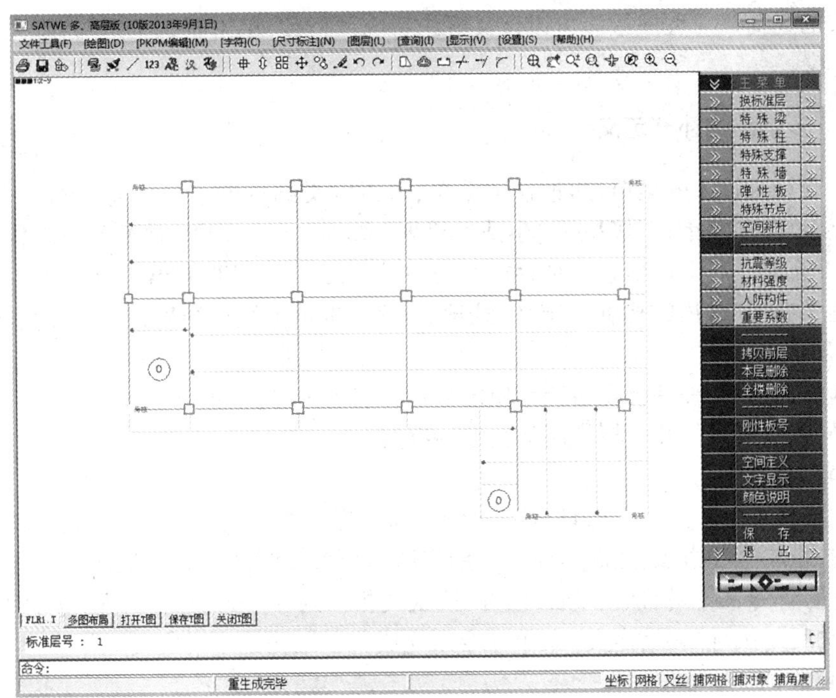

图 5.13　特殊构件补充定义界面

(6) 弹性板

弹性板单元分三种，分别为“弹性楼板 6”“弹性楼板 3”和“弹性膜”。

①弹性楼板 6：程序真实地计算楼板平面内和平面外的刚度。

②弹性楼板 3：假定楼板平面内无限刚，程序仅真实地计算楼板平面外刚度。

③弹性膜：程序真实地计算楼板平面内刚度，楼板平面外刚度不考虑（取为零）。

(7) 复制前层

选择“拷贝前层”菜单，程序可将在前以标准层中定义的特殊构件信息按坐标对应关系复制到当前层，以减少重复操作的目的。

(8) 本层删除/全楼删除

选择“本层删除”/“全楼删除”菜单，可以清除当前标准层的特殊构件定义信息，使所有构件都恢复其隐含假定。

(9) 刚性板号

选择“刚性板号”菜单，可以以填充的方式显示各块刚性楼板，以便检查在弹性楼板定义中是否遗漏。

5.2.3　温度荷载定义

单击图 5.2 中“温度荷载定义”选项，进入后选择“自然层号”菜单，通过“指定温差”、“捕捉节点”等操作定义相关节点的两组温差。

5.2.4　特殊风荷载定义

程序定义的风荷载与常用的水平荷载不同，它是由梁上、下作用的竖向荷载以及节点的三向力组成的风荷载。程序最多可以定义五组特殊风荷载,单击图 5.2 中“特殊风荷载定义”选项即可定义。

5.2.5 多塔结构补充定义

这是一项补充输入的菜单,通过这项菜单,可以定义结构的多塔信息。对于一个非多塔结构,可以跳过此项菜单,直接执行“生成 SATWE 数据文件”命令;对于多塔结构,一旦执行过本菜单,补充输入和多塔信息将被存放在当前目录命名为 SAT_TOW. PM。

单击图 5.2 中“多塔结构补充定义”选项,程序在屏幕上绘出结构首层平面简图。

(1)换层显示

选择这项菜单后,程序会在右侧菜单区显示各层列表,每一项都有 3 个数,这 3 个数分别为结构层号、改层所属的几何标准层和荷载标准层。

(2)多塔定义

通过此菜单可以定义多塔信息,选择此菜单后,程序要求用户在提示区输入定义多塔的起始层号、终止层号和塔数,然后程序要求用户以闭合折线围区的方法依次指定各塔的范围。建议以最高的塔为一号塔,次之为二号塔,依次类推。对于一个复杂工程,立面可能变化较大,可以多次反复执行“多塔定义”菜单命令来完成整个结构的多塔定义工作。

(3)多塔立面

通过“多塔立面”可以显示多塔结构各塔的关系简图,还可以显示修改各塔的相关参数,其 1 ~6 项子菜单是显示各层各塔的层高、梁、柱、墙和楼板的混凝土标号以及钢构件的钢号。通过第 7 项可以修改上述参数,实现不同楼层、不同塔有各自不同的层高和混凝土标号。

(4)多塔平面

选择“多塔平面”菜单,可以复核各层多塔定义是否正确。

(5)多塔检查

选择“多塔检查”菜单,程序可以完成:

①自动判断是否有节点未能包含于围区内的错误;

②自动修改多塔的定义多于改层的塔数错误。

5.2.6 施工次序补充定义

此处菜单用于修改施工次序。

5.2.7 活荷载折减系数补充定义

此处菜单用于修改活荷载折减系数。

5.2.8 生成 SATWE 数据文件及数据检查

此菜单是 SATWE 前处理的核心,其功能是将 PMCAD 主菜单第 1、2、3 项菜单生成的数据文件及补充信息参数转换为空间组合结构有限元分析及设计所需的数据格式,生成几何数据文件及各类荷载数据文件,供 SATWE 的第 2 ~4 项主菜单调用。

5.2.9 修改构件计算长度系数

单击图 5.2 中“修改构件计算长度系数”选项,在弹出的屏幕右侧有 3 个子菜单:指定柱、梁面外长、指定支撑，分别用于修改柱的两向、梁平面外和支撑两向的计算长度系数。修改后必须重新执行"生成SATWE数据文件及数据检查"命令，并在弹出的对话框中选择"保留用户自定义的柱、梁、支撑长度系数"选项。

5.2.10　水平风荷载查询/修改

单击图5.2中"水平风荷载查询/修改"选项，可以对普通的水平风荷载进行修改。修改后必须重新执行"生成SATWE数据文件及数据检查"命令，并在弹出的对话框中选择"保留用户自定义的水平风荷载"选项。

5.3　结构整体分析与构件内力配筋计算

本节将介绍SATWE第2,3项主菜单的功能，在这两项主菜单的程序可以自动完成全楼的内力计算和构件的配筋计算。

5.3.1　结构整体分析与构件配筋计算

执行SATWE主菜单第2项"结构内力，配筋计算"菜单命令，屏幕弹出SATWE计算主控制参数选择框，如图5.14所示。

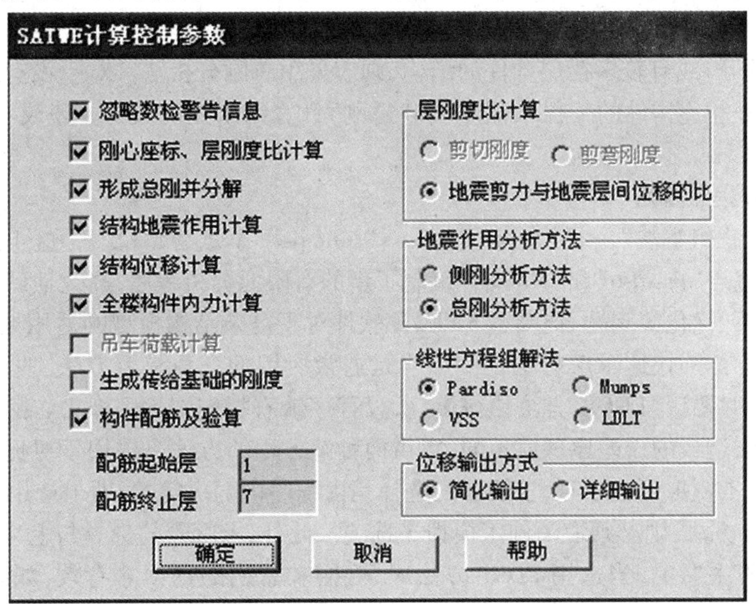

图5.14　SATWE计算控制参数选择框

可对需要计算的项目进行选择。用鼠标选择各项计算控制参数，各项控制参数的取值在"算"和"不算"之间切换，"√"的含义为计算。

(1)层刚度比计算

"层刚度比计算"参数提供了"剪切刚度""剪弯刚度"和"地震剪力与地震层间位移的比"三种选择，对于不同的结构类型，可以选择不同的层刚度计算方法。

①剪切刚度。按照《抗规》6.1.14 条文说明中剪切刚度计算公式。特点:计算简单,但不能考虑有支撑的情况,不能考虑剪力墙洞口高度对层间刚度的影响。

②剪弯刚度。按有限元方法,通过加单位力来计算。特点:计算复杂,适用所用情况。

③地震剪力与地震层间位移的比。《抗规》3.4.3 条文说明中给出的方法。特点:计算简单,概念明确。

选择总体思路:由于计算理论不同,三种方法可能给出差别较大的刚度比结果,根据 2010 版规范,程序对该选项进行了调整,取消用户选项功能。在计算地震作用下,始终采用第三种方法进行薄弱层判断,并始终给出剪切刚度的计算结果。当结构中存在转换层时,根据转换层所在层号,当 2 层以下转换时采用剪切刚度计算转换层上下的等效刚度比,对于 3 层以上高位转换则自动进行剪弯刚度计算,并采用剪弯刚度计算等效刚度比。不计算地震作用时,对于多层结构可以选择剪切层刚度算法,高层结构可以选择剪弯层刚度;对于有斜支撑的钢结构,可以选择剪弯层刚度算法。

当有转换层时,尚应注意"总信息"栏中"嵌固端所在层号"参数的选取。

(2)地震作用分析方法

地震作用分析方法参数中可进行结构刚度计算的选择,包括"侧刚分析方法"和"总刚分析方法"两种选择。

侧刚分析法是一种简化计算方法,只适用于采用楼板平面内无限刚假定的普通建筑和采用楼板分块平面内无限刚度假定的多塔建筑。侧刚分析法的优点是分析效率高,计算速度快。对于定义有较大范围的弹性楼板、有较多不与楼板相连的构件(如错层结构、空旷的工业厂房、体育馆所等)或有较多错层构件的结构,则应采用总刚分析法。对于没有定义弹性楼板或没有不与楼板相连构件的工程,"侧刚"和"总刚"计算结果是一致的。建议一般采用"总刚分析法"。

(3)线性方程组解法

在"线性方程组解法"一栏中,有"Pardiso""Mumps""VSS"和"LDLT"这 4 种方程求解方法以供选择。基于"Pardiso"和"Mumps"编制了新的有限元分析程序,高效地解决大型复杂结构的高精度分析、优化等问题,提高了 SATWE 软件对于复杂结构模型的适用性。"VSS"是一种大型稀疏对称矩阵快速求解方法;"LDLT"是通常所用的三角求解方法。"VSS"在求解大型、超大型方程时要比"LDLT"方法快得多,所以程序缺省指向"VSS"算法。由于求解方程的原理、方法不同,造成的误差原理就不同,提供两种解方程的方法可以用于对比。需要指出的是,当采用了施工模拟 3 选项时,求解器的选择是由程序内部决定的,即须选用 VSS 方法。如一定要用 LDLT 方法,则必须取消施工模拟 3 选项。此外,求解器的选择与上述的侧刚模型和总刚模型是相互关联的,当选用 LDLT 方法时,侧刚和总刚的选项才有效,如果选择 VSS 方法,则该选项无效。"LDLT"对刚度矩阵的性态要求稍低:当有过多的梁端铰时,用 LDLT 可以算过;但用 VSS 却不能完成计算,或显示大范围超筋。

(4)位移输出方式

当选择简化输出时,在 WDISP. OUT 文件中仅输出各工况下结构的楼层最大位移值,不输出各节点的位移信息。按"总刚"进行结构的振动分析后,在 WZQ. OUT 文件中仅输出周期、地震力,不输出各振型信息。若选择详细输出时,则在前述的输出内容的基础上,在 WDISP. OUT 文件中还输出各工况下每个节点的位移,在 WZQ. OUT 文件中还输出各振型下每个节点的位移。

(5)PM 次梁内力与配筋计算

执行 SATWE 主菜单第 3 项“PM 次梁内力与配筋计算”,程序将在 PMCAD 第 1 项主菜单中输入的次梁按连续梁力学模型进行内力分析,并进行截面配筋设计。在接“梁柱施工图”主菜单中,主次梁统一归并,绘制施工图。假如在 PMCAD 第 1 项组菜单中输入的次梁按主梁输入的话,就没必要运行此项。

5.4　工程实例与 SATWE 计算结果分析

本节将结合一个云南省泸西县城区某多层办公楼建筑工程,对 SATWE 主菜单第 4 项“分析结果图形和文本显示”进行说明叙述。

“分析结果图形和文本显示”包括“图形文件输出”和“文本文件输出”,“图形文件输出”的内容包括各层配筋构件编号简图、各层配筋简图等 17 项,如图 5.15 所示。“文本文件输出”包括 13 项输出的文本文件,如图 5.16 所示。

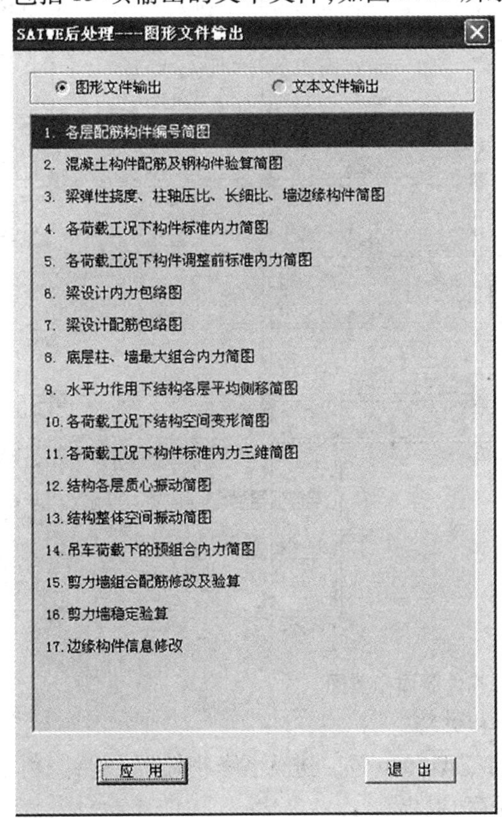

图 5.15　SATWE 图形文件输出

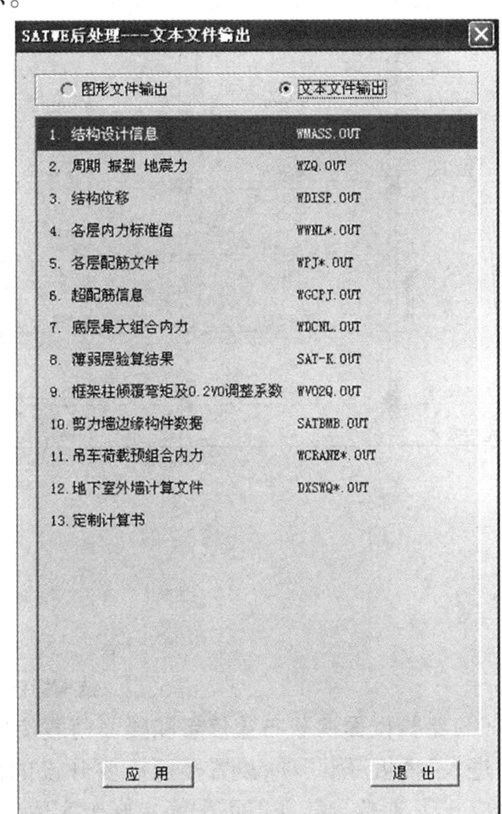

图 5.16　SATWE 文本文件输出

5.4.1　工程实例

(1)工程概况

本工程为云南省泸西县城区某多层办公楼建筑,建筑采用现浇框架结构,地上 6 层,无地下室。建筑使用年限 50 年。地震设防抗震烈度为:7 度第三组。场地类别为 I_1 类,建筑重要性类别为二类,安全等级为二级。框架抗震等级为三级。

(2)建筑模型和荷载输入

在 PKPM 结构设计软件 PMCAD 模块中输入本结构的模型。轴线输入,柱布置,梁布置均同框架结构。详细参见软件自带的"帮助"文档。

本结构的构件断面布置图如图 5.17 所示。

本工程为框架结构,有填充墙作用在梁上面的线荷载,在有填充墙的梁上面布置上梁上面的线恒载。根据建筑提供的填充墙材料和层高,换算成线荷载为 7 kN/m。具体梁间荷载布置如图 5.18 所示。

根据该结构的实际情况和荷载规范计算出楼面的恒载和活载都为 3.5 kN/m。具体数字如图 5.20 所示。

按照建筑的相关信息和规范的要求,设置合理的"设计参数"。按照结构的自然层,将结构层和荷载层以及层高一层一层地组装起来,形成整个结构模型。

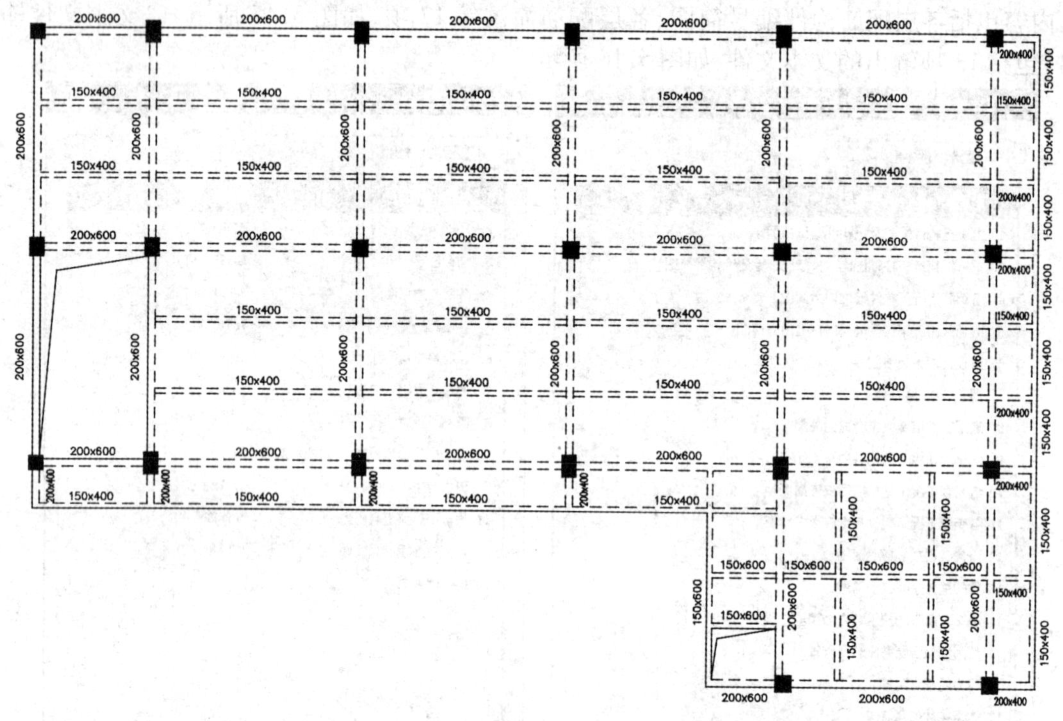

图 5.17　结构标注层构件断面布置图

(3)结构楼面荷载布置信息和楼面荷载传导和计算

进入"楼板开洞"项,设置楼面需要开设的洞类型和位置。进入"修改板厚"将楼梯间板厚输成 0,其能传导荷载但不配筋。修改完后,保存、退出。

选择"楼面荷载传导和计算"→"楼面荷载"→"楼面恒载"显示了楼面恒载,修改个别需要调整的房间。进入"楼面活载",显示楼面活载,修改个别需要调整的房间。按照此方法一层一层地修改。修改完后,保存、退出。

最后,进入 PMCAD 主菜单的"平面荷载显示校核",校核输入荷载是否正确和是否有遗漏。

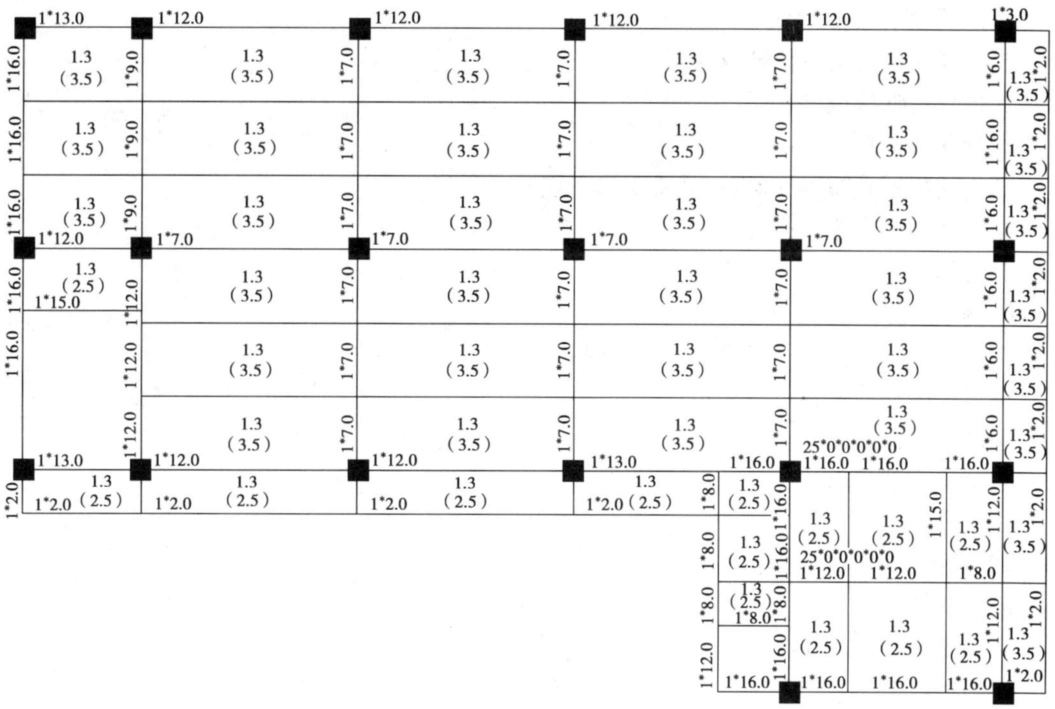

图 5.18　结构荷载布置图

(4) 结构计算

本结构计算采用 PKPM 软件 SATWE 模块进行分析计算。在建模的工作目录下面，选择 SATWE 模块，则进入结构计算。

1) 接 PM 生成 SATWE 数据

①分析与设计参数补充：

a. 总信息。

恒活荷载计算信息：模拟施工加载 1；

结构体系：框架结构；

是否对全楼强制采用刚性楼板假定：否；

其他均为默认值。

b. 风荷载信息。

修正后的基本风压 (kN/m^2)：WO = 0.30；

地面粗糙程度：A 类；

结构基本周期(秒)：T_1 = 0.37；

其他均为默认值。

c. 地震信息。

计算振型数：NMODE = 7；

地震烈度：7(0.10g)；

场地类别：I_1；

设计地震分组：三组；

框架的抗震等级：三级；

周期折减系数:0.70;

是否考虑双向地震扭转效应:否;

其他均为默认值。

d. 活荷载信息。

考虑活荷不利布置的层数:从第 1 到 7 层;

梁荷载不利布置:7;

其他均为默认值。

e. 调整信息。

梁刚度放大系数是否按 2010 规范取值:是;

顶塔楼内力放大起算层号:0;

顶塔楼内力放大:1.00;

其他均为默认值。

f. 配筋信息。

均为默认值。

g. 设计信息。

均为默认值。

h. 荷载组合信息。

均为默认值。

②特殊构件补充定义。

按实际情况完成特殊梁和特殊柱的修改,一般混凝土结构次梁按主柱输入时,可以不将次梁和主梁连接节点换成铰接,但钢结构一定要按节点实际情况来修改。梁颜色为亮色的表示不调幅梁,有些连续梁程序显示为不调幅梁,但实际连续梁可以调幅。所以设计时要注意,可以将其修改为调幅梁。

③生成 SATWE 数据文件及数据检查。

进入“生成 SATWE 数据文件及数据检查”,该项必须运行,不然 SATWE 不会更新用户最新修改的数据。注意计算结果的显示,如果发现有错误结果的显示,请进入“查看数据报告文件”,参照《SATWE 用户手册及技术条件》附录 C 错误信息表,找出错误的原因,然后修改。

2)结构内力、配筋计算

选择该菜单,按前节参数设计方法,按实际情况设置好参数并确认,程序将自动对整个结构进行内力计算和配筋计算。

5.4.2 分析结果图形和文本显示及工程实例结果分析

(1)图形文件输出

1)各层配筋构件编号简图

进入“各层配筋构件编号简图”,程序首先显示了梁、柱、支撑和墙-柱、墙-梁的序号,其中青色数字为梁序号,黄色数字为柱序号,紫色数字为支撑序号,绿色数字为墙-柱序号,蓝色数字为墙-梁序号。可以通过“构件搜索”查询构件号所对应的构件位置。通过这个程序可以有效查询每个构件,知道构件所在的具体位置;可以查询“超配筋信息”中每根超限梁、柱、墙所在的位置,从而可以根据其超限原因,有效地进行解决。选择“构件搜索”→“节点”,可以查询节点号所对应的节点位置,可以查询“结构位移”中节点在结构中的位置,从而知道结构哪些位置刚度过小或过大,以便采取有效手段来解决。在程序显示上面,双同心圆中心表示刚度中心,旁边的坐标为刚度中心坐标,带十字线的圆中心表示质量中心,旁边的坐标为质量中心的坐标。通过两个圆的位置,可以了解刚心和质心的位置情况。当刚心和质心的所在位置相差过大,容易造成结构的扭转过大,一般要求尽量使刚心和质心的位置靠近。

2)混凝土构件配筋及钢构件验算简图

这项菜单的功能是以图形的形式显示配筋验算结果,其输出简图的文件名为 WPJ*.T。*代表层号,简图上的梁、柱、墙表达方式如图5.19所示。

图5.20所示的被框住的部分,是从图5.19中取出来的。

在图5.20中,各数字所表述的含义请详见“混凝土构件配筋及钢构件验算简图”→“帮助”→“《SATWE 配筋简图有关数字说明》”。

图5.20中配筋的实际数据如图5.21所示。其中SATWE计算梁的配筋数据为左端9 cm^2,右端8 cm^2,梁下端配筋5 cm^2。该梁实际施工配筋为左端10.74 cm^2,右端配筋为10.14 cm^2,下部配筋为6.28 cm^2,其中上部通长筋面积为7.6 cm^2。

KZ1 的 SATWE 计算数据配筋为$(10+10)\times 2-2.6\times 4=29.6$ cm^2,实际配筋为53.2 cm^2。

3)梁弹性挠度、柱轴压比、长细比、墙边缘构件简图

进入“梁弹性挠度、柱轴压比、长细比、墙边缘构件简图”菜单,将出现梁弹性挠度比、柱轴压比、长细比、墙边缘构件简图,屏幕左侧的菜单可以显示其中的任何一组:

①梁弹性挠度比:可以显示梁弹性刚度在荷载标准组合作用下的变形,可以通过查看梁弹性挠度比来确定梁的连接关系是否正确。

②柱轴压比:可显示柱轴压比和柱两个方向的计算长度,当轴压比数字颜色为红色时,表示该柱轴压比不满足规范要求,可以通过简单加大柱的截面来解决。

③墙边缘构件简图:显示剪力墙边缘构件的配筋及边缘构件的尺寸。程序将自动绘出当前楼层的边缘构件。A_s 为边缘构件核心区主筋配筋面积,单位为 mm^2;P_{svp} 为约束边缘构件核心区配箍率,单位为%;A_{svd}@S 为构造边缘构件核心区箍筋直径及间距,单位为 mm;L_c 为主肢边缘构件长度,从墙端算起,单位为 mm;L_s 为主肢边缘构件长度(设置箍筋范围),从墙端算起,单位为 mm;L_t 为垂直主肢边缘构件长度(设置箍筋范围),从墙端算起,单位为 mm;L_c、L_s、L_t 的取值按《建筑抗震设计规范》(GB 50011—2010)第6.4.5条或《高层建筑混凝土结构技术规程》(JGJ 3—2010)第7.2.15条规定。

4)各荷载工况下构件标准内力简图

“各荷载工况下构件标准内力简图”菜单可以显示各个荷载组合下梁柱的内力图。

5)梁设计内力包络图

“梁设计内力包络图”菜单可以以图形方式显示各梁截面设计内力包络图。

6)梁设计配筋包络图

“梁设计配筋包络图”菜单可以以图形方式显示各梁截面设计配筋包络图。图形上面负弯矩对应的配筋以负数表示,正弯矩对应的配筋以正数表示。

7)底层柱、墙最大组合内力简图

“底层柱、墙最大组合内力简图”输出用于基础设计的上部荷载,并以图形的形式显示出来。每根柱输出5个数字,从上到下分别为柱 X,Y 方向的剪力、柱的轴力和该柱 X,Y 的弯

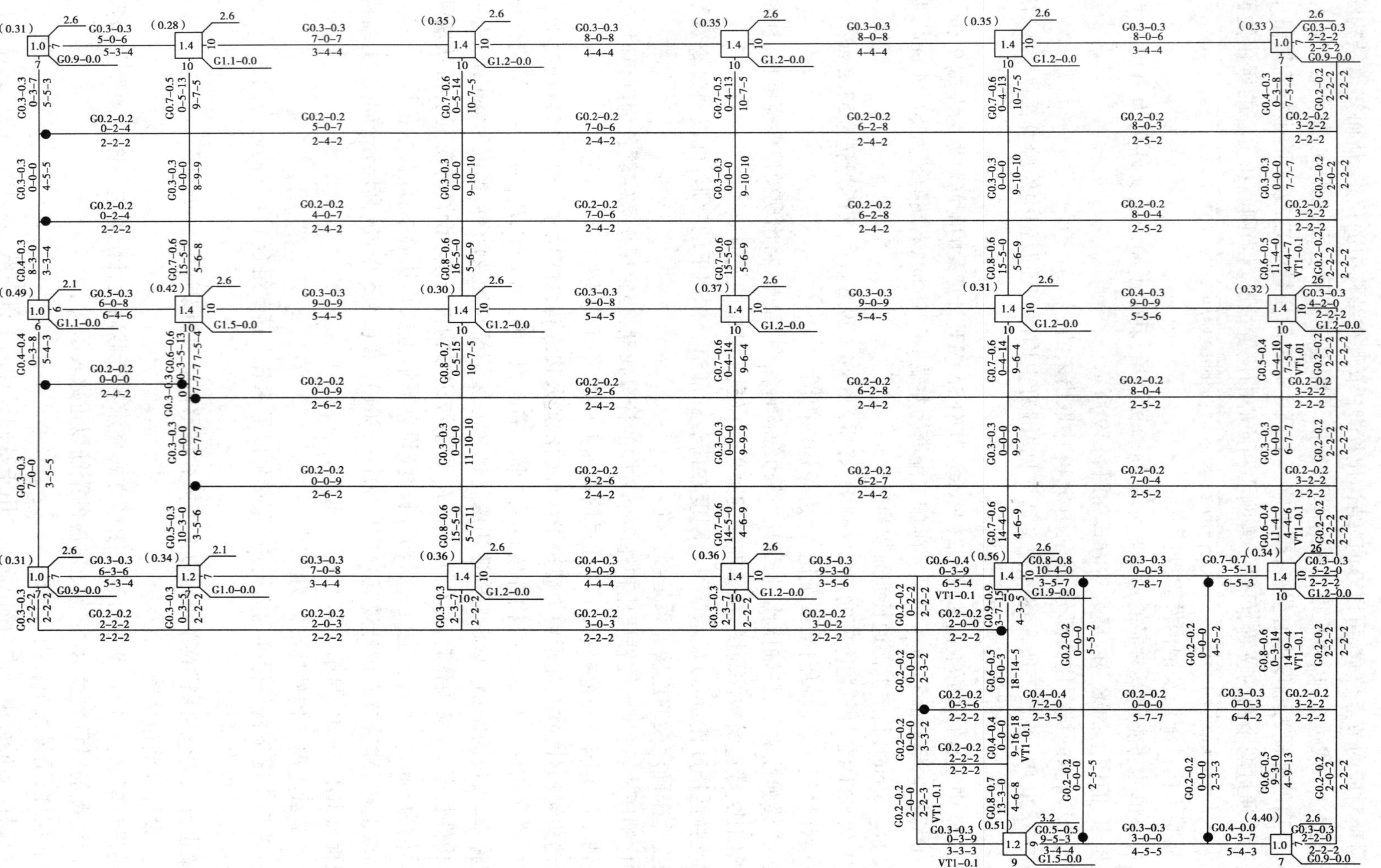

图5.19 SATWE计算的这个结构构件配筋数据简图

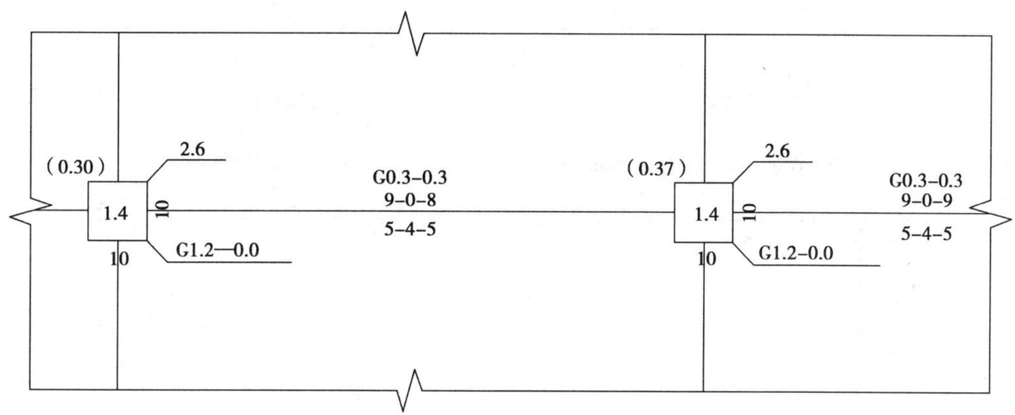

图 5.20　SATWE 计算构件配筋数据简图

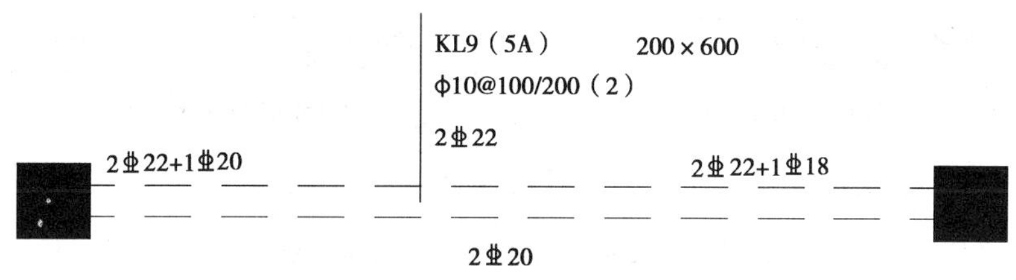

图 5.21　构件施工配筋简图

矩。每片墙-柱 5 个数字分别为平面内外的剪力和墙-柱的轴力以及平面内外的弯矩。其中上面数字均为设计荷载,但未考虑抗震的系数调整。D + L 为 1.2 恒 +1.4 活组合,并未包括恒载为主的组合。

8)水平力作用下各层平均侧移简图

"水平力作用下各层平均侧移简图"菜单可以查看在地震力作用和风荷载作用下结构的变形和内力,通过这些参数可以从宏观上把握结构在水平力作用下结构的反应。其内容包括:每一层的地震力、地震引起的楼层间剪力、弯矩、位移、位移角,每一层的风荷载,风荷载引起的楼层间剪力、弯矩、位移、位移角,如图 5.22 所示。

9)结构各层质心振动简图

"结构各层质心振动简图"菜单可以绘制简化楼层质量心振动图,并且可以显示多个振型的图形。

10)结构整体空间振动简图

"结构整体空间振动简图"菜单可以显示结构三维振型图及动画,可以明显看出每个振型的形态,可以判断结构的薄弱层方向,可以看出结构计算建模是否存在明显错误。在验算周期比时,侧振第一周期和扭振第一周期的确定,应防止因结构局部振型引起对第一周期的误判。

11)剪力墙组合配筋修改及验算

"剪力墙组合配筋修改及验算"菜单作为 SATWE 剪力墙配筋计算的一个补充程序,为剪力墙的合理配筋提供了一种补充方法。传统 SATWE 结构计算剪力墙纵筋,采用将各种形状的剪力墙分解成为一个一个直线墙段,对各个直线墙段按单向偏心受力构件计算配筋,输出

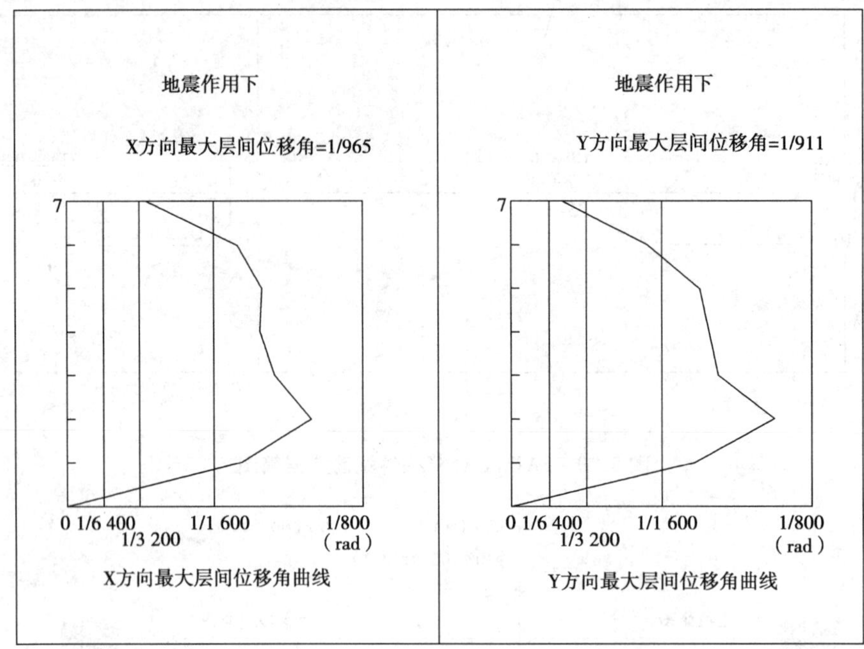

图 5.22　结构地震作用下位移角曲线

直线段单个端部暗柱的计算配筋。一般情况下,分段相加的方法偏保守。由于相连的墙肢(或柱)相互之间必然有组合作用,再加上按照分段直线墙的方法配筋的,是每个墙肢各个组合中的最大作用,而最大作用一般不会同时出现,因此这种方法配筋一般情况下会偏大。

"剪力墙组合配筋修改及验算"程序针对剪力墙上述不足提出了解决的方法,其基本原理是采用基于平截面假定的双偏压的配筋计算方法。组合墙配筋方法通过整体截面的双偏压计算方法,将钢筋在全截面中有效地布置,既减少了总的配筋面积,又能使所配钢筋在截面中实现最大的利用价值。

进入菜单会自动打开首层的结构图,并显示边缘构件信息,操作菜单如图 5.23 所示。然后进入"换层显示""显示上层",选择所需要组合配筋验算的层号。单击"选组合墙",可以指定需要处理的组合墙体。具体操作按屏幕下方的命令流中文提示进行。选择后的墙肢将进行编号,并以品红色显示。进入"组合配筋",该选项是对所选择的剪力墙进行组合配筋。程序自动计算选取的组合墙总内力和边缘构件信息,并且生成组合墙信息文件。如有需要,还可以选择以下菜单进行操作:

①"原配筋图":显示 SATWE 计算的边缘构件配筋计算。

②"现配筋图":显示修改后的边缘构件配筋结果。

③"层重定义":删除该层所有的组合墙及其修改的配筋。

④"图形缩放""改变字高""文字避让":是对图形界面的视图操作。

⑤"保存文件":用于保存文件。

进入"组合配筋"菜单,组合配筋操作菜单如图 5.24 所示。首先是进入"构件名称",选择要修改构件数据文件名。然后单击"计算"按钮,程序通过选定各个节点的配筋初值进行配筋计算或者校核,如图 5.25 所示。用户根据需要选择,计算结果如图 5.26 所示。进入"钢筋修改”，可以修改节点的钢筋，如图 5.27 所示。用户可以修改钢筋根数、直径和修改钢筋 A_s，但 SATWE-A_s 为计算结果不能修改。修改后，再单击“计算”按钮，然后可以校核修改配筋是否满足要求。

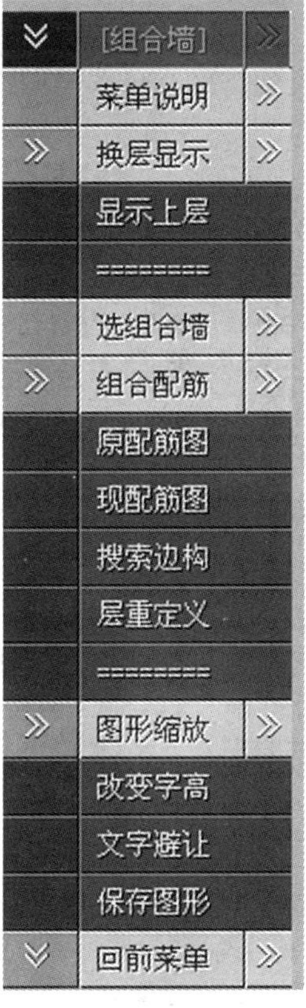

图 5.23　组合墙配筋操作菜单

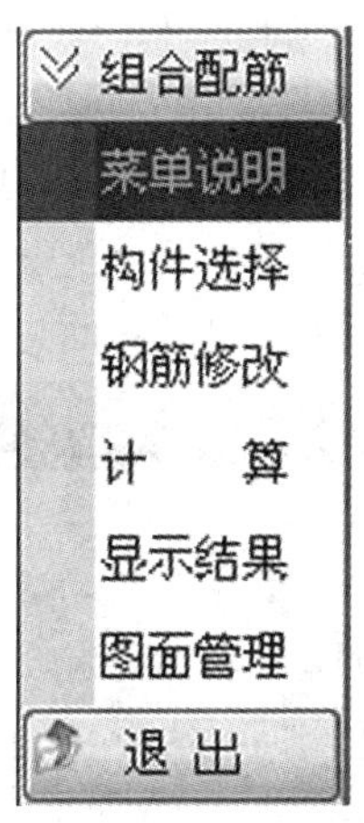

图 5.24　组合配筋操作菜单

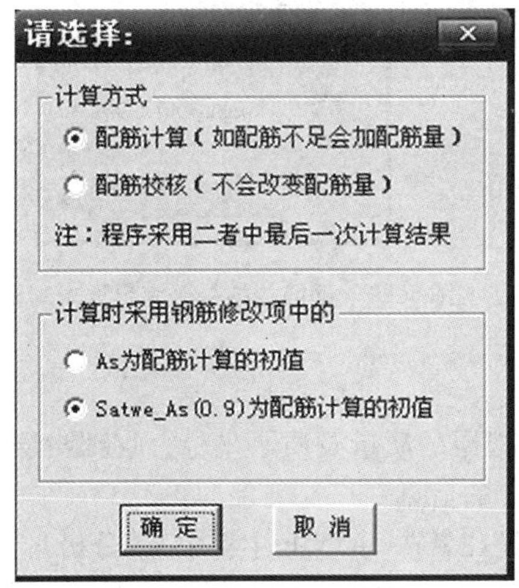

图 5.25　计算初值选择对话框

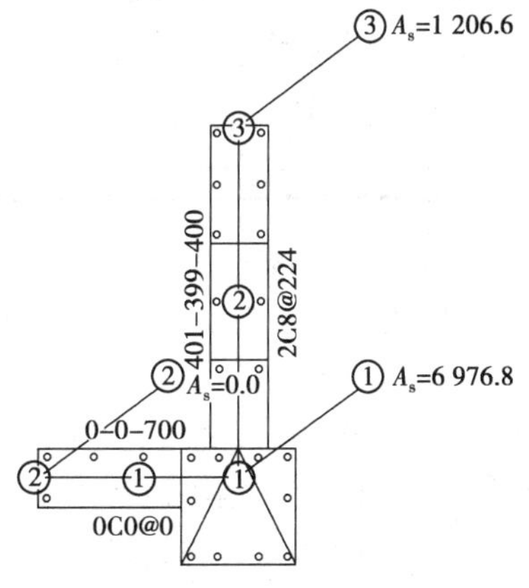

图 5.26　计算组合墙配筋

校核值选择对话框如图 5.28 所示。一般选择修改 A_s，验算修改后钢筋是否满足要求。如满足要求，显示如图 5.29 所示的对话框。反复修改钢筋的面积，直到得到最经济的配筋。

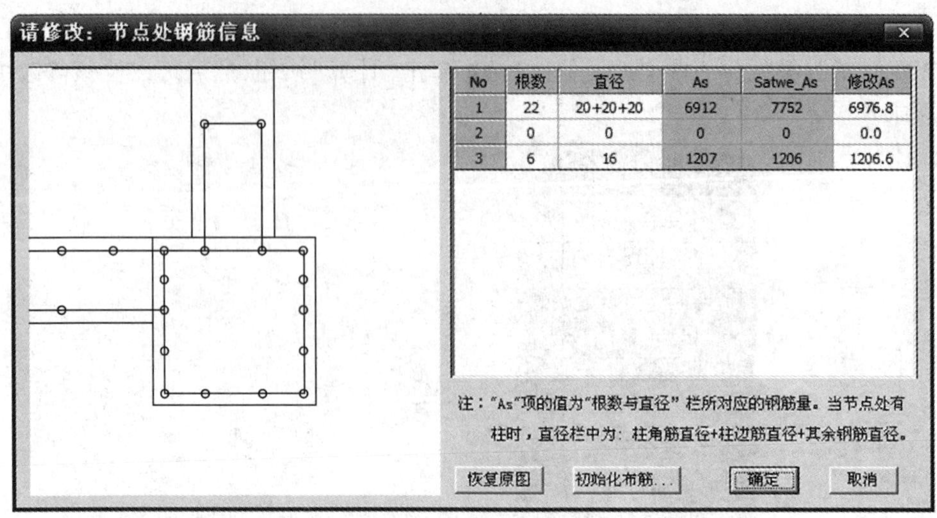

图 5.27 钢筋修改对话框

如有需要,还可以选择以下菜单进行操作。

①"显示结果":以文本显示配筋计算和校核的详细过程。

②"图形管理":用于图形界面进行调整。

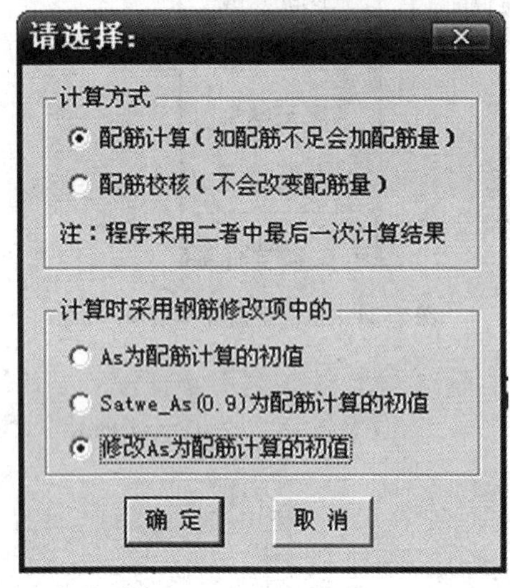

图 5.28 钢筋校核对话框

图 5.29 钢筋校核是否满足要求对话框

(2)文本文件输出

1)结构设计信息

"结构设计信息"输出结构分析控制参数、各楼层的质量及质心坐标、风荷载、层刚度、薄弱层和楼层承载力等信息。主要包括以下 10 部分的信息:

①结构分析的控制信息、结构总信息。它是设计者在 SATWE 主菜单下"分析与设计参数补充定义(必须执行)"中设定的参数,把参数放在文件中输出,便于设计者核对。并且还可输出剪力墙加强区的层数和高度。

②各楼层质心、质量情况。

③各层构件数量、构件材料和层高。

④风荷载信息。

⑤各楼层等效尺寸。

⑥各楼层的单位面积质量分布。

⑦计算信息。

⑧各层刚心、偏心率、相邻层侧移刚度比等计算信息。

⑨结构整体稳定验算结果。

⑩楼层抗剪承载力、承载力比值。

本工程的主要结构设计信息

Floor No 为层号；

Tower No 为塔号；

Xstif, Ystif 为刚心的 X, Y 坐标值；

Alf 为层刚性主轴的方向；

Xmass, Ymass 为质心的 X, Y 坐标值；

Gmass 为总质量；

Eex, Eey 为 X, Y 方向的偏心率；

Ratx, Raty 为 X, Y 方向本层塔侧移刚度与下一层相应塔侧移刚度的比值；

Ratx1, Raty1 为 X, Y 方向本层塔侧移刚度与上一层相应塔侧移刚度 70% 的比值，或上三层平均侧移刚度 80% 的比值中的较小者；

RJX, RJY, RJZ 为结构总体坐标系中塔的侧移刚度和扭转刚度。

本工程结构设计的具体数据见表 5.1。

表 5.1　各层刚心、偏心率、相邻层侧移刚度比计算信息

Floor No. 1	Tower No. 1	
Xstif =18.2613(m)	Ystif =17.8916(m)	Alf =45.0000(Degree)
Xmass =18.7490(m)	Ymass =16.8494(m)	Gmass =575.9611(t)
Eex =0.0472	Eey =0.1008	
Ratx =1.0000	Raty =1.0000	
Ratx1 =1.5547	Raty1 =1.4140	薄弱层地震剪力放大系数 =1.00
RJX1 =5.7389E+05(kN/m)	RJY1 =5.7389E+05(kN/m)	RJZ1 =0.0000E+00(kN/m)
RJX3 =2.9379E+05(kN/m)	RJY3 =2.5264E+05(kN/m)	RJZ3 =0.0000E+00(kN/m)
Floor No. 2	Tower No. 1	
Xstif =18.6626(m)	Ystif =18.1176(m)	Alf =0.0000(Degree)
Xmass =19.0061(m)	Ymass =17.2095(m)	Gmass =493.2796(t)
Eex =0.0325	Eey =0.0888	
Ratx =1.0653	Raty =1.1421	
Ratx1 =1.0968	Raty1 =0.9992	薄弱层地震剪力放大系数 =1.25
RJX1 =6.1135E+05(kN/m)	RJY1 =6.5546E+05(kN/m)	RJZ1 =0.0000E+00(kN/m)
RJX3 =2.0413E+05(kN/m)	RJY3 =1.7870E+05(kN/m)	RJZ3 =0.0000E+00(kN/m)

续表

Floor No. 3	Tower No. 1	
Xstif = 17.4343(m)	Ystif = 17.6170(m)	Alf = 0.0000(Degree)
Xmass = 18.4163(m)	Ymass = 17.2332(m)	Gmass = 441.4424(t)
Eex = 0.0847	Eey = 0.0376	
Ratx = 1.3439	Raty = 1.6515	
Ratx1 = 1.5917	Raty1 = 1.5211	薄弱层地震剪力放大系数 = 1.00
RJX1 = 8.2158E + 05(kN/m)	RJY1 = 1.0825E + 06(kN/m)	RJZ1 = 0.0000E + 00(kN/m)
RJX3 = 2.6589E + 05(kN/m)	RJY3 = 2.5336E + 05(kN/m)	RJZ3 = 0.0000E + 00(kN/m)
Floor No. 4	Tower No. 1	
Xstif = 17.4343(m)	Ystif = 17.6170(m)	Alf = 0.0000(Degree)
Xmass = 18.3656(m)	Ymass = 17.1605(m)	Gmass = 442.2255(t)
Eex = 0.0804	Eey = 0.0447	
Ratx = 1.0000	Raty = 1.0000	
Ratx1 = 2.0557	Raty1 = 1.8953	薄弱层地震剪力放大系数 = 1.00
RJX1 = 8.2158E + 05(kN/m)	RJY1 = 1.0825E + 06(kN/m)	RJZ1 = 0.0000E + 00(kN/m)
RJX3 = 2.3864E + 05(kN/m)	RJY3 = 2.3795E + 05(kN/m)	RJZ3 = 0.0000E + 00(kN/m)
Floor No. 5	Tower No. 1	
Xstif = 17.3273(m)	Ystif = 17.5247(m)	Alf = 0.0000(Degree)
Xmass = 18.3763(m)	Ymass = 17.1022(m)	Gmass = 447.5547(t)
Eex = 0.0875	Eey = 0.0405	
Ratx = 0.7029	Raty = 0.7191	
Ratx1 = 2.4877	Raty1 = 2.2367	薄弱层地震剪力放大系数 = 1.00
RJX1 = 5.7745E + 05(kN/m)	RJY1 = 7.7843E + 05(kN/m)	RJZ1 = 0.0000E + 00(kN/m)
RJX3 = 1.6584E + 05(kN/m)	RJY3 = 1.7935E + 05(kN/m)	RJZ3 = 0.0000E + 00(kN/m)
Floor No. 6	Tower No. 1	
Xstif = 17.2359(m)	Ystif = 17.4423(m)	Alf = 0.0000(Degree)
Xmass = 18.5200(m)	Ymass = 17.4509(m)	Gmass = 409.4664(t)
Eex = 0.1030	Eey = 0.0008	
Ratx = 0.4746	Raty = 0.4842	
Ratx1 = 5.0841	Raty1 = 4.5539	薄弱层地震剪力放大系数 = 1.00
RJX1 = 2.7405E + 05(kN/m)	RJY1 = 3.7695E + 05(kN/m)	RJZ1 = 0.0000E + 00(kN/m)
RJX3 = 9.5233E + 04(kN/m)	RJY3 = 1.1455E + 05(kN/m)	RJZ3 = 0.0000E + 00(kN/m)
Floor No. 7	Tower No. 1	
Xstif = 5.2481(m)	Ystif = 15.5803(m)	Alf = 45.0000(Degree)
Xmass = 5.2481(m)	Ymass = 15.5803(m)	Gmass = 28.8300(t)
Eex = 0.0000	Eey = 0.0000	
Ratx = 1.3638	Raty = 0.9915	
Ratx1 = 1.0000	Raty1 = 1.0000	薄弱层地震剪力放大系数 = 1.00
RJX1 = 3.7376E + 05(kN/m)	RJY1 = 3.7376E + 05(kN/m)	RJZ1 = 0.0000E + 00(kN/m)
RJX3 = 2.6760E + 04(kN/m)	RJY3 = 3.5935E + 04(kN/m)	RJZ3 = 0.0000E + 00(kN/m)

本工程抗倾覆验算结果见表5.2。

表5.2　抗倾覆验算结果

	抗倾覆力矩 M_r	倾覆力矩 M_{ov}	比值 M_r/M_{ov}	零应力区(%)
X风荷载	419 750.4	5 768.8	72.76	0.00
Y风荷载	265 105.9	8 551.7	31.00	0.00
X地震	404 523.8	15 029.8	26.91	0.00
Y地震	255 489.1	15 729.1	16.24	0.00

本工程结构整体稳定验算结果见表5.3。

表5.3　结构整体稳定验算结果

层号	X向刚度	Y向刚度	层高	上部重量	X刚重比	Y刚重比
1	2.94E+05	2.53E+05	4.8	38 339	36.78	31.63
2	2.04E+05	1.79E+05	4.5	30 359	30.26	26.49
3	2.66E+05	2.53E+05	3.3	23 804	36.86	35.12
4	2.39E+05	2.38E+05	3.3	17 914	43.96	43.83
5	1.66E+05	1.79E+05	3.6	11 925	50.06	54.14
6	9.52E+04	1.15E+05	4.5	5 865	73.06	87.89
7	2.68E+04	3.59E+04	2.4	378	170.06	228.38
该结构刚重比 $D_i^* H_i/G_i$ 大于10,能够通过高规(5.4.4)的整体稳定验算						
该结构刚重比 $D_i^* H_i/G_i$ 大于20,可以不考虑重力二阶效应						

本工程楼层抗剪承载力以及承载力比值见表5.4。

表5.4　楼层抗剪承载力以及承载力比值

层　号	塔　号	X向承载力	Y向承载力	Ratio_Bu: X,Y	
7	1	5.55E+02	5.55E+02	1.00	1.00
6	1	1.50E+03	2.66E+03	2.71	4.79
5	1	2.59E+03	3.07E+03	1.72	1.15
4	1	3.57E+03	4.15E+03	1.38	1.35
3	1	4.10E+03	4.74E+03	1.15	1.14
2	1	4.41E+03	4.59E+03	1.07	0.97
1	1	4.89E+03	4.89E+03	1.11	1.07

注:Ratio_Bu 表示本层与上一层的承载力之比。

根据《高规》第 3.5.2 条的规定,抗震设计的高层建筑结构,其楼层侧向刚度不宜小于相邻上部楼层侧向刚度的 70% 或其上相邻三层侧向刚度平均值的 80% 。Ratx1,Raty1 均要大于 1。由工程数据可知,本工程侧向刚度比符合规范要求。

根据《高规》第 3.5.3 条规定,A 级高度高层建筑的楼层层间抗侧力结构的受剪承载力不宜小于其上一层受剪承载力的 80% ,不应小于其上一层受剪承载力的 65% ;B 级高度高层建筑的楼层层间抗侧力结构的受剪承载力不应小于其上一层受剪承载力的 75% 。可知 A 级高度高层建筑 Ratio_Bu: X,Y 均不宜小于 0.8,不应小于 0.65。A 级高度高层建筑 Ratio_Bu: X,Y 不应小于 0.75,该工程均满足要求。

2)周期、地震力与振型输出文件

"周期、地震力与振型输出文件"(WZQ. OUT)输出的内容主要有助于设计人员从整体上对结构进行评估。

①输出结构相应振型的周期、转角、平动系数、扭转系数。《高规》第 3.4.5 条规定,结构扭转为主的第一自振周期 T_t 与平动为主的第一自振周期 T_1 之比,A 级高度高层建筑不应大于 0.9,B 级高度高层建筑、混合结构高层建筑及本规程第 10 章所指的复杂高层建筑不应大于 0.85。一个周期是平动周期还是扭转周期的方法,可以通过平动系数和扭转系数来判定。我们认为,对于一个结构如果平动系数大于 0.5,该周期就为平动周期;如果扭转系数大于 0.5,则为扭转周期。但一般认为,平动周期中周期最大的为第一周期,扭转周期中最大的为第一扭转周期。其中还要注意最大平动周期和扭转周期是否是整体平动或扭转造成,这可以通过各振型作用下基底剪力贡献来判断。一般为第一周期的基底剪力贡献将最大;否则,就不能算第一周期。

结构的第一平动周期一般在下列范围:

对于框架结构,$T_1 = (0.1 \sim 0.15)n$;

对于框架-剪力墙结构和框架-筒体结构,$T_1 = (0.08 \sim 0.12)n$;

对于剪力墙结构和筒中筒结构,$T_1 = (0.04 \sim 0.08)n$;

上述算式中的 n 为结构层数。

如果计算值偏离上述数字过大,应考虑工程中截面是否太大或太小,剪力墙数量是否合理,且应作适当调整。

②各振型的地震作用输出和各地震基底剪力贡献情况。

③等效各楼层的地震作用、剪力、剪重比、弯矩。楼层剪重比必须满足《抗规》第 5.2.5 条的要求,同时剪重比是判断整个结构刚度的一个标准。当剪重比过大,表明刚度过大,而刚度过大会造成地震力很大,以致造成结构浪费。

④有效质量系数。有效质量系数是判断结构振型取得够不够的重要指标,也是地震作用够不够的指标。当有效质量系数大于 90% 时,表示振型数、地震作用满足规范要求;否则,增加计算的振型数,但最大振型数不能超过结构楼层质量数的 3 倍。

⑤楼层的振型位移值。

⑥各楼层地震剪力系数调整情况(按《抗规》第 5.2.5 条验算)。当结构不满足《抗规》第 5.2.5 条规定的要求时,程序自动调整内力系数。

考虑扭转耦联时的振动周期和 X,Y 方向的平动系数、扭转系数见表 5.5。

表5.5 考虑扭转耦联时的振动周期和 X,Y 方向的平动系数、扭转系数

振型号	周期/s	转角/(°)	平动系数($X+Y$)	扭转系数
1	1.1904	90.09	1(0.00+1.00)	0
2	1.1632	1.61	0.73(0.72+0.01)	0.27
3	1.0805	175.56	0.31(0.28+0.03)	0.69
4	0.4336	14.76	0.92(0.86+0.06)	0.08
5	0.4208	108.87	0.93(0.10+0.83)	0.07
6	0.3927	61.06	0.21(0.04+0.16)	0.79
7	0.2397	9.08	0.91(0.89+0.03)	0.09
地震作用最大的方向=81.694°				

本工程各振型作用下 X 方向的基底剪力见表5.6。

表5.6 各振型作用下 X 方向的基底剪力

振型号	剪力/kN	振型号	剪力/kN
1	0	5	24.31
2	627.36	6	9.67
3	249.94	7	89.1
4	211.3		

本工程各层 X 方向的作用力(CQC)如表5.7所示。表中各符号所代表的意义如下:

Floor 为层号;

Tower 为塔号;

F_x 为 X 向地震作用下结构的地震反应力;

V_x 为 X 向地震作用下结构的楼层剪力;

M_x 为 X 向地震作用下结构的弯矩;

Static F_x 为静力法 X 向的地震力。

表5.7 各层 X 方向的作用力

Floor	Tower	F_x/kN	V_x(分塔剪重比)(整层剪重比)/ kN	M_x/(kN·m)	Static F_x/ kN
7	1	21.7	21.700(7.53%) (7.53%)	52.0700	166.33
6	1	264.8	286.30(6.53%) (6.53%)	1 339.98	269.43
5	1	201.78	446.40(5.04%) (5.04%)	2 902.43	239.27
4	1	185.62	567.04(4.27%) (4.27%)	4 668.25	192.78
3	1	177.01	672.02(3.80%) (3.80%)	6 725.02	152.49
2	1	193.03	779.72(3.45%) (3.45%)	9 952.48	125.77
1	1	136.97	853.97(3.01%) (3.01%)	13 772.97	75.800

注:a. 按《抗震规范》第5.2.5条要求,X 向楼层最小剪重比=1.60%;

b. X 方向的有效质量系数为95.81%。

本工程各振型作用下 Y 方向的基底剪力见表 5.8。

表 5.8 各振型作用下 Y 方向的基底剪力

振型号	剪力/kN	振型号	剪力/kN
1	867.5	5	181.53
2	0.33	6	15.29
3	0.79	7	2.06
4	14.44		

本工程各层 Y 方向的作用力(CQC)如表 5.9 所示。表中各符号所代表的意义如下：

Floor 为层号；

Tower 为塔号；

F_y 为 Y 向地震作用下结构的地震反应力；

V_y 为 Y 向地震作用下结构的楼层剪力；

M_y 为 Y 向地震作用下结构的弯矩；

Static F_y 为静力法 Y 向的地震力。

表 5.9 各层 Y 方向的作用力

Floor	Tower	F_y/ kN	V_y(分塔剪重比)(整层剪重比)/ kN	M_y/(kN · m)	Static F_y/ kN
7	1	17.81	17.810(6.18%) (6.18%)	42.750 0	164.23
6	1	250.4	267.87(6.11%) (6.11%)	1 247.41	263.42
5	1	197.74	454.55(5.13%) (5.13%)	2 871.52	233.94
4	1	174.16	587.14(4.42%) (4.42%)	4 757.30	188.48
3	1	177.47	703.56(3.98%) (3.98%)	6 962.23	149.10
2	1	179.08	821.98(3.63%) (3.63%)	10 430.43	122.97
1	1	105.71	893.70(3.15%) (3.15%)	14 504.31	74.110

注：a. 按《抗震规范》第 5.2.5 条要求，Y 向楼层最小剪重比 = 1.60%；

b. Y 方向的有效质量系数为 92.88%。

由平动系数可以判断第一平动周期为 Y 方向的平动周期，大小为 1.190 4。X 方向的平动周期为 1.163 2。两个周期相差很少，表示 X 方向和 Y 方向的动力特性相近，符合《抗震规范》第 3.5.33 条关于结构在两个主轴方向的动力特性宜相近的规定。由扭转系数可知第三振型周期为第一扭转周期，大小为 1.080 5。其中第一扭转周期除以第一平动周期为 0.907 7，符合规范要求。由各振型作用下 X,Y 方向的基底剪力可知，第一、第二振型分别为 Y 第一平动周期和 X 第一平动周期，判断正确。

剪重比符合规范要求，但最小剪重比为 3.01%，3.15%，表明结构偏刚。

3）结构位移输入文件

选择“简化输出”位移信息，则在 WDISP. OUT 文件中有各个工况下每层最大位移、位移比和最大位移节点号。如果选择“详细输出”，还可以输出各层各节点 3 个线位移和 3 个转角位移。“结构位移输入文件”还包括以下内容：

①最大位移与层平均位移的比值。由《高规》第3.4.5条可知，该值不宜大于1.2，不应大于1.4。

②X，Y方向的最大层间位移角。它应满足《高规》第3.7.3条的要求，但不能很小。若很小，则表明结构刚度很大，结构的地震力也大，将造成结构浪费。

各个工况下的每层最大位移、位移比和最大位移节点号分别如表5.10、表5.11、表5.12、表5.13所示。表中位移的单位均为mm。表内各符号所代表的意义如下：

Floor 为层号；

Tower 为塔号；

Jmax 为最大位移对应的节点号；

JmaxD 为最大层间位移对应的节点号；

Max-(Z)为节点的最大竖向位移；

h 为层高；

Max-(X)，Max-(Y)为X，Y方向的节点最大位移；

Ave-(X)，Ave-(Y)为X，Y方向的层平均位移；

Max-Dx，Max-Dy 为X，Y方向的最大层间位移；

Ave-Dx，Ave-Dy 为X，Y方向的平均层间位移；

Ratio-(X)，Ratio-(Y)为最大位移与层平均位移的比值；

Ratio-Dx，Ratio-Dy 为最大层间位移与平均层间位移的比值；

Max-Dx/h，Max-Dy/h 为X，Y方向的最大层间位移角；

DxR/Dx，DyR/Dy 为X，Y方向的有害位移角占总位移角的百分比例；

Ratio_AX，Ratio_AY 为本层位移角与上层位移角的1.3倍及上三层平均位移角的1.2倍的比值的大者；

X-Disp，Y-Disp，Z-Disp 为节点X，Y，Z方向的位移。

表5.10　工况1下，在X方向地震力作用下的楼层最大位移、位移比和最大位移节点号

Floor	Tower	Jmax JmaxD	Max-(X) Max-Dx	Ave-(X) Ave-Dx	h Max-Dx/h	DxR/Dx	Ratio_AX
7	1	494	17.92	17.3	2 400	97.70%	1
		494	0.83	0.81	1/2 907		
6	1	465	19.02	17.23	4 500	11.50%	1.52
		465	3.27	3.13	1/1 375		
5	1	359	16.27	14.62	3 600	3.60%	1.24
		359	2.99	2.8	1/1 206		
4	1	263	13.6	12.14	3 300	6.00%	1.03
		263	2.71	2.52	1/1 216		
3	1	205	11.06	9.79	3 300	10.20%	0.9
		205	2.92	2.69	1/1 129		

续表

Floor	Tower	Jmax JmaxD	Max-(X) Max-Dx	Ave-(X) Ave-Dx	h Max-Dx/h	DxR/Dx	Ratio_AX
2	1	138	8.2	7.19	4 500	26.80%	0.95
		138	4.66	4.09	1/ 966		
1	1	68	3.56	3.12	4 800	93.20%	0.65
		68	3.56	3.12	1/1 349		

注:*X* 方向最大层间位移角为 1/ 966。

表 5.11　工况 2 下,在 *Y* 方向地震力作用下的楼层最大位移、位移比和最大位移节点号

Floor	Tower	Jmax JmaxD	Max-(X) Max-Dx	Ave-(X) Ave-Dx	h Max-Dx/h	DxR/Dx	Ratio_AX
7	1	496	17.94	17.93	2 400	99.90%	1
		494	0.51	0.5	1/4 737		
6	1	484	17.75	17.61	4 500	35.40%	1.94
		484	2.55	2.34	1/1 767		
5	1	377	15.58	15.54	3 600	6.20%	1.62
		377	2.83	2.53	1/1 273		
4	1	221	13.4	13.24	3 300	12.50%	1.31
		267	2.72	2.47	1/1 211		
3	1	163	11.27	10.89	3 300	21.40%	1.07
		209	2.85	2.78	1/1 158		
2	1	94	8.59	8.16	4 500	27.80%	1.11
		94	4.94	4.62	1/ 912		
1	1	22	3.66	3.54	4 800	99.80%	0.71
		22	3.66	3.54	1/1 313		

注:*Y* 方向最大层间位移角为 1/ 912。

表 5.12　工况 3 下,在 *X* 方向风荷载作用下的楼层最大位移、位移比和最大位移节点号

Floor	Tower	Jmax JmaxD	Max-(X) Max-Dx	Ave-(X) Ave-Dx	Ratio-(X) Ratio-Dx	h Max-Dx/h	DxR/Dx	Ratio_AX
7	1	494	6.98	6.61	1.06	2 400	54.80%	1
		496	0.35	0.34	1.02	1/6 919		

续表

Floor	Tower	Jmax JmaxD	Max-(X) Max-Dx	Ave-(X) Ave-Dx	Ratio-(X) Ratio-Dx	h Max-Dx/h	DxR/Dx	Ratio_AX
6	1	465	7.36	6.27	1.17	4 500	12.80%	1.19
		465	1.12	1.02	1.11	1/4 003		
5	1	359	6.23	5.26	1.18	3600	2.00%	1.15
		377	1.04	0.92	1.14	1/3462		
4	1	263	5.19	4.35	1.19	3300	9.00%	1
		267	0.96	0.84	1.14	1/3420		
3	1	205	4.23	3.52	1.2	3300	14.30%	0.94
		209	1.07	0.93	1.16	1/3082		
2	1	138	3.16	2.6	1.21	4 500	25.10%	1.01
		138	1.77	1.46	1.21	1/2 544		
1	1	68	1.39	1.14	1.21	4 800	94.40%	0.69
		68	1.39	1.14	1.21	1/3 454		

注:X方向最大层间位移角为1/2 544。X方向最大位移与层平均位移的比值为1.21。

X方向最大层间位移与平均层间位移的比值为1.21。

表5.13 工况4下,在Y方向风荷载作用下的楼层最大位移、位移比和最大位移节点号

Floor	Tower	Jmax JmaxD	Max-(Y) Max-Dy	Ave-(Y) Ave-Dy	Ratio-(Y) Ratio-Dy	h Max-Dy/h	DyR/Dy	Ratio_AY
7	1	494	10.54	10.39	1.01	2 400	99.90%	1
		494	0.27	0.26	1.05	1/8 908		
6	1	388	10.28	9.09	1.13	4 500	34.40%	1.73
		388	1.21	1.08	1.12	1/3 728		
5	1	279	9.07	8.01	1.13	3 600	9.20%	1.55
		279	1.24	1.17	1.06	1/2 904		
4	1	221	7.83	6.85	1.14	3 300	17.20%	1.31
		224	1.23	1.17	1.05	1/2 693		
3	1	163	6.61	5.68	1.16	3 300	27.30%	1.13
		166	1.52	1.37	1.11	1/2 170		
2	1	94	5.09	4.31	1.18	4 500	24.50%	1.21
		94	2.87	2.4	1.2	1/1 568		

续表

Floor	Tower	Jmax JmaxD	Max-(Y) Max-Dy	Ave-(Y) Ave-Dy	Ratio-(Y) Ratio-Dy	h Max-Dy/h	DyR/Dy	Ratio_AY
1	1	22	2.22	1.91	1.16	4 800	99.90%	0.77
		22	2.22	1.91	1.16	1/2 165		

注:*Y* 方向最大层间位移角为 1/1 568。*Y* 方向最大位移与层平均位移的比值为 1.18。
Y 方向最大层间位移与平均层间位移的比值为 1.20。

从表5.10 ~ 表5.13 可知,*X*/*Y* 方向最大位移角均小于1/550,满足规范要求;最大层间位移与平均层间位移的比值均小于 1.2,满足规范要求。

4)各层内力标准值输出文件

"各层内力标准值输出文件"输出各层的内力工况代号,柱、支撑标准内力(局部坐标下),墙-柱标准内力(局部坐标下),墙-梁标准内力(局部坐标下),梁内力(局部坐标下)竖向荷载作用下竖向构件 *Z* 向反力之和。

5)各层构件配筋输出文件

"各层构件配筋输出文件"(WPJ*.OUT)主要用于构件设计,它提供了各种构件的截面配筋验算结果,供设计者查询、核对。

6)超配筋信息

"超配筋信息"将以各层的方式输出,一般在 WGCPJ.OUT 和 WPJ*.OUT 文件里面输出。一般程序认为不满足规范要求,均属于超筋超限,在配筋简图上面以红色字符表示,在"超配筋信息"里面有具体超筋超限的原因,即违反了规范某些条款要求。可以有针对性地对该构件截面进行处理,以解决该构件超筋超限现象。

7)薄弱层验算结果

对于 12 层以下混凝土矩形柱框架结构,当计算完各层配筋之后,若采用侧刚模型计算的框架结构,当屈服系数小于 0.5(即只要有一层的屈服系数小于 0.5)时,程序就会给出各层的弹塑性位移、位移角。其中位移角要满足《高规》第 3.7.5 条的要求。

8)楼层地震作用调整系数

这里指在框架-剪力墙结构、短肢剪力墙结构中,框架柱或短肢剪力墙所分担的地震作用信息。楼层地震作用信息主要包括以下方面:

①框架-剪力墙结构、短肢剪力墙结构中,框架柱或短肢剪力墙所分担的地震倾覆力矩情况。

《高规》第 8.1.3 条规定,抗震设计的框架-剪力墙结构,在基本振型地震作用下,框架部分承受的地震倾覆力矩大于结构总地震倾覆力矩的 50% 时,其框架部分的抗震等级应按框架结构采用,柱轴压比限值宜按框架结构的规定采用;其最大适用高度和高宽比限值可比框架结构适当增加。

②框架-剪力墙结构中框架柱所承担的剪力。

③$0.2Q_0$($0.25\ Q_0$)的调整系数。对混凝土框架-剪力墙结构,调整系数为 $0.2Q_{0x}$,

$1.5V_{c\ xmax}$;$0.2Q_{0y}$,$1.5V_{c\ ymax}$。对于高层钢结构,调幅系数为 $0.25Q_{0x}$,$1.8V_{c\ xmax}$;$0.25Q_{0y}$,$1.8V_{c\ ymax}$。

9)剪力墙边缘构件输出文件

“剪力墙边缘构件输出文件”输出剪力墙加强区的最高层数、剪力墙约束边缘构件的最高层数,以及各层剪力墙边缘构件的类型、形状、坐标值和尺寸配筋等信息。

第 6 章 Midas Civil 桥梁结构分析

目前国内市场上存在两大类型桥梁结构分析软件，即二维平面杆系软件和三维空间软件。二维平面杆系软件有《桥梁博士》、西南交大的《bsas》、大桥院的《SCDS》及中规院《QJx》等；三维空间软件方面，国内目前有韩国 MIDAS IT 公司的《Midas Civil》、美国 Bentley 公司的《TDV》、西南交大的《BNLAS》、大桥院的《3D BRIDGE》及刘四田先生的《ASBEST》等。

在以上软件中，Midas Civil 软件是一款集成化的通用结构分析与设计软件，可适用于桥梁结构、地下结构、工业建筑、飞机场、大坝、港口等结构的分析与设计。特别是针对桥梁结构，Midas Civil 结合国内的规范与习惯，在建模、分析、后处理、设计等方面提供了很多便利的功能，目前已为各大公路、铁路部门的设计院所采用。

在 Midas Civil 中，一个完整的模型分析过程主要包括模型建立、模型分析和模型设计三大步骤。本章以一个简单的两跨连续 T 梁结构模型为例，介绍 Midas Civil 模型建立、模型分析和模型设计的过程。

6.1 Midas Civil 软件简介

Midas Civil 是通用的空间有限元分析软件。Midas Civil 具备较完备的三维空间静、动力学分析功能，涉及几何非线性、材料非线性、边界非线性的分析。对比国内桥梁软件较原始的建模水平和软件界面，Midas Civil 具备优越的前后处理图形建模功能和精美的软件界面，深受中国桥梁设计者的青睐。

Midas Civil 2012 软件的用户操作界面如图 6.1 所示。

6.1.1 菜单命令

Midas Civil 2012 主菜单共有 13 个菜单项，所有的操作命令都分类集成在这 13 个菜单项中，节点/单元、荷载、结果和工具四个菜单项内容如图 6.2 所示。

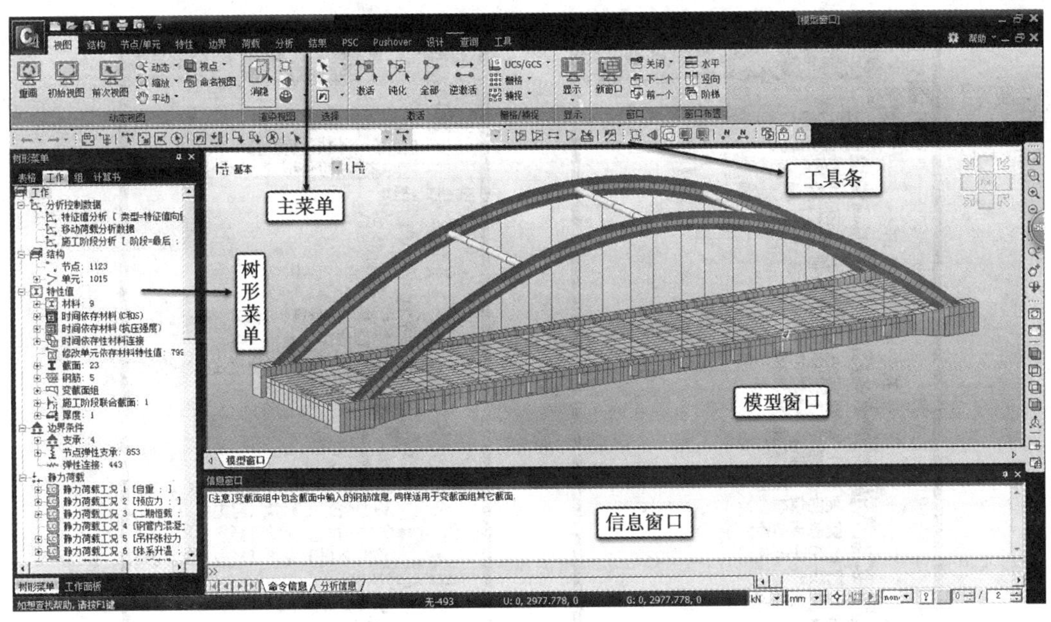

图 6.1　Midas Civil 2012 软件操作界面

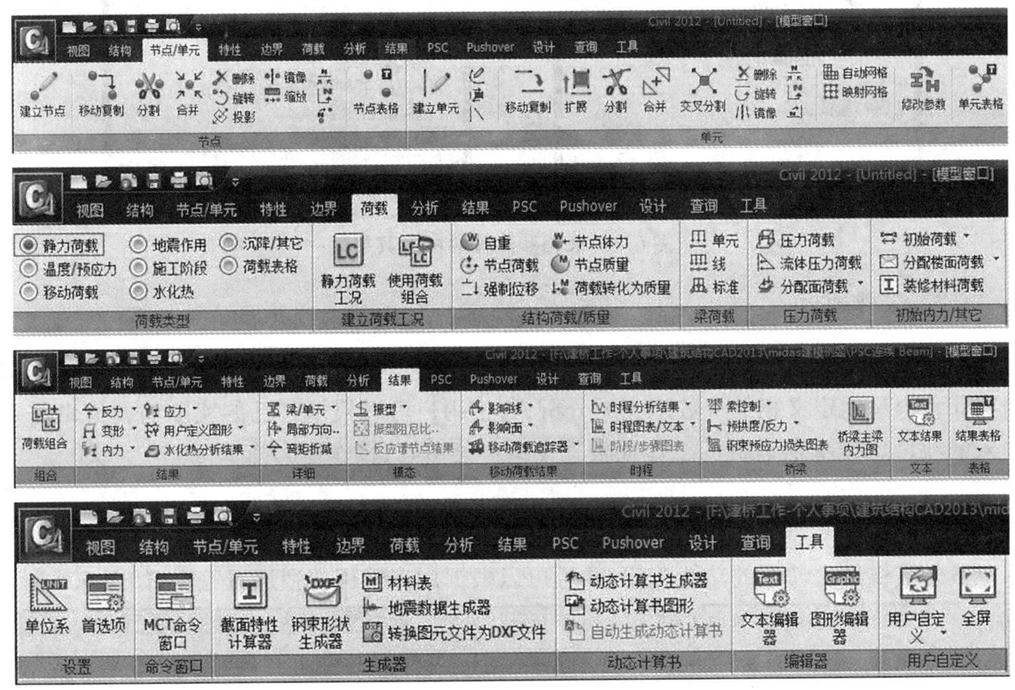

图 6.2　节点/单元、荷载、结果和工具菜单

6.1.2　树形菜单

在树形菜单中，从建立模型到分析、设计的过程中的所有关联菜单均以阶梯结构显示，可使初学者进行较高效率的操作，部分树形菜单中的表格项和工作项如图 6.3 所示。

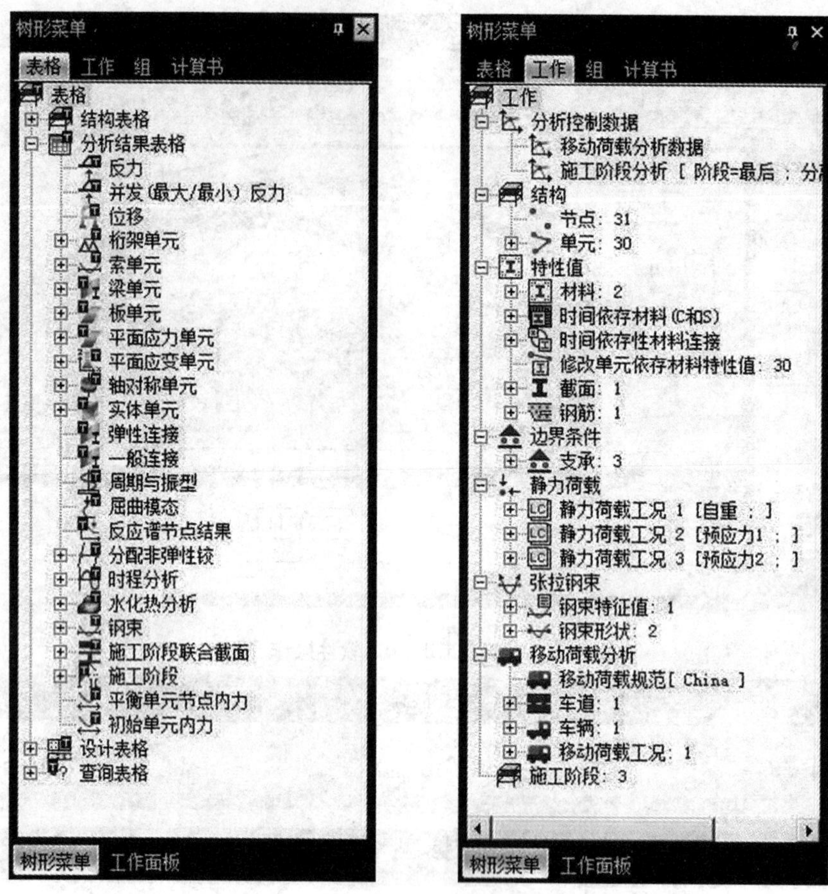

图 6.3 表格和工作的树形菜单

6.1.3 工作面板

Midas Civil 根据分析类型会把操作顺序及需要输入的参数给标示出来,用户可以根据提示内容非常容易地定义相关参数来完成分析,而且用户可以根据自己的实际需要编辑需要经常输入的项目。2012 版软件的工作面板就在树形菜单处,操作更为简单。

6.1.4 工具条

工具条提供经常使用的功能按钮,并且可以根据用户使用习惯进行编辑,如图 6.4 所示。

图 6.4 工具条

6.1.5 信息窗口

信息窗口将信息分为命令信息和分析信息,为用户提供建模和分析时必需的各种提示信息、警告信息和错误信息。

6.1.6 模型窗口

模型窗口提供了便利多样的模型处理功能和强大的选择及筛选功能,同时提供撤销键入和重复键入功能,可以在短时间内成功完成建模工作。

6.1.7　状态栏

为了提高工作效率,状态栏提供各种坐标系和单位体系变更功能、轴网控制及捕捉状态调整等功能,如图 6.5 所示。

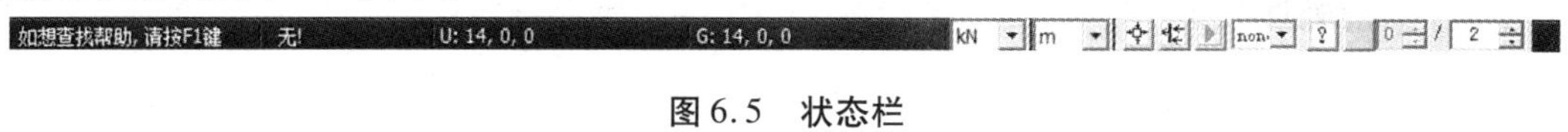

图 6.5　状态栏

6.1.8　表格窗口

表格窗口以表格形式提供需要输入的参数和分析设计结果,如图 6.6 所示。它支持在表格中编辑各种数据,并可以和 Excel 表格进行数据互换。如图 6.7 所示,是分析结果中的梁单元应力表格。

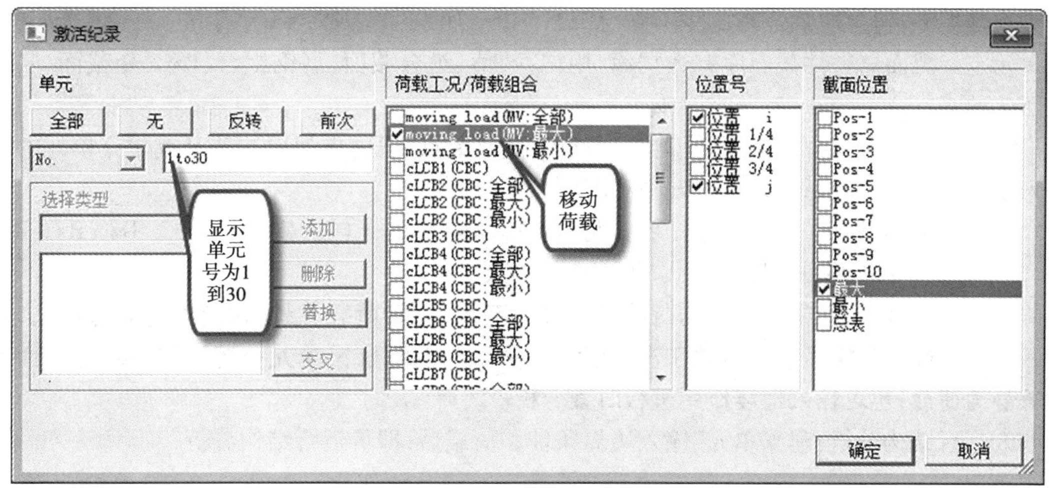

图 6.6　表格窗口

单元	荷载	位置	截面位置	Sig-xx(轴向) (N/mm^2)	Sig-xx(弯矩-y) (N/mm^2)	Sig-xx(弯矩-z) (N/mm^2)	Sig-xx(Bar) (N/mm^2)	Sig-xx(总和) (N/mm^2)	Sig-zz (N/mm^2)	Sig-xz(剪切) (N/mm^2)	Sig-xz(扭转) (N/mm^2)	Sig-xz(bar) (N/mm^2)	Sig-Is(剪切) (N/mm^2)
1	moving l	I[1]	最大	8.5089e-004	0.0000e+000	8.5887e-003	0.0000e+000	9.4395e-003	0.0000e+000	1.7826e-001	9.9783e+000	0.0000e+000	1.6517e+000
1	moving l	J[2]	最大	8.5089e-004	2.2657e+000	9.7789e-003	0.0000e+000	2.2709e+000	0.0000e+000	1.8074e-001	9.1083e+000	0.0000e+000	2.2709e+000
2	moving l	I[2]	最大	7.5685e-004	2.2657e+000	9.1335e-003	0.0000e+000	2.2671e+000	0.0000e+000	1.8074e-001	9.1083e+000	0.0000e+000	2.2671e+000
2	moving l	J[3]	最大	7.5685e-004	4.1041e+000	1.0480e-002	0.0000e+000	4.1093e+000	0.0000e+000	2.7298e-001	8.2675e+000	0.0000e+000	4.1093e+000
3	moving l	I[3]	最大	6.6722e-004	4.1041e+000	9.9913e-003	0.0000e+000	4.1055e+000	0.0000e+000	2.7298e-001	8.2676e+000	0.0000e+000	4.1055e+000
3	moving l	J[4]	最大	6.6722e-004	5.5164e+000	1.1601e-002	0.0000e+000	5.5218e+000	0.0000e+000	3.8322e-001	7.4560e+000	0.0000e+000	5.5218e+000
4	moving l	I[4]	最大	5.8226e-004	5.5164e+000	1.1197e-002	0.0000e+000	5.5180e+000	0.0000e+000	3.8322e-001	7.4560e+000	0.0000e+000	5.5180e+000
4	moving l	J[5]	最大	5.8226e-004	6.5122e+000	1.3060e-002	0.0000e+000	6.5178e+000	0.0000e+000	4.9479e-001	6.6738e+000	0.0000e+000	6.5178e+000
5	moving l	I[5]	最大	5.0216e-004	6.5122e+000	1.2655e-002	0.0000e+000	6.5141e+000	0.0000e+000	4.9479e-001	6.6738e+000	0.0000e+000	6.5141e+000
5	moving l	J[6]	最大	5.0216e-004	7.1088e+000	1.4591e-002	0.0000e+000	7.1149e+000	0.0000e+000	6.0634e-001	5.9208e+000	0.0000e+000	7.1149e+000
6	moving l	I[6]	最大	2.3624e-004	7.1088e+000	1.2171e-002	0.0000e+000	7.1115e+000	0.0000e+000	6.0634e-001	5.9208e+000	0.0000e+000	7.1115e+000
6	moving l	J[7]	最大	2.3624e-004	7.3839e+000	1.4106e-002	0.0000e+000	7.3893e+000	0.0000e+000	7.2063e-001	5.1971e+000	0.0000e+000	7.3893e+000
7	moving l	I[7]	最大	3.1028e-004	7.3839e+000	1.3147e-002	0.0000e+000	7.3889e+000	0.0000e+000	7.2063e-001	5.1971e+000	0.0000e+000	7.3889e+000
7	moving l	J[8]	最大	3.1028e-004	7.4719e+000	1.5082e-002	0.0000e+000	7.4750e+000	0.0000e+000	8.4786e-001	4.5026e+000	0.0000e+000	7.4750e+000
8	moving l	I[8]	最大	5.8305e-004	7.4719e+000	1.6835e-002	0.0000e+000	7.4785e+000	0.0000e+000	8.4786e-001	4.5026e+000	0.0000e+000	7.4785e+000
8	moving l	J[9]	最大	5.8305e-004	7.2755e+000	1.8749e-002	0.0000e+000	7.2787e+000	0.0000e+000	9.8108e-001	4.5026e+000	0.0000e+000	7.2787e+000
9	moving l	I[9]	最大	6.6948e-004	7.2755e+000	1.9228e-002	0.0000e+000	7.2831e+000	0.0000e+000	9.8108e-001	4.5026e+000	0.0000e+000	7.2831e+000
9	moving l	J[10]	最大	6.6948e-004	6.7509e+000	2.1142e-002	0.0000e+000	6.7550e+000	0.0000e+000	1.1142e+00	5.1971e+000	0.0000e+000	6.7550e+000
10	moving l	I[10]	最大	7.5680e-004	6.7509e+000	2.1622e-002	0.0000e+000	6.7594e+000	0.0000e+000	1.1142e+00	5.1971e+000	0.0000e+000	6.7594e+000
10	moving l	J[11]	最大	7.5680e-004	5.9174e+000	2.3536e-002	0.0000e+000	5.9222e+000	0.0000e+000	1.2453e+00	5.9208e+000	0.0000e+000	5.9222e+000

图 6.7　梁单元应力表格

6.2 Midas Civil 建模的一般过程

6.2.1 前处理

Midas Civil 软件的前处理包括以下内容：

①设定操作环境。建立新项目→定义单位体系:kN(力), m(长度)。

②确定结构类型。Midas Civil 是为分析三维空间结构而开发的,而在以前的力学课中都是把空间结构简化为平面结构来计算,故对于二维平面内的结构需约束不需要的自由度,可通过选择结构类型简单地处理,将结构指定为 3-D 或二维结构(X-Z Plane)等。

③定义材料。软件材料库内提供的材料类型包括钢材、混凝土、组合材料(SRC)、用户定义等 4 种类型,包含的规范有 JTG,GB, ASTM, JIS, DIN, BS,EN, KS 等。

④定义截面。软件截面库有数据库/用户、数值、组合截面、型钢组合、PSC、变截面、联合截面 7 种。

⑤输入节点和单元。采用先模型→节点→建立节点,然后再利用这些节点建立单元的方法来建模,也可采用 CAD 导入的方法建模。

⑥输入边界条件:三维结构分析软件,每个节点有 6 个自由度(Dx, Dy, Dz, Rx, Ry, Rz),可通过约束这些自由度的方式,给节点加约束条件。

⑦输入荷载:软件中可输入的荷载包括静力荷载、移动荷载、温度预应力荷载等类型,在输入荷载之前应先定义静力荷载工况,然后可输入节点荷载、梁单元荷载、线荷载、分配面荷载等静力荷载;也可输入地震作用进行时程分析。

⑧运行结构分析:建立单元、输入边界条件和荷载后,即可运行结构分析。

6.2.2 后处理

Midas Civil 软件的后处理包括以下内容：

①查看反力。

②查看变形和位移。

③查看内力。

④查看应力。

⑤梁单元细部分析(Beam Detail Analysis)。Midas Civil 可使用梁单元细部分析查看梁单元细部的位移、剪力、弯矩、最大应力的分布及截面内的应力分布等。

⑥表格查看结果。Midas Civil 可以对所有分析结果通过表格来查看。

⑦按荷载工况查看梁单元的构件内力(弯矩、剪力)。

⑧另外运行 PSC 设计后还可提取设计计算书。

6.3　Midas Civil 软件建模实例

本例题使用一个简单的两跨连续梁模型来重点介绍 Midas Civil 的施工阶段分析功能、钢束预应力荷载的输入方法以及查看分析结果的方法等。主要包括分析预应力混凝土结构时定义钢束特性、钢束形状、输入预应力荷载、定义施工阶段等的方法，以及在分析结果中查看徐变和收缩、钢束预应力等引起的结构应力和内力变化特性的步骤和方法。

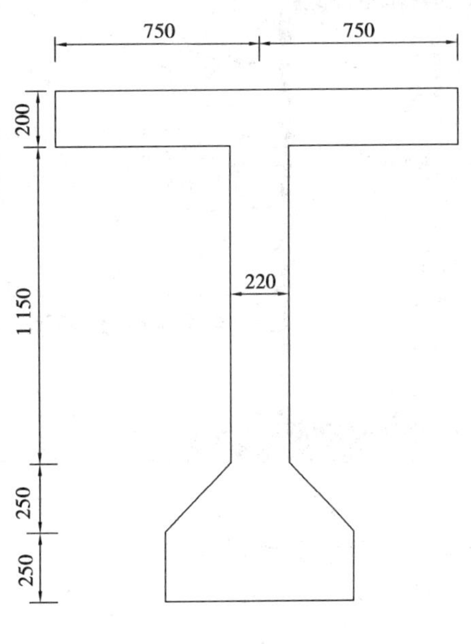

图 6.8　T 形梁截面图

6.3.1　结构模型概况

(1)结构信息

该简单结构为一根总跨径为 60 m 的预应力连续 T 形梁，梁截面如图 6.8 所示。该梁采用 C50 混凝土材料，预应力钢束采用标准强度为 f_{pk} = 1 860 MPa的 ϕ15.2 高强度、低松弛钢绞线。本例仅模拟结构自重、钢束预应力荷载和汽车活载。

(2)模型信息

本模型中所有结构均采用梁单元模拟。模型中节点总数为 31 个(节点号 1 ~31)，梁单元总数为 30 个(单元号 1 ~30)，此简单结构的总体模型如图 6.9 所示。

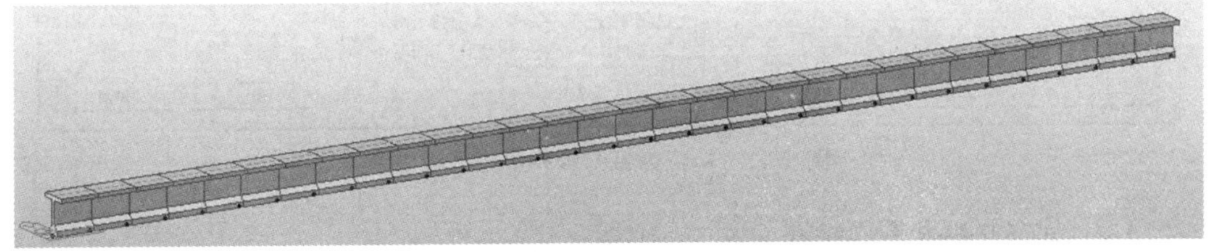

图 6.9　简单 T 形梁结构总体模型

6.3.2　设置操作环境

(1)步骤一:建立新项目

新建一项目，并保存为"两跨连续梁简单建模. mcb"模型文件，如图 6.10 所示。

(2)步骤二:定义单位体系

选择"工具"→"单位体系"，指定 kN(力)，m(长度)，如图 6.11 所示。

(3)步骤三:确定结构类型

选择"结构"→"结构类型"，选择"3-D"，如图 6.11 所示。

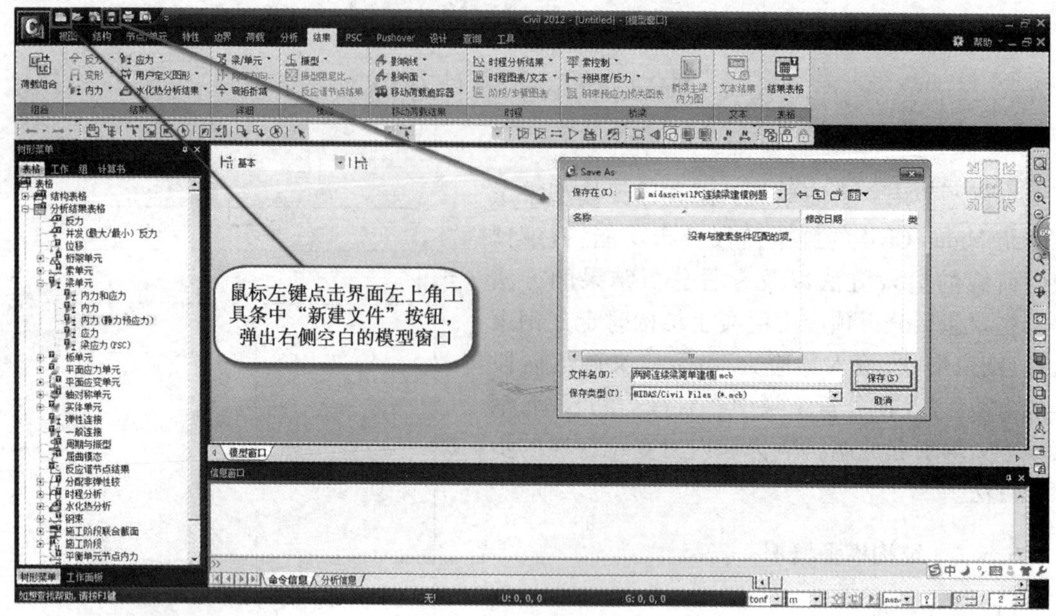

图 6.10 建立新项目

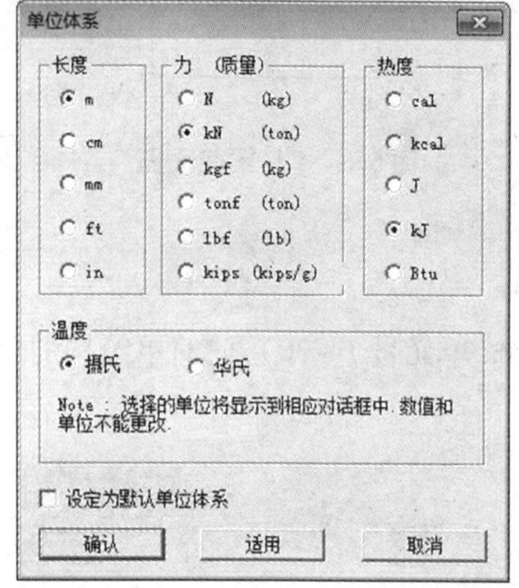

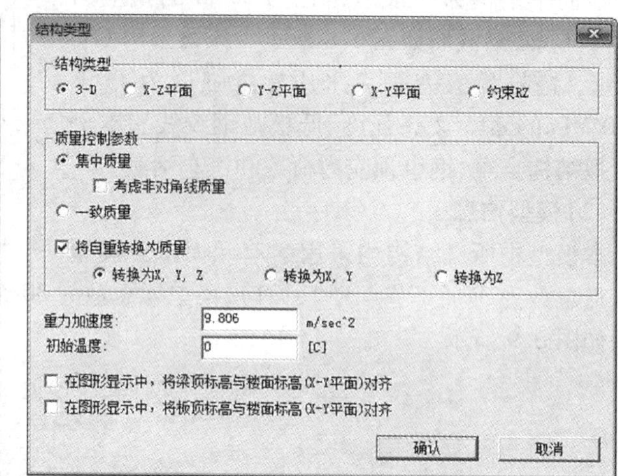

图 6.11 单位体系和结构类型的设置

6.3.3 定义材料和截面特性

①选择“特性”→“材料特性值”，材料类型中包括钢材、混凝土、组合材料(SRC)、用户定义 4 种类型，包含的规范有 GB, ASTM, JIS, DIN, BS, EN, KS 等。本模型使用的混凝土材料和钢材，分别是 C50 和 Strand1860 的预应力钢绞线。单击“材料特性值”按钮后弹出材料定义对话框，单击“添加”按钮，添加这两种材料。

C50 混凝土材料的定义如图 6.12 所示，Strand1860 预应力钢绞线的材料定义如图 6.13 所示。

②选择“特性”→“截面特性值”，单击“添加”按钮，弹出“截面数据”对话框，选择“设计截面”中的“工形”截面进行定义，如图 6.14 所示，并可在右侧设计截面视图中观看截面的正确性。单击左下角“修改偏心”按钮，在对话框中选择“中—下部”，如图 6.15 所示。单击“确

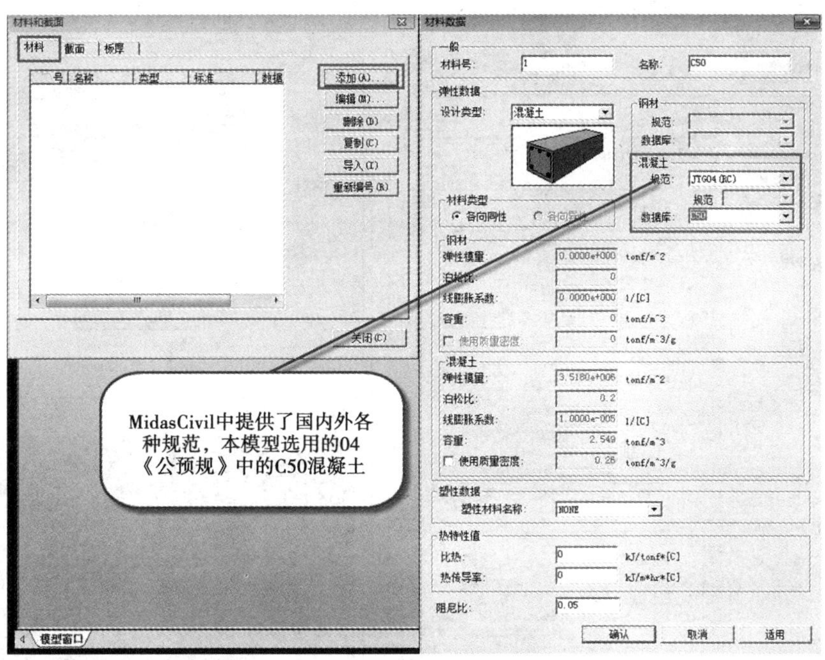

图 6.12　**定义 C50 混凝土**

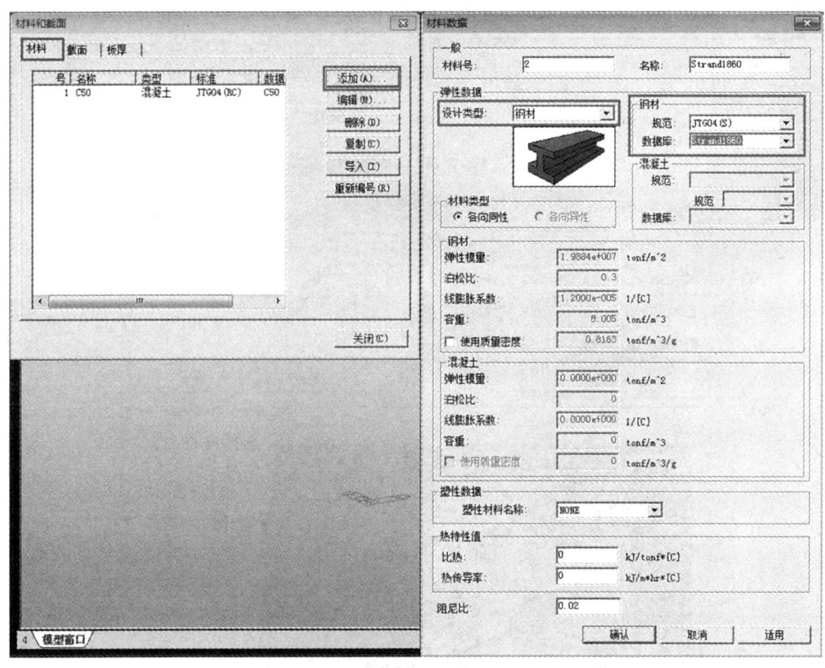

图 6.13　**定义 Strand1860 预应力材料**

认”按钮，退出此对话框。再单击“确认”按钮退出“截面数据”对话框。单击“关闭”按钮退出“截面特性值”对话框。

6.3.4　建立结构模型

在建立、复制节点和单元或者输入荷载等建模过程中，需输入坐标、距离、节点或单元的

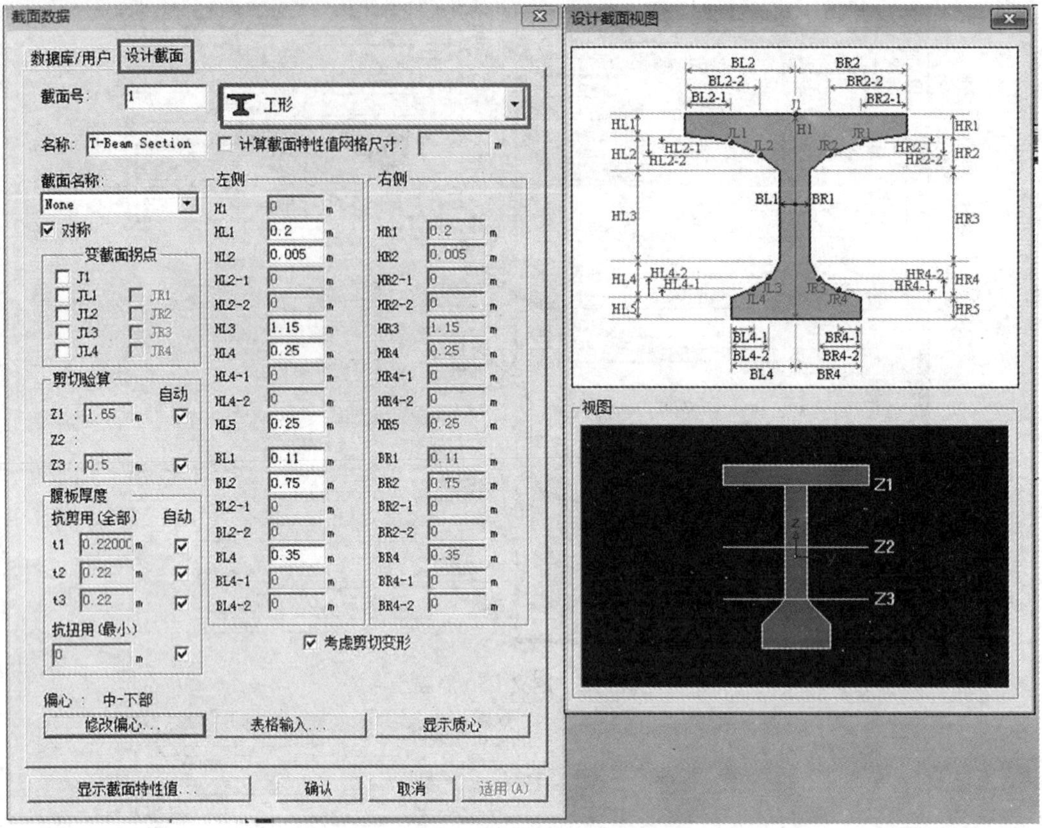

图 6.14　定义带马蹄的 T 形截面

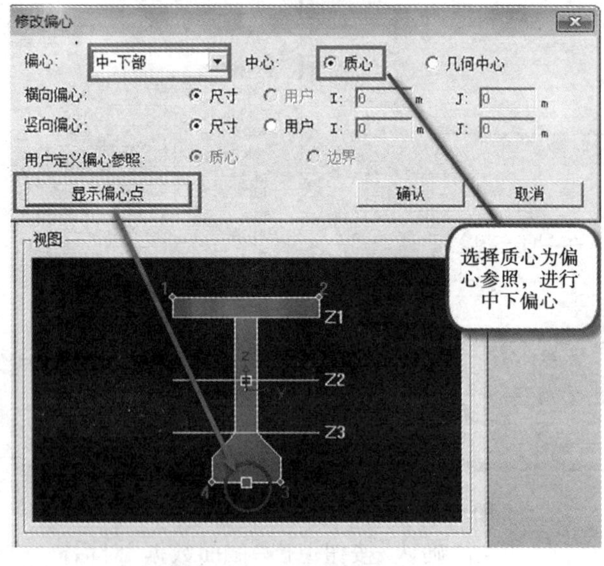

图 6.15　定义“修改偏心”

编号等数据，此时可使用鼠标点击输入的方式来代替传统的键盘输入方式。用鼠标单击输入栏，其变为草绿色时，即可使用鼠标编辑功能。

①选择“节点/单元”→“建立节点”，建立节点 1 如图 6.16 所示，单击“适用”按钮，在“模

型窗口”中即可见到节点 1,单击“关闭”按钮,退出对话框。

②选择“节点/单元”→“扩展”,将节点扩展为线单元,如图 6.17 所示。

树形菜单
节点　单元　边界条件　质量　荷载
建立节点
节点起始号: 32
坐标 (x, y, z)
0, 0, 0　m
复制
复制次数: 0
距离 (dx, dy, dz):
0, 0, 0　m
☑ 合并重复节点
☑ 在交叉点分割单元
适用(A)　关闭(C)
节点表格

节点	X(m)	Y(m)	Z(m)
1	0.000000	0.000000	0.000000
2	2.000000	0.000000	0.000000
3	4.000000	0.000000	0.000000
4	6.000000	0.000000	0.000000
5	8.000000	0.000000	0.000000
6	10.000000	0.000000	0.000000
7	12.000000	0.000000	0.000000
8	14.000000	0.000000	0.000000
9	16.000000	0.000000	0.000000
10	18.000000	0.000000	0.000000
11	20.000000	0.000000	0.000000
12	22.000000	0.000000	0.000000
13	24.000000	0.000000	0.000000
14	26.000000	0.000000	0.000000
15	28.000000	0.000000	0.000000
16	30.000000	0.000000	0.000000
17	32.000000	0.000000	0.000000
18	34.000000	0.000000	0.000000
19	36.000000	0.000000	0.000000
20	38.000000	0.000000	0.000000
21	40.000000	0.000000	0.000000
22	42.000000	0.000000	0.000000
23	44.000000	0.000000	0.000000
24	46.000000	0.000000	0.000000
25	48.000000	0.000000	0.000000
26	50.000000	0.000000	0.000000
27	52.000000	0.000000	0.000000

图 6.16　建立节点

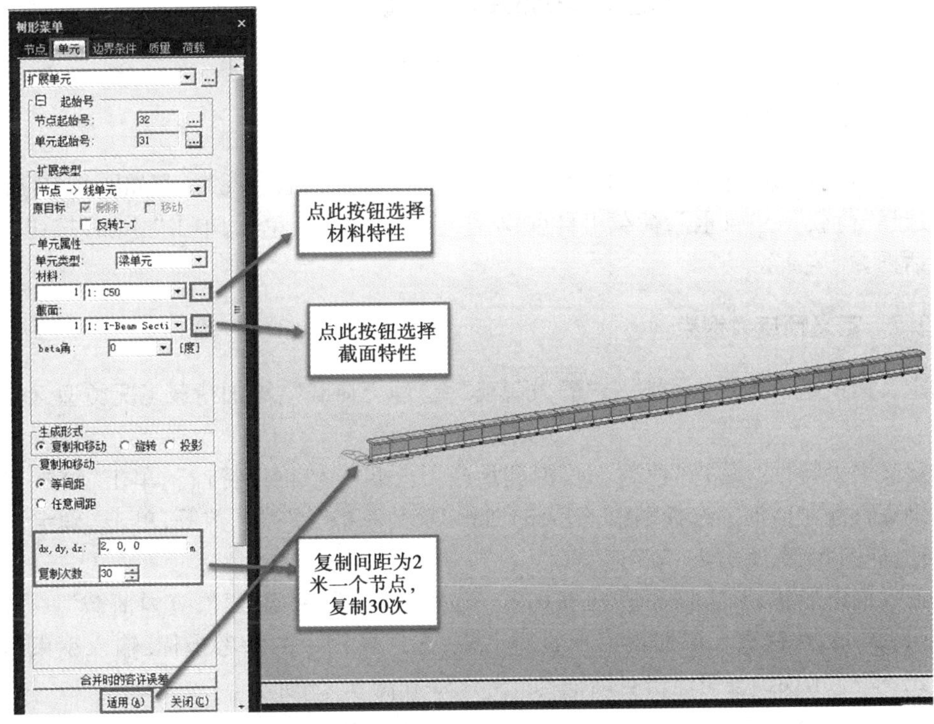

图 6.17　建立线单元

6.3.5 定义边界条件

选择“边界”→“边界条件”→“一般支承”,先定义边界组名称。这里有两种边界条件,分别定义两组。边界组 1 选择 1 和 16 号节点,约束住 1 号节点的 y、z 两个方向的位移和 x 方向的转角;约束住 16 号节点的 x、y、z 三个方向的位移和 x 方向的转角。边界组 2 选择 31 号节点,约束住 31 号节点 y、z 两个方向的位移和 x 方向的转角。单击“适用”按钮即可在模型窗口中看到边界条件的显示,还可用表格查看,如图 6.18 所示。

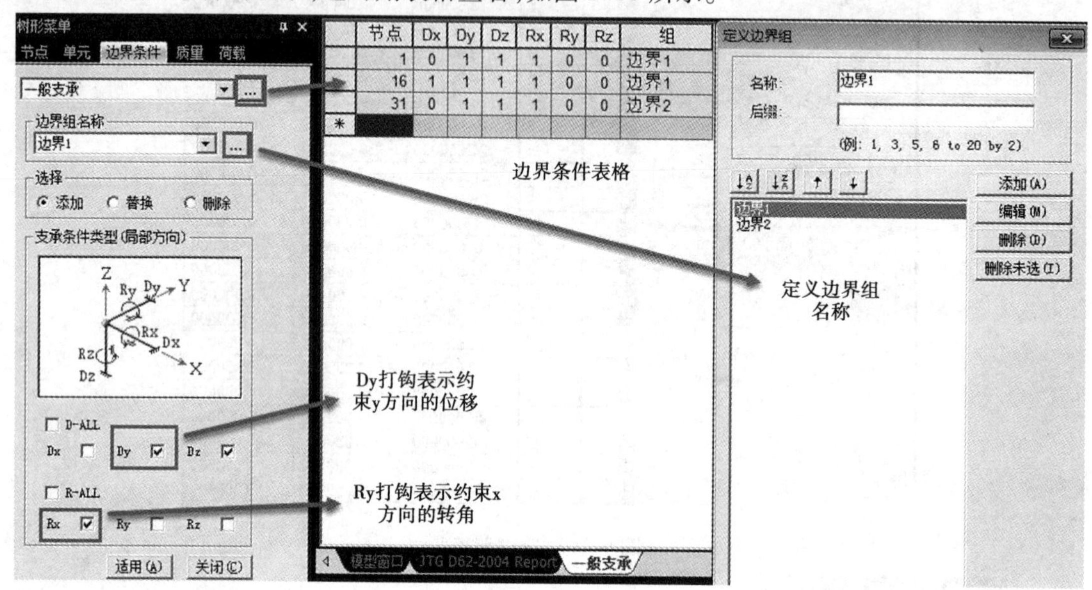

图 6.18 定义边界条件

6.3.6 定义静力荷载

①选择“荷载”→“静力荷载”→“静力荷载工况”,添加荷载工况类型,如图 6.19 所示。

②选择“荷载”→“自重”,荷载组自重,Z 方向-1,选择所有单元,单击“添加”按钮,再关闭退出对话框。

6.3.7 定义预应力钢束

①定义钢束组。选择“荷载”→“静力荷载”→“静力荷载”,添加荷载工况类型,如图 6.20 所示。

②定义钢束特性。选择“荷载”→“温度预应力荷载”→“钢束特性”,单击“添加”按钮进入添加钢束特性对话框。选择钢束,钢束的面积、松弛系数、摩擦系数等,单击“确定”按钮退出对话框,如图 6.21 所示。

③输入钢束形状,形状特性值见表 6.1。选择“荷载”→“温度预应力荷载”→“钢束形状”,单击“添加”按钮进入添加钢束形状对话框,先选择钢束的参考坐标,输入钢束信息后,选择单元,单击“确定”按钮退出对话框,如图 6.22 和图 6.23 所示。

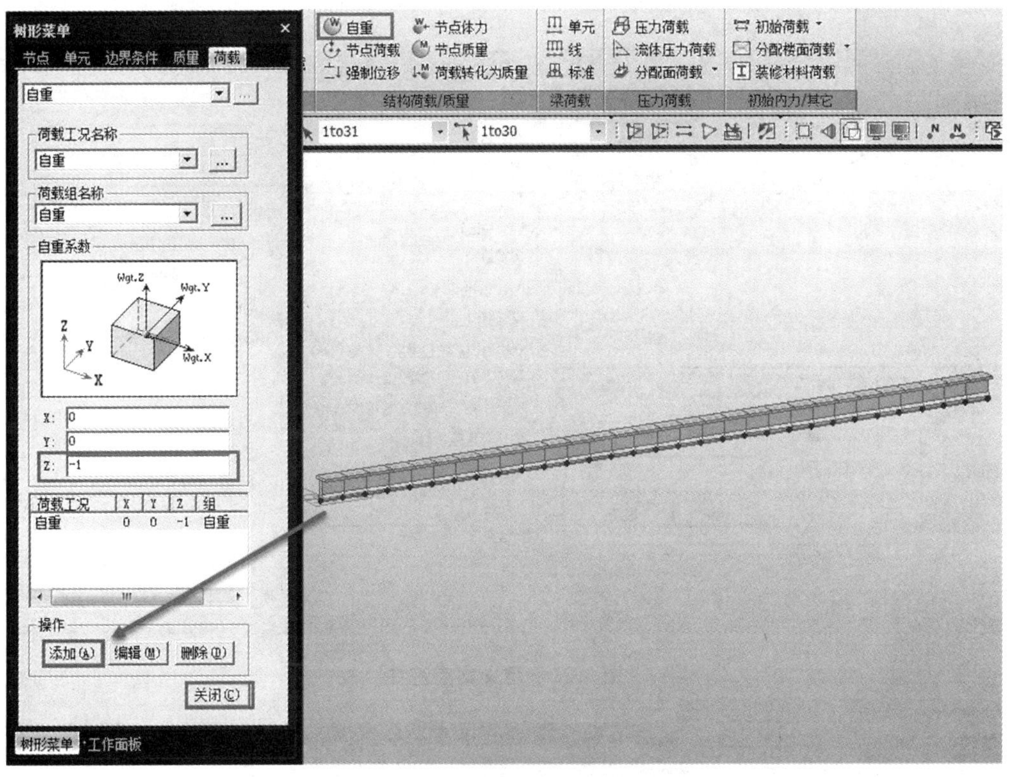

图 6.19　定义自重荷载

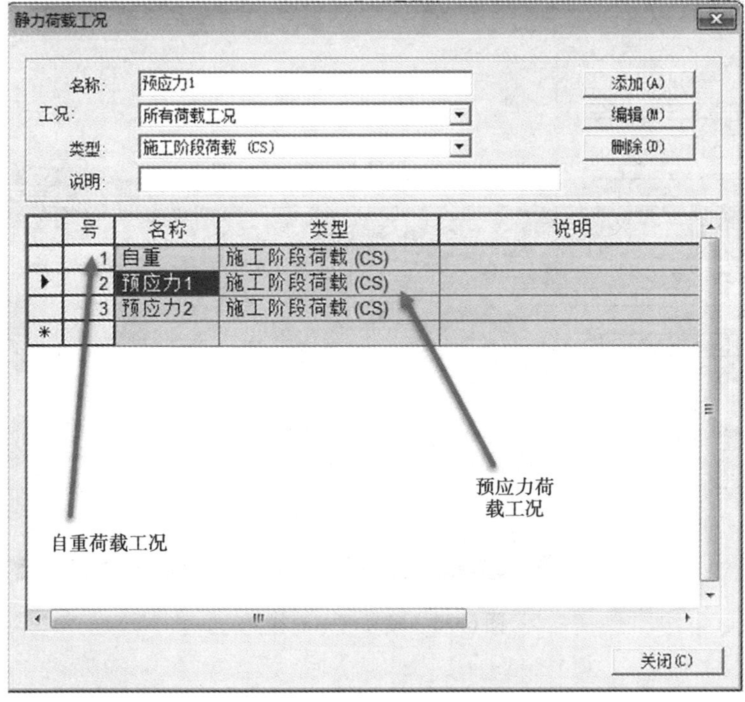

图 6.20　定义钢束组

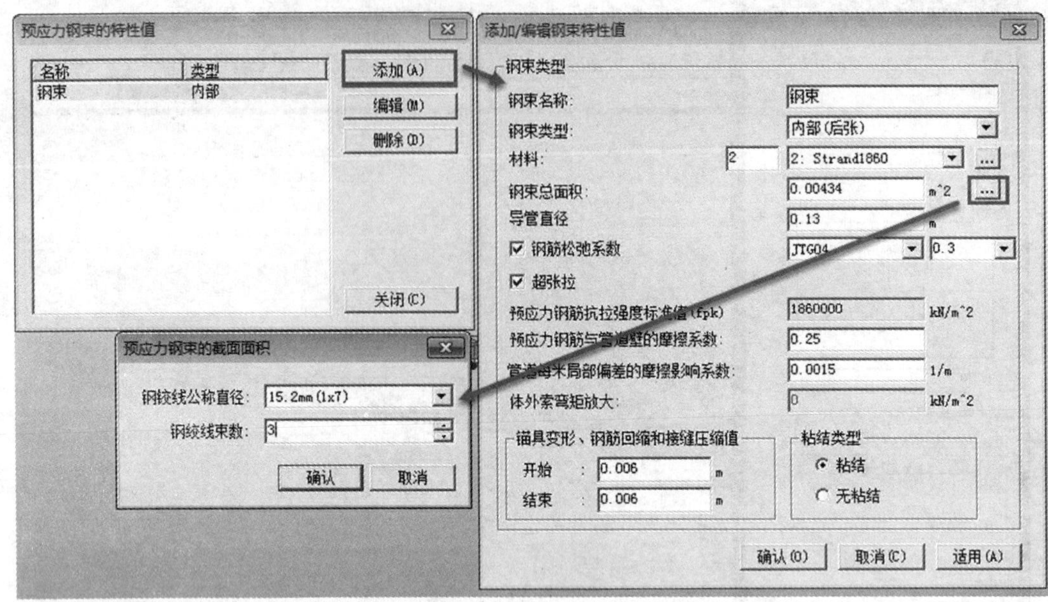

图 6.21　定义钢束特性

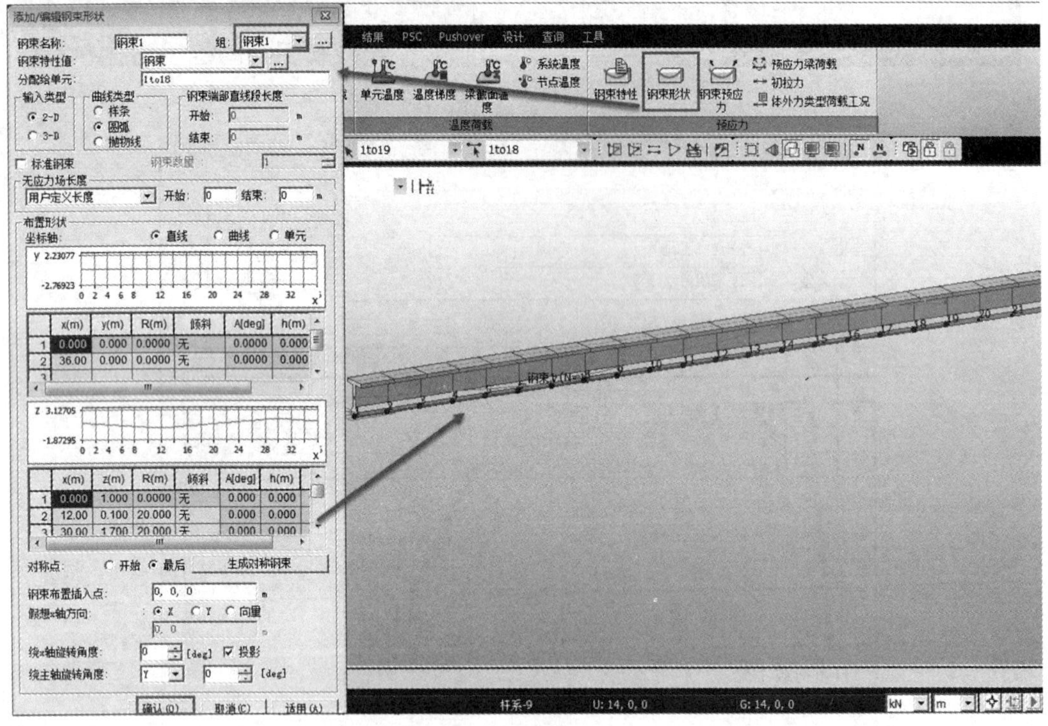

图 6.22　定义钢束形状-1

图 6.23　定义钢束形状-2

表 6.1　输入的钢束形状

钢　束	x/m	z/m	R/m	倾　斜
预应力 1	0	1	0	无
	12	0.1	20	无
	30	1.7	20	无
	36	1.2	0	无
预应力 2	24	1.3	0	无
	30	1.9	20	无
	48	0.1	20	无
	60	1	0	无

④定义预应力荷载工况。选择“荷载”→“温度预应力荷载”→“钢束预应力”，进入预应力荷载对话框，先输入工况名称组名称，输入张拉力，单击“添加”按钮，再退出对话框，如图 6.24 所示。

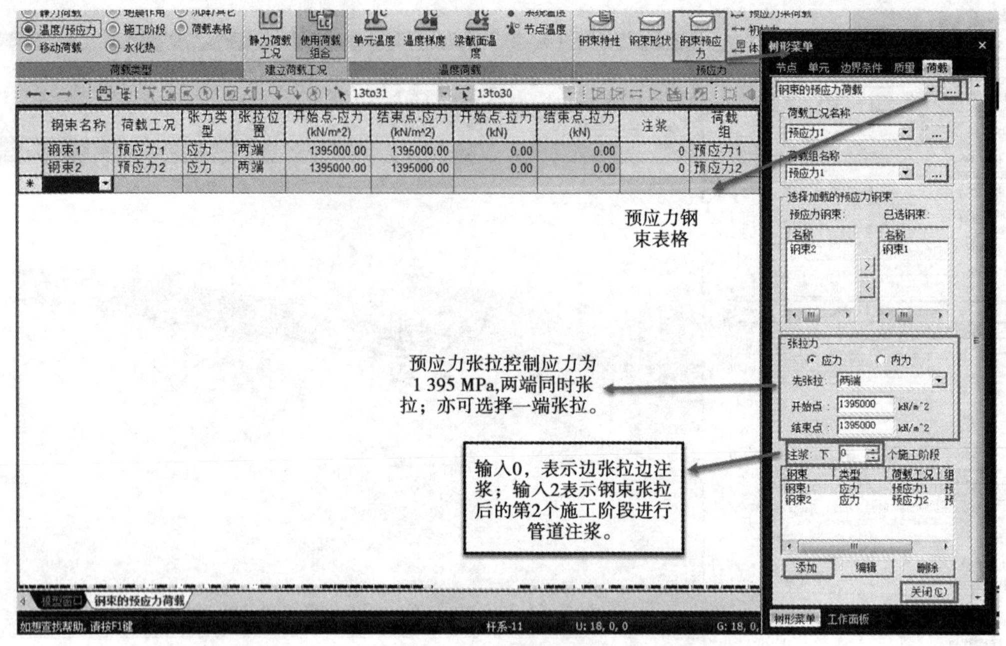

图 6.24　定义预应力荷载工况

6.3.8　输入普通钢筋

选择"特性"→"截面管理器"→"钢筋"，可输入普通钢筋的信息，包括纵向钢筋、抗剪钢筋和抗扭钢筋。纵向钢筋表格里面的输入项是直径、数量、距上部或下部的距离、间距等，按对称位置分布，不对称的钢筋一条条输入即可，如图 6.25 和图 6.26 所示。

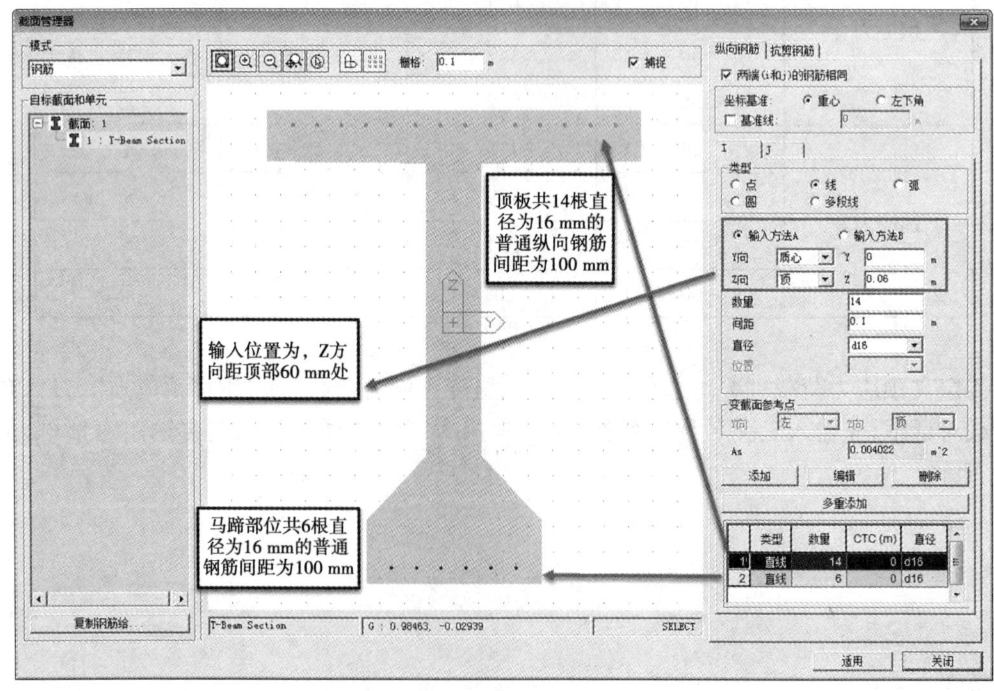

图 6.25　普通钢筋的输入-1

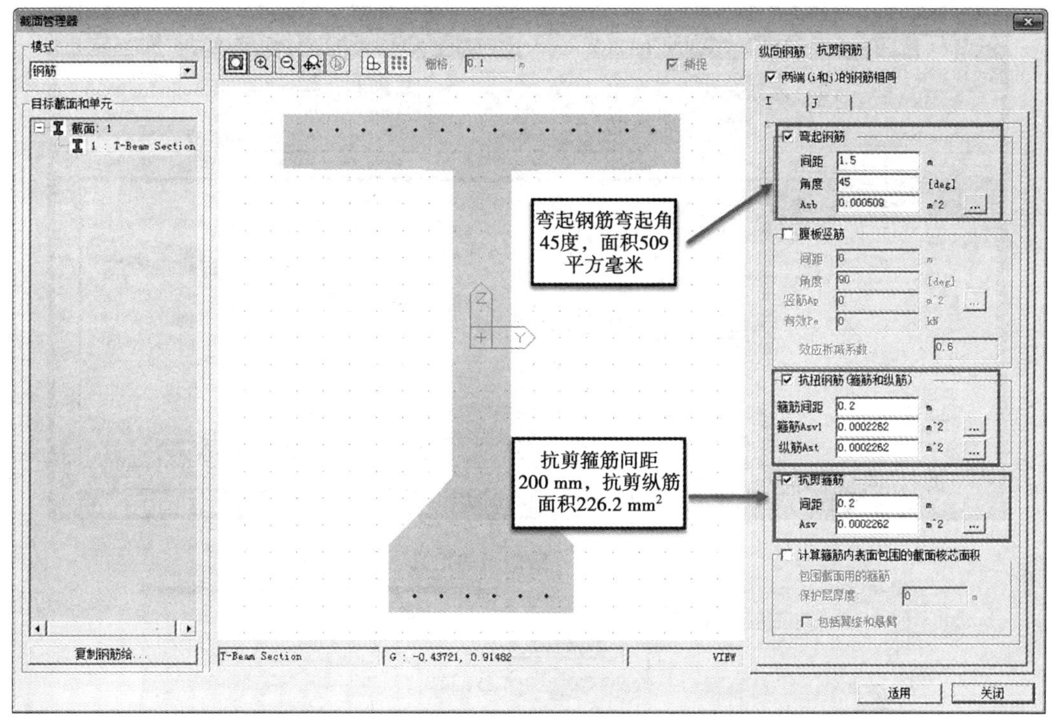

图 6.26　普通钢筋的输入-2

Y:输入钢筋的形心从基准点移动的距离。

Z:输入基准点至钢筋的竖向距离。

间距:纵向钢筋的横向间距。

6.3.9　定义施工阶段

施工阶段分析模型的阶段是由基本阶段、施工阶段和最后阶段组成的。

基本阶段是对单元进行添加或删除、定义材料、截面、荷载和边界条件的阶段,可以说与实际施工阶段分析无关,且上述工作只能在基本阶段进行。施工阶段是进行实际施工阶段分析的阶段,在这里可以更改荷载状况和边界条件。最后阶段是对除施工阶段荷载以外的其他荷载进行分析的阶段,在该阶段可以将一般荷载的分析结果和施工阶段分析的结果进行组合。最后阶段可以被定义为施工阶段中的任一阶段。

在定义施工阶段之前,Midas 提供了“结构组”“荷载组”和“边界组”的定义。在施工阶段模拟时,就能通过“激活”和“钝化”结构组来实现。用户进行“组”命名时,最好采用可识别名称,方便后期使用。

①选择“树形菜单”→“组”(或“模型”→“组”→“结构”),添加结构组。如图 6.27 所示,在模型中选择“1to18”单元,在“结构 1”上按住鼠标左键拖进模型中,或者在“结构 1”上按住鼠标右键再单击“适用”按钮。

②定义施工阶段,阶段信息见表 6.2。选择“荷载”→“施工阶段”→“定义施工阶段”。CS1 第一跨 T 形梁预制阶段持续时间为 20 天,激活第一个结构组(即第一跨的所有单元),激活这一跨的自重、边界条件和第一跨的预应力钢束,此施工阶段的定义方法如图 6.28 所示。

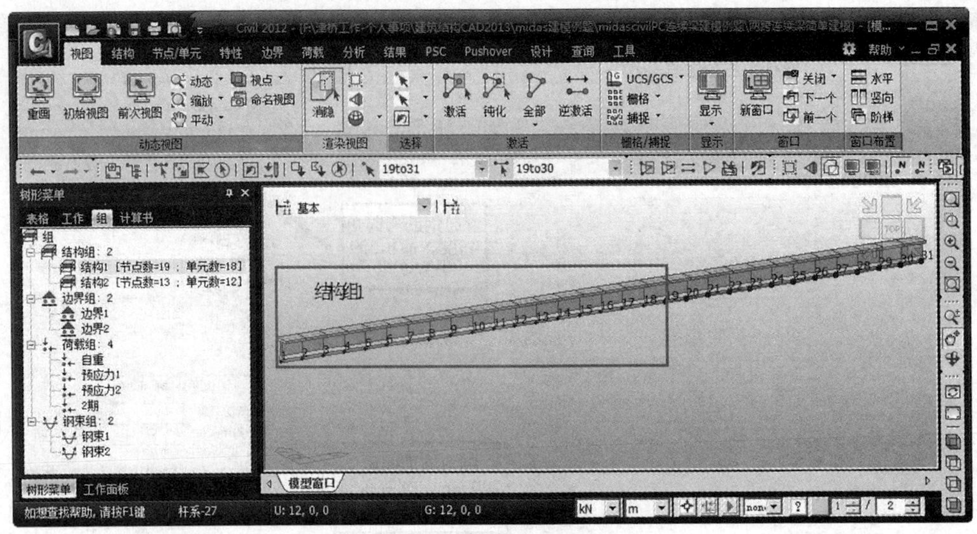

图 6.27　结构组的定义

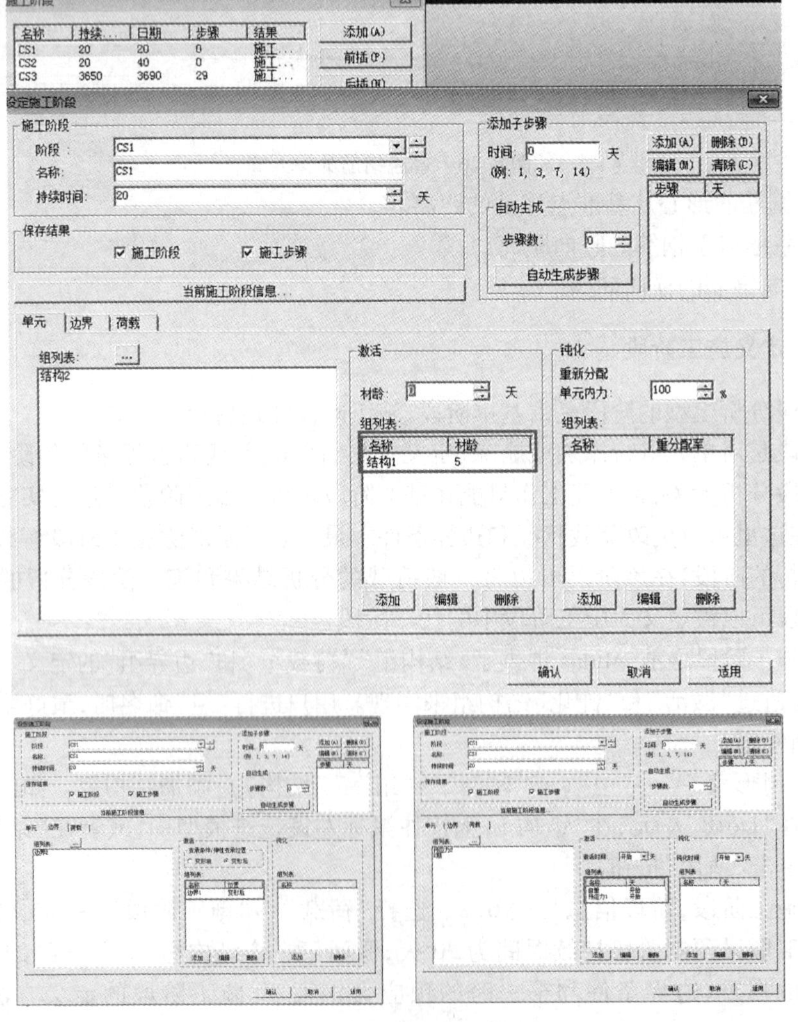

图 6.28　施工阶段的定义

表 6.2　施工阶段流程

施工阶段名称	持续时间	施工阶段说明
CS1 第一跨 T 形梁预制	20	激活“结构 1”第一跨 T 形梁单元、激活“边界 1”、最开始激活“自重”和钢束“预应力 1”
CS2 第二跨 T 形梁预制	20	激活“结构 2”第二跨 T 形梁单元、激活“边界 2”、最开始激活钢束组“预应力 2”
CS3 十年收缩与徐变	3 650	考虑 10 年的混凝土收缩徐变效应

③选择“分析”→“施工阶段分析控制”。完成建模和定义施工阶段后，在施工阶段分析选项中选择是否考虑材料的时间依存特性和弹性收缩引起的钢束应力损失，并指定分析徐变时的收敛条件和迭代次数。Midas Civil 2012 版本施工阶段分析控制数据定义如图 6.29 所示。

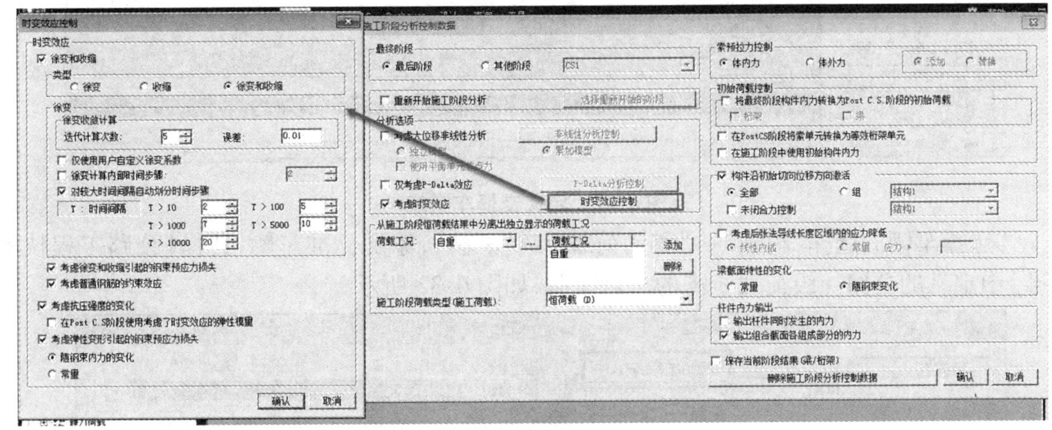

图 6.29　施工阶段分析控制数据

6.3.10　定义移动荷载

在施工阶段分析中，对于没有将类型定义为施工阶段荷载的一般静力荷载或移动荷载的分析结果，可在最后阶段进行查看。本例将在最后阶段查看对于移动荷载的分析结果。

①选择移动荷载规范。选择“荷载”→“移动荷载”→“移动荷载规范”，Midas 提供了中国、韩国、日本、欧洲等多种规范可选择，本例题选择中国规范，如图 6.30 所示。

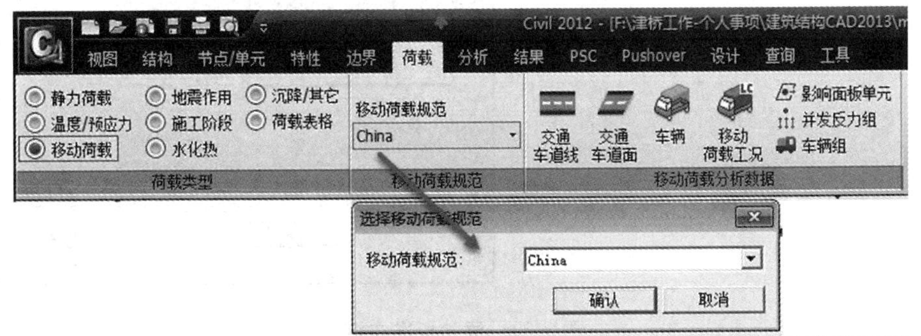

图 6.30　施工阶段分析控制数据

②定义交通车道线。选择"荷载"→"移动荷载"→"交通车道线",添加"lane"车道,如图 6.31 所示。

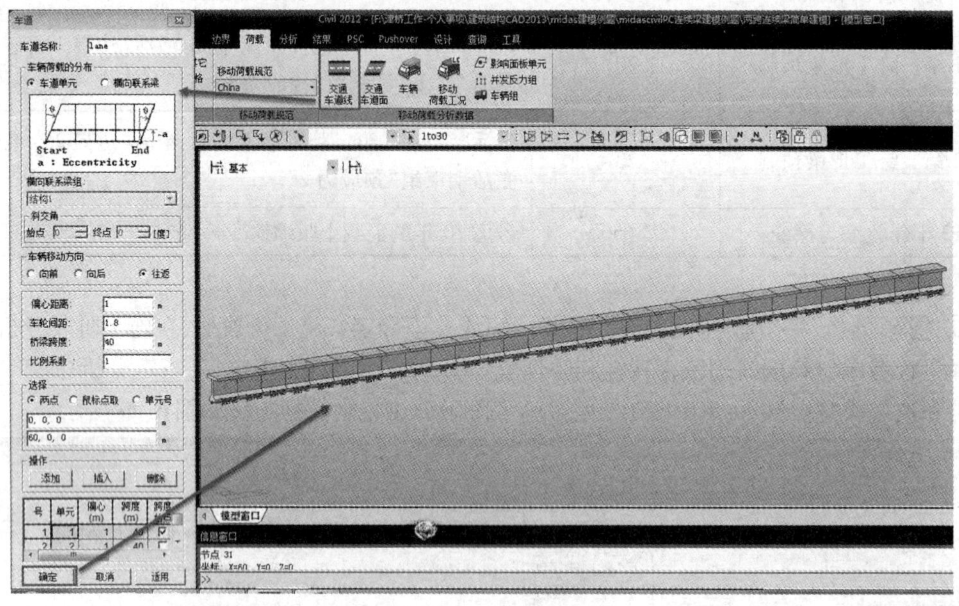

图 6.31 定义交通车道线

③选择车辆。选择"荷载"→"移动荷载"→"车辆",添加标准车辆,选择《公路工程技术标准》中定义的公路一级荷载所需的车辆荷载,如图 6.32 所示。

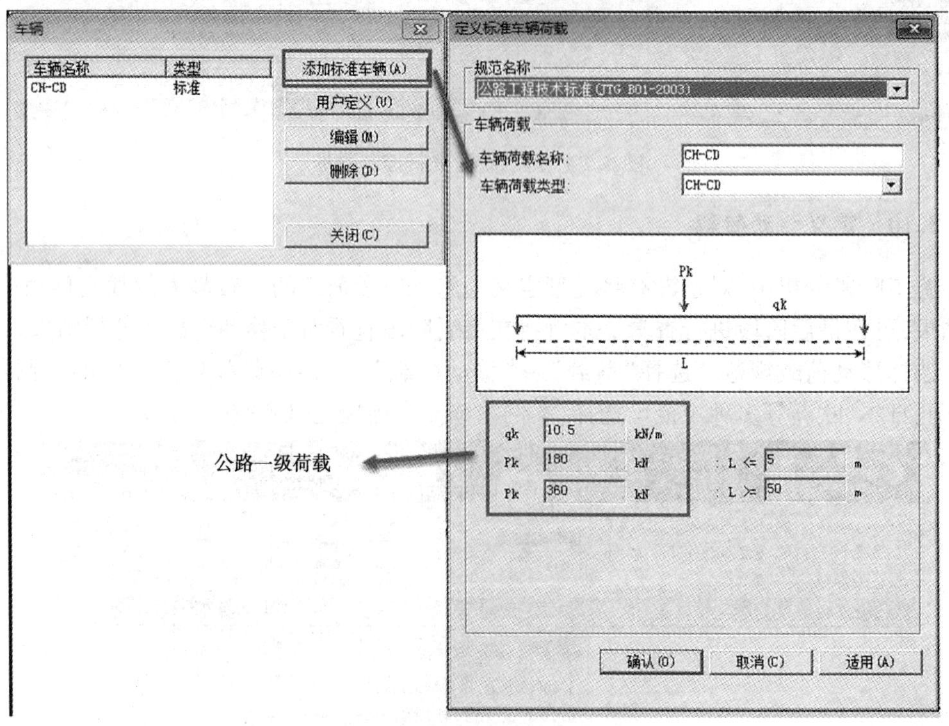

图 6.32 添加标准车辆

④定义移动荷载工况。选择"荷载"→"移动荷载"→"移动荷载工况"。移动荷载规范将

之前定义的车道和车辆联系起来，如图 6.33 所示。

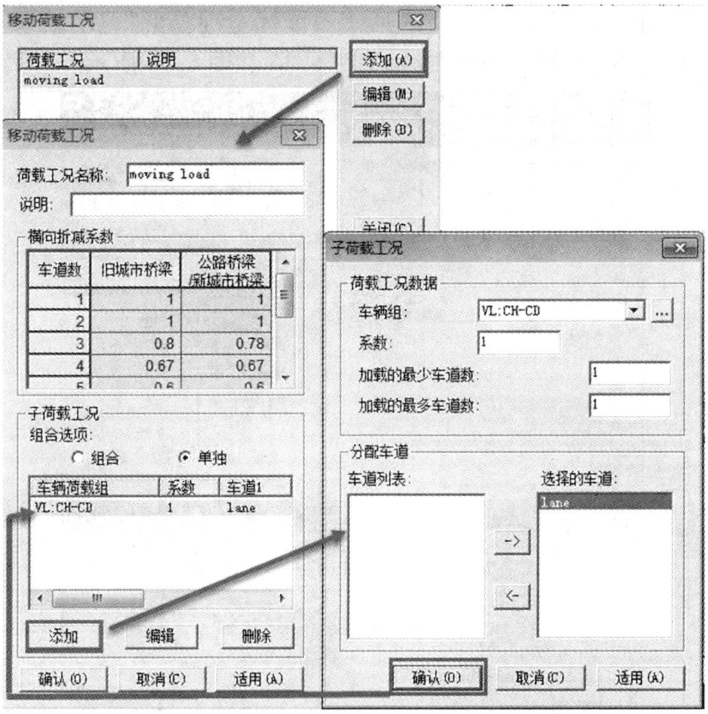

图 6.33　添加移动荷载工况

⑤定义移动荷载分析数据。选择“分析”→“移动荷载”。在移动荷载分析控制数据中，荷载控制选项、计算位置、计算选项和冲击系数计算方法需要用户自行定义，如图 6.34 所示。

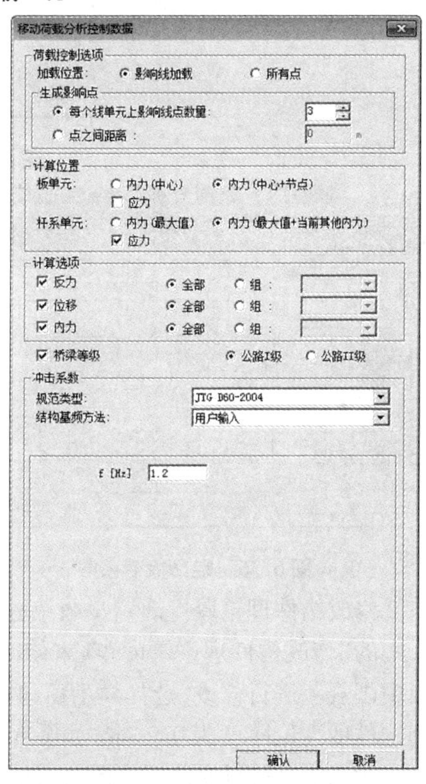

图 6.34　移动荷载分析控制数据

加载位置：选择影响线加载，这是公路常用的方式，而铁路、轻轨、地铁常用所有点加载方式，加载数量决定移动荷载分析的精度。

结果输出内容：仅输出最大值和最小值，或输出所有内力结果，选择是否输出应力。

计算选项：选择输出指定结构组的分析结果，默认输出所有构件的分析结果包括内力、位移和反力；在较大规模的模型分析时，通过此功能可节省计算求解时间和空间。

冲击系数计算方法：本例题选择基频法，亦可根据桥型选择其他常用的冲击系数计算方法。

6.3.11　定义材料高级属性

①定义收缩徐变。选择“特性”→“徐变/收缩”，鼠标左击“添加”按钮弹出添加时间依存材料对话框，输入现行《公路钢筋混凝土及预应力混凝

土桥涵设计规范》计算收缩徐变所需的各个参数:混凝土标号、环境湿度、构件理论厚度、水泥种类系数和龄期等。输入的参数如图 6.35 所示。鼠标左键单击“显示结果”按钮,即可查看“徐变系数”和“收缩应变”结果的函数曲线,如图 6.36 和图 6.37 所示。

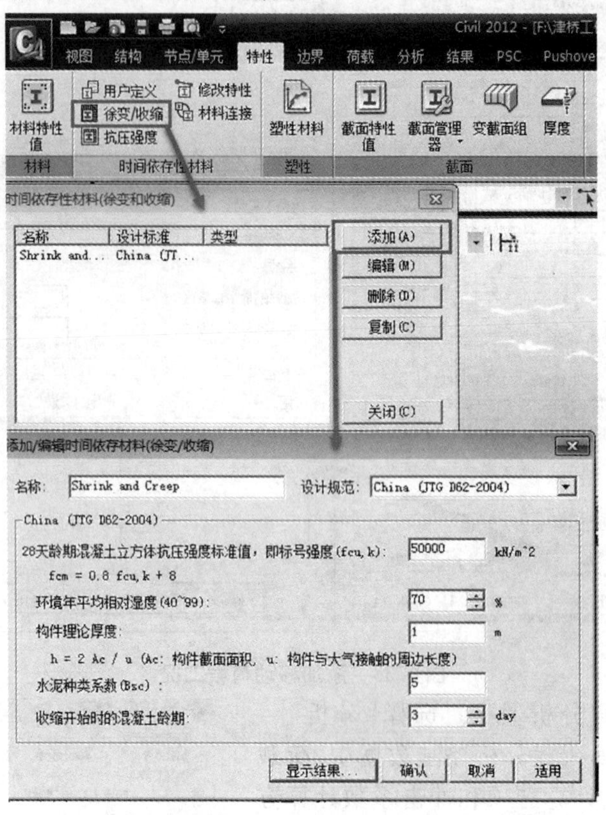

图 6.35　定义收缩徐变

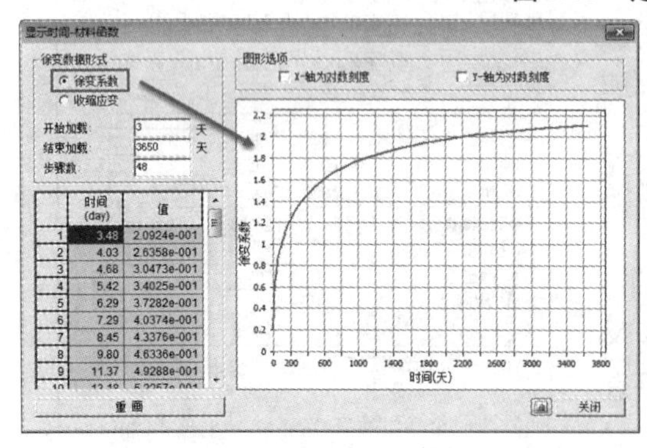

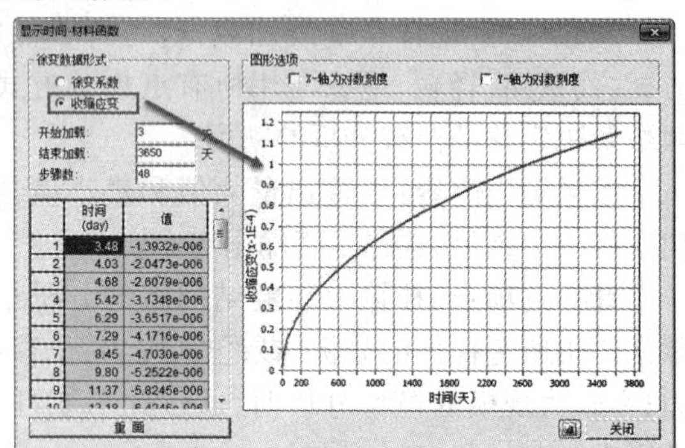

图 6.36　定义徐变系数　　　　图 6.37　定义收缩应变

②修改构件理论厚度。定义收缩徐变时“构件理论厚度”可先统一输入 1 m,然后再使用菜单中的“修改构件理论厚度”项来修改所有构件的理论厚度。选择“特性”→“修改特性”,选择中国规范进行修改,选择模型窗口中所有单元,然后鼠标单击“适用”按钮即可修改成功。本例构件的理论厚度为 0.23 m,如图 6.38 所示。

③时间依存材料连接。选择“特性”→“材料连接”,进行时间依存材料连接。选择 C50 的混凝土材料,并与收缩徐变的函数关联起来,单击操作中的“添加/编辑”即可,如图 6.39 所示。

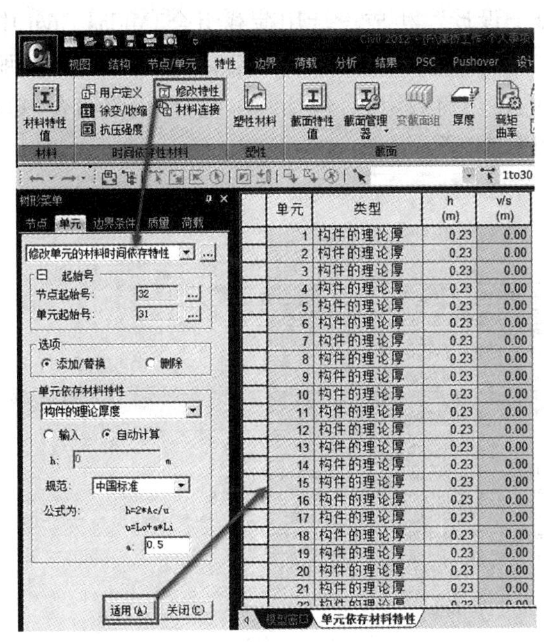

图 6.38　修改构件理论厚度

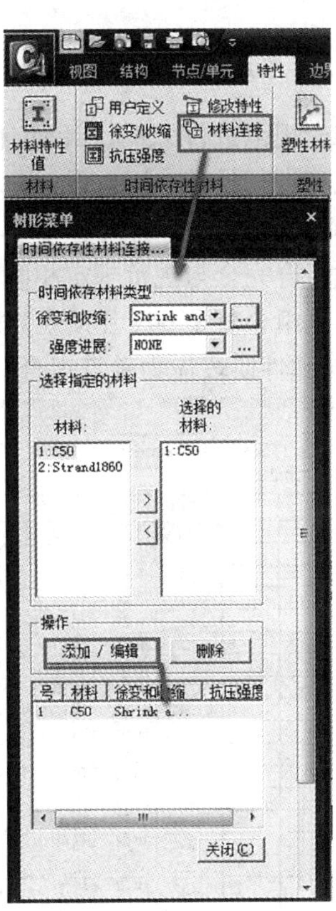

图 6.39　进行材料连接

6.4　Midas Civil 软件模型设计

Midas Civil 中的 PSC 设计即预应力混凝土设计，它提供了 12 项验算功能，包括：施工阶段正截面法向应力验算，受拉区钢筋的拉应力验算，使用阶段正截面抗裂验算，使用阶段斜截面抗裂验算，使用阶段正截面压应力验算，使用阶段斜截面主压应力验算，使用阶段裂缝宽度验算，普通钢筋量估算，预应力钢筋量估算，使用阶段正截面抗弯验算，使用阶段斜截面抗剪验算和使用阶段抗扭验算。根据"PSC 设计参数"中"截面设计内力"和"构件类型"选定内容的不同，给出的具体验算结果是不同的，并可输出 PSC 设计计算书。

6.4.1　运行结构分析结果

选择"分析"→"运行分析"，执行模型分析；或者直接按 <F5> 键执行模型分析，也可在工具条里单击图 6.40 所示的图标进行分析。

图 6.40

6.4.2 生产荷载组合

在结合规范进行 PSC 设计时,程序需调取混凝土设计中的荷载组合列表中荷载组合,然后结合规范进行设计。因此设计之前应先生成荷载组合。

选择“结果”→“荷载组合”→“混凝土设计”,生成设计用荷载组合,Midas Civil 中自动生成的荷载组合完全与规范规定相吻合。例如:按照 04 规范做公路混凝土桥梁设计,那么自动生成的荷载组合就是 04《公预规》规定的各类荷载组合,包括基本组合、极限组合、短期组合、长期组合、弹性阶段应力验算组合,如图 6.41 所示。

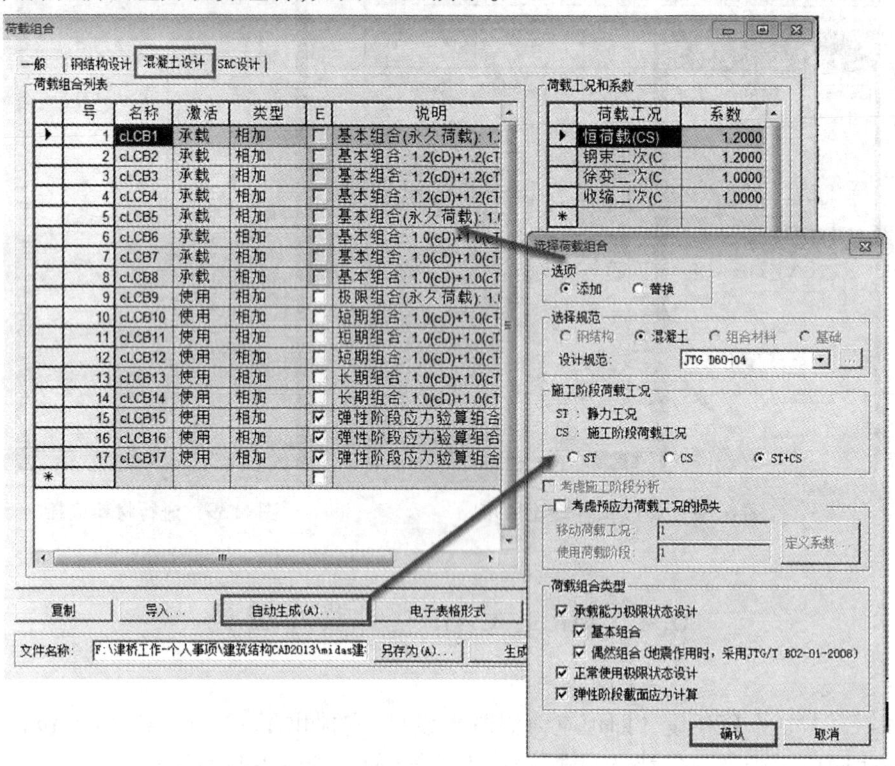

图 6.41 生成设计用荷载组合

6.4.3 定义 PSC 设计参数

在进行 PSC 设计之前,需定义设计所需的一系列参数。

①定义设计参数。选择“PSC 设计”→“参数”,定义设计参数、输出参数等,如图 6.42 所示。

②定义设计材料。选择“PSC 设计”→“参数”,定义设计材料,如图 6.43 所示。

③定义设计截面位置。选择“PSC 设计”→“参数”,定义设计截面位置,选择 1to30 单元,单击“适用”按钮,即设计好本例的设计位置是 1 到 30 单元,如图 6.44 所示。

④定义设计计算书输出内容。选择“PSC 设计”→“输出位置”,本例选择 1to30 单元的 i 端和 j 端为输出位置,如图 6.45 所示。

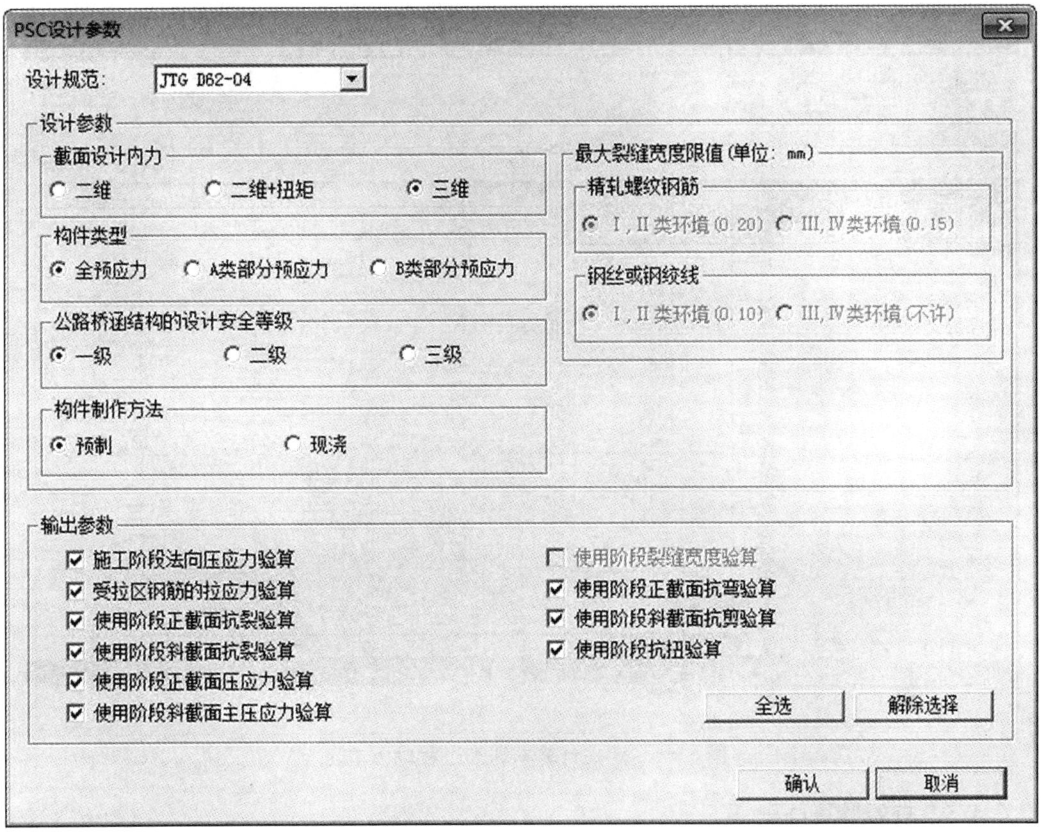

PSC设计参数
设计规范:
JTG D62-04
设计参数
截面设计内力
二维
二维+扭矩
三维
构件类型
全预应力
A类部分预应力
B类部分预应力
公路桥涵结构的设计安全等级
一级
二级
三级
构件制作方法
预制
现浇
最大裂缝宽度限值(单位: mm)
精轧螺纹钢筋
I，II类环境(0.20)
III，IV类环境(0.15)
钢丝或钢绞线
I，II类环境(0.10)
III，IV类环境(不许)
输出参数
施工阶段法向压应力验算
受拉区钢筋的拉应力验算
使用阶段正截面抗裂验算
使用阶段斜截面抗裂验算
使用阶段正截面压应力验算
使用阶段斜截面主压应力验算
使用阶段裂缝宽度验算
使用阶段正截面抗弯验算
使用阶段斜截面抗剪验算
使用阶段抗扭验算
全选
解除选择
确认
取消

图 6.42　定义 PSC 设计参数

编辑钢筋混凝土材料特性
材料列表
ID
名称
fc|fck|R
主筋
抗剪钢筋
1
C50
50000
HRB335
R235
混凝土材料
设计规范:
JTG04(RC)
等级:
C50
抗压强度(fcu,k)
50000
kN/m^2
钢筋
设计规范:
JTG04(RC)
主筋等级:
HRB335
箍筋等级:
R235
fy
335000
fyv
235000
kN/m^2
编辑
关闭

视图
结构
节点/单元
特性
边界
荷载
分析
结果
PSC
JTG D62-04
参数
PSC设计材料
输出/位置
PSC裂缝宽度系数
运行设计
结果表格
设计内力
PSC结果图形
设计参数
PSC设计数据
PSC设计
PSC设计结果
1to31
树形菜单
一般
钢结构
RC
SRC
PSC
PSC设计位置
选项
添加/替换
删除
弯矩
无
I
J
I&J
剪力
适用
关闭
单元
弯矩
剪力

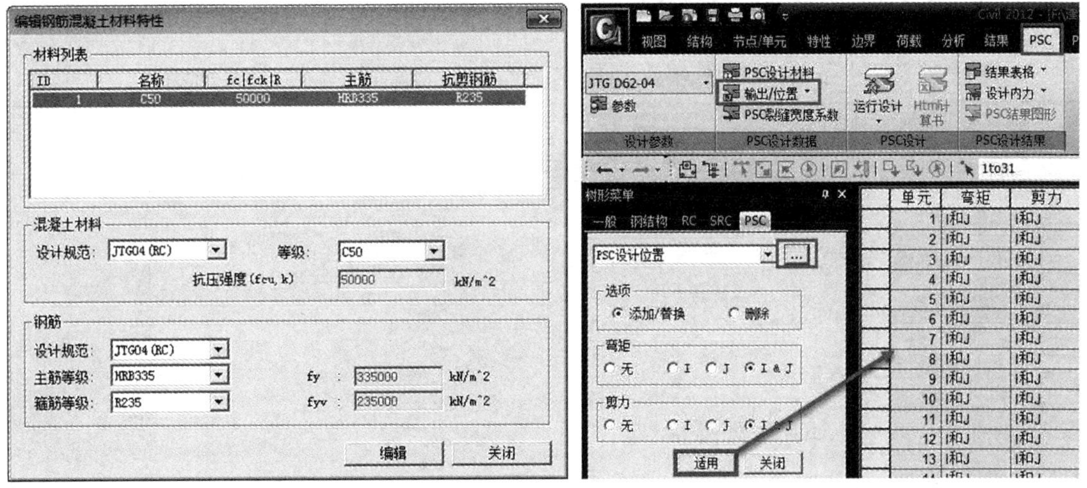

图 6.43　定义 PSC 设计材料　　　　图 6.44　定义 PSC 设计单元

6.4.4　运行 PSC 梁设计

选择“PSC 设计”→“运行设计”→“梁设计”，运行 PSC 梁的设计。

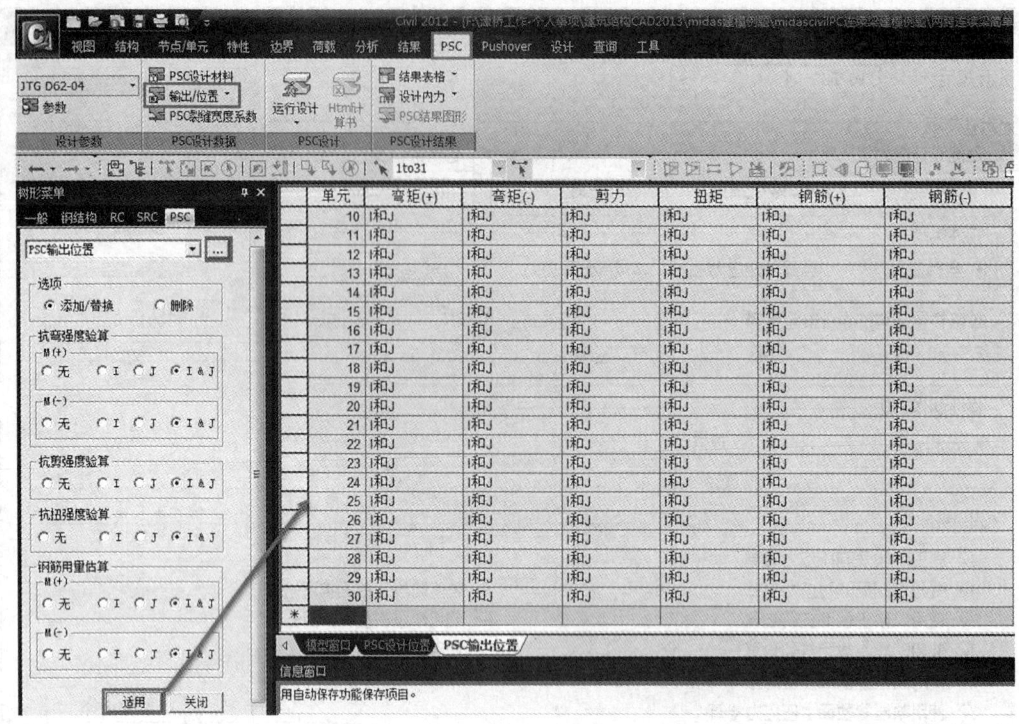

图 6.45　定义计算书详细过程输出单元

6.4.5　查看验算结果

梁设计运行完毕后可输出设计计算书查看验算结果，也可以查看设计结果图形和各项验算的结果表格。

选择“PSC 设计”→“Htm 计算书”，可输出 PSC 设计计算书，如图 6.46 所示。

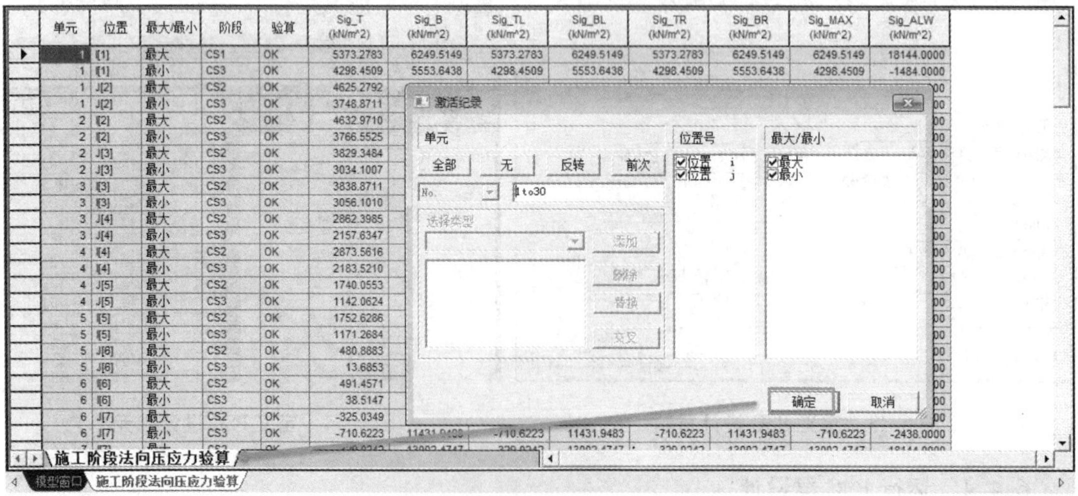

图 6.46　输出设计计算书

选择“PSC 设计”→“PSC 结果图形”，可查看验算结果包络图，如图 6.47 所示，本例查看了 15 和 16 号单元的弯矩包络图。

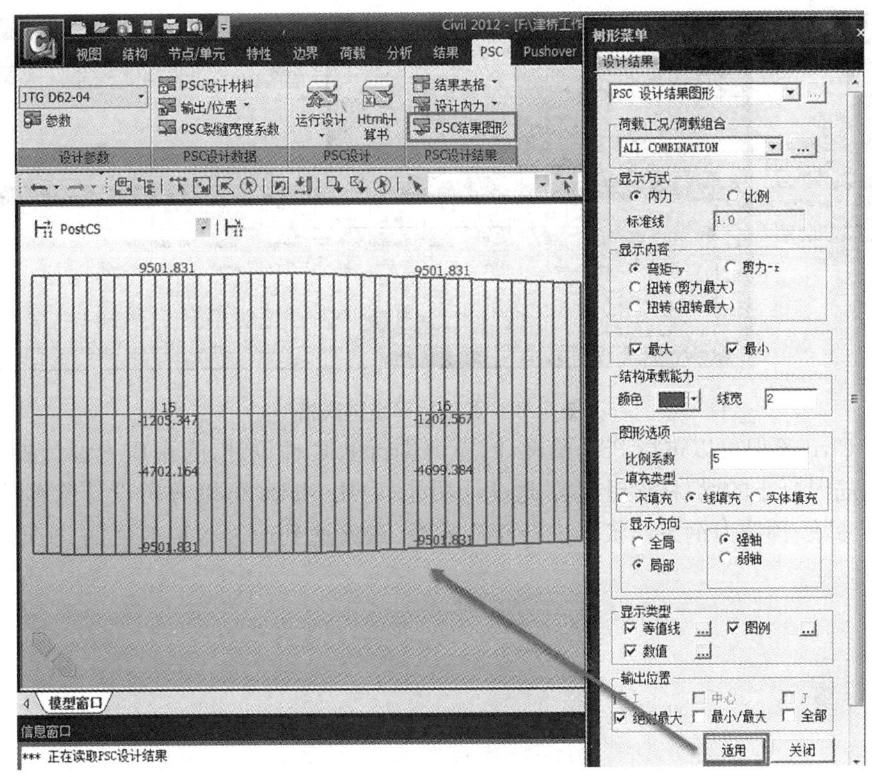

图 6.47　抗弯承载能力验算包络图

选择"PSC 设计"→"结果表格"→"使用阶段正截面抗弯验算",可查看验算结果表格,如图 6.48 所示。验算一栏显示 OK 表示通过验算。

选择"PSC 设计"→"结果表格"→"验算表格",有 11 个表格可供查看,图 6.49 显示了施工阶段法向压应力验算、受拉区钢筋的拉应力验算、使用阶段正截面压应力验算三个验算结果表格。

树形菜单
表格　工作　组　计算书
表格
结构表格
分析结果表格
设计表格
RC设计
PSC设计
PSC设计位置
PSC输出位置
PSC 裂缝宽度系数
施工阶段法向压应力验算
受拉区钢筋的拉应力验算
使用阶段正截面抗裂验算
使用阶段斜截面抗裂验算
使用阶段正截面压应力验算
使用阶段斜截面主压应力验算
预应力钢筋量估算
使用阶段正截面抗弯验算
使用阶段斜截面抗剪验算
使用阶段抗扭验算
PSC设计内力
一般设计
钢构件设计
Pushover分析
查询表格

单元	位置	最大/最小	组合名称	类型	验算	rMu (kN*m)	Mn (kN*m)
13	I[13]	最大	cLCB6	MY-MAX	OK	1065.4889	4156.1353
13	I[13]	最小	cLCB2	MY-MIN	OK	-3029.2497	6692.9539
13	J[14]	最大	cLCB6	MY-MAX	OK	195.2137	2898.0845
13	J[14]	最小	cLCB2	MY-MIN	OK	-3382.9848	8021.1449
14	I[14]	最大	cLCB6	MY-MAX	OK	182.7195	2897.7193
14	I[14]	最小	cLCB2	MY-MIN	OK	-3395.4790	8021.1449
14	J[15]	最大	cLCB6	MY-MAX	OK	-560.8321	9445.7053
14	J[15]	最小	cLCB2	MY-MIN	OK	-3961.0738	9445.7053
15	I[15]	最大	cLCB6	MY-MAX	OK	-569.0439	9445.7053
15	I[15]	最小	cLCB2	MY-MIN	OK	-3969.2857	9445.7053
15	J[16]	最大	cLCB5	-	OK	-1205.3472	9501.8306
15	J[16]	最小	cLCB2	MY-MIN	OK	-4702.1641	9501.8306
16	I[16]	最大	cLCB5	-	OK	-1202.5669	9501.8306
16	I[16]	最小	cLCB2	MY-MIN	OK	-4699.3839	9501.8306
16	J[17]	最大	cLCB6	MY-MAX	OK	-566.1632	8754.7173
16	J[17]	最小	cLCB2	MY-MIN	OK	-3965.1859	8754.7173
17	I[17]	最大	cLCB6	MY-MAX	OK	-556.0598	8754.7173
17	I[17]	最小	cLCB2	MY-MIN	OK	-3955.0824	8754.7173
17	J[18]	最大	cLCB6	MY-MAX	OK	187.2851	2733.6546
17	J[18]	最小	cLCB2	MY-MIN	OK	-3389.4149	7404.9858
18	I[18]	最大	cLCB6	MY-MAX	OK	199.8507	2734.0153
18	I[18]	最小	cLCB2	MY-MIN	OK	-3376.8492	7404.9858
18	J[19]	最大	cLCB6	MY-MAX	OK	1069.6577	4212.4868
18	J[19]	最小	cLCB2	MY-MIN	OK	-3022.8414	10156.1308

使用阶段正截面抗弯验算　受压区高度验算

模型窗口　施工阶段法向压应力验算　使用阶段正截面抗弯验算

图 6.48　使用阶段正截面抗弯验算结果表格

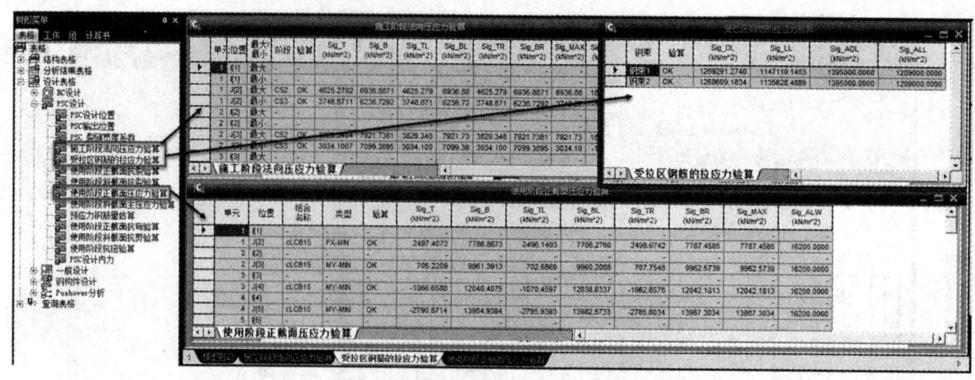

图 6.49　其他验算结果表格

Midas Civil 不但可以进行 PSC 梁设计,还可进行 PSC 柱设计,除预应力设计外还可进行 RC 普通钢筋混凝土的梁、柱设计。据此设计功能,利用 Midas 可以分析设计验算结果,可对模型、设计参数、预应力钢束形状等进行相应调整,最终达到通过验算的目的,实现简单桥梁结构的设计。

附　录

附录A　某电信大楼框架结构建施图

本工程占地面积558.7 m^2;建筑高度26.6 m,局部30 m。位于市中心。建筑层数:6层,局部7层;结构形式:框架结构。

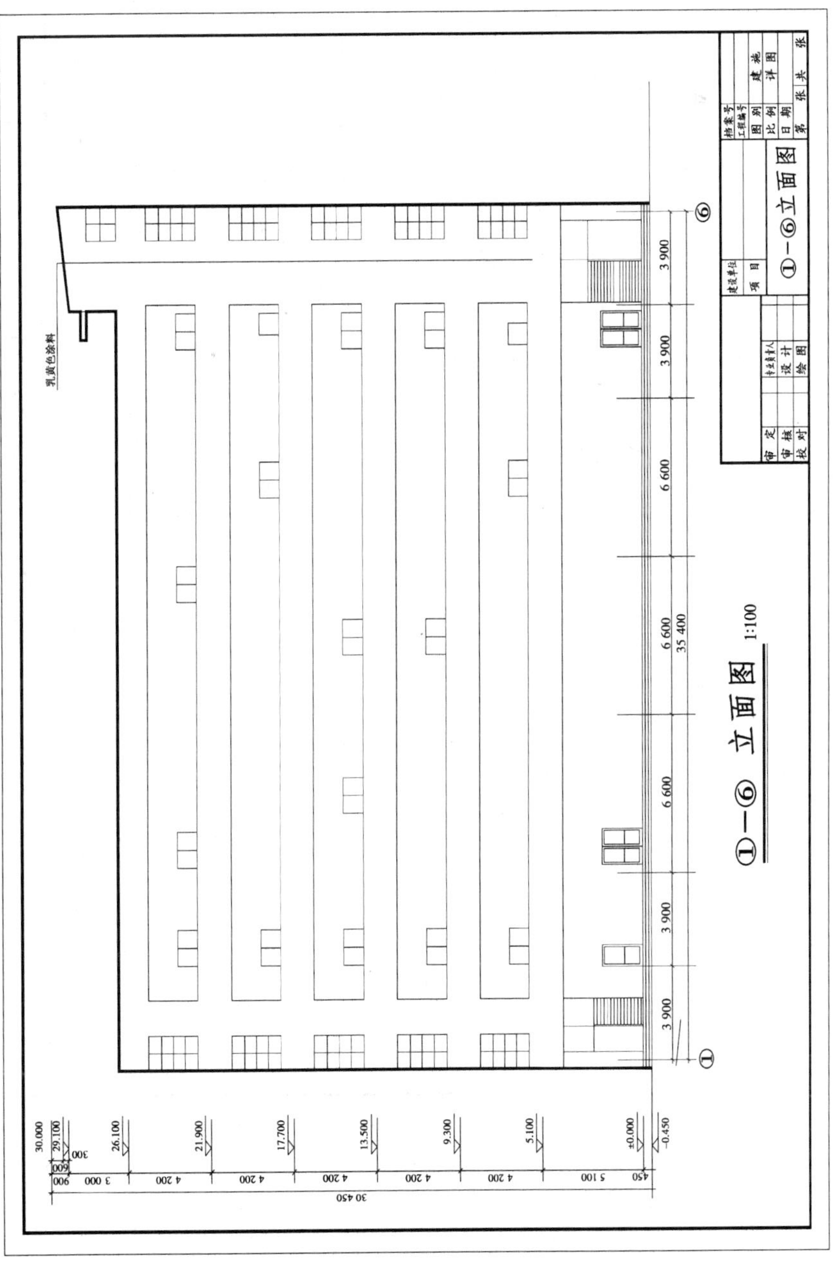

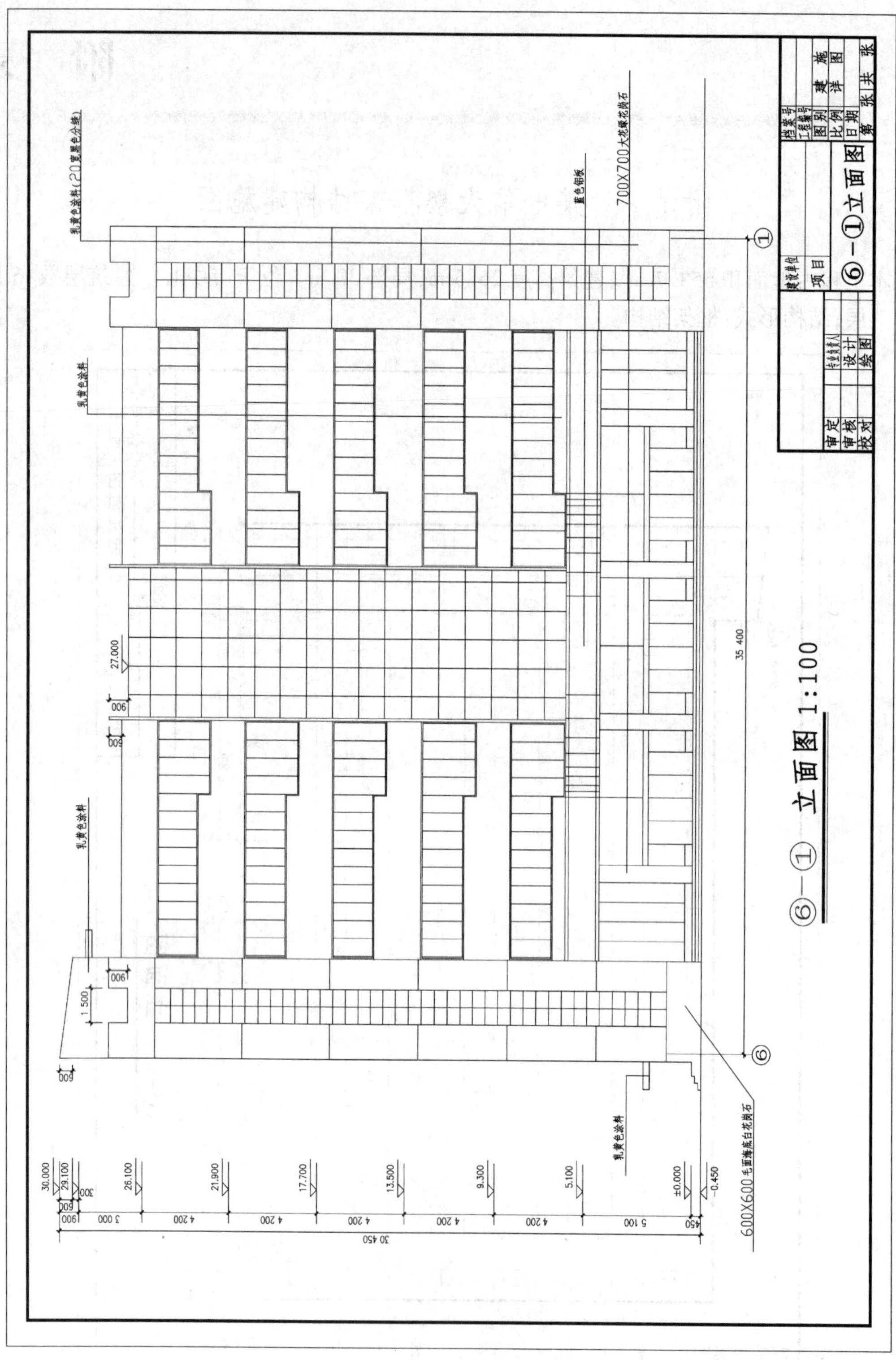

乳黄色涂料
700X700大花绿花岗石
蓝色铝板
600X600毛面海底白花岗石
⑥—①立面图
⑥—① 立面图 1:100

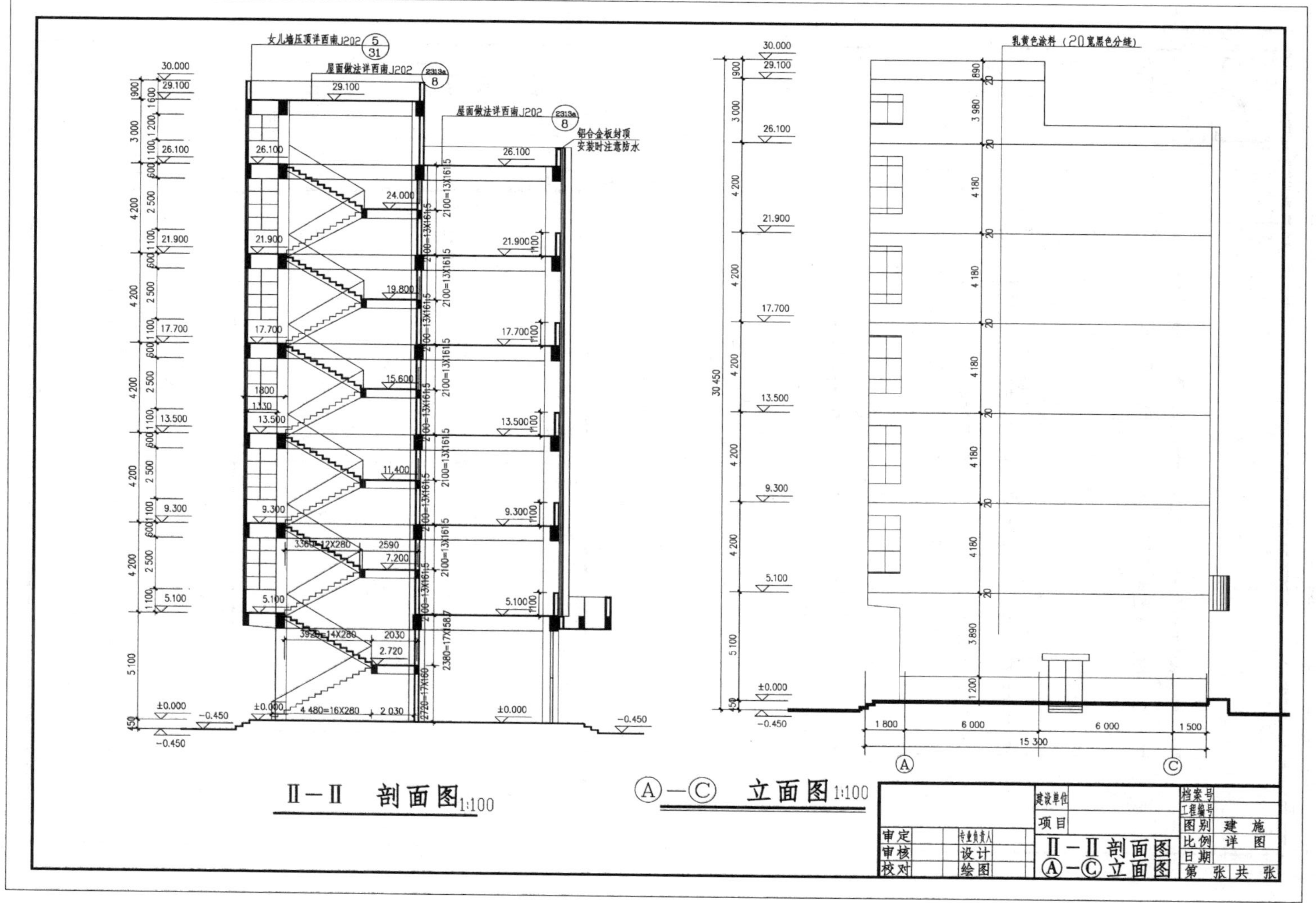
女儿墙压顶详西南J202
屋面做法详西南J202
铝合金板封顶
安装时注意防水
乳黄色涂料（20宽黑色分缝）
Ⅱ—Ⅱ 剖面图 1:100
Ⓐ—Ⓒ 立面图 1:100
建设单位
项目
Ⅱ—Ⅱ剖面图
Ⓐ—Ⓒ立面图
审定
审核
校对
专业负责人
设计
绘图
档案号
工程编号
图别 建施
比例 详图
日期
第 张 共 张

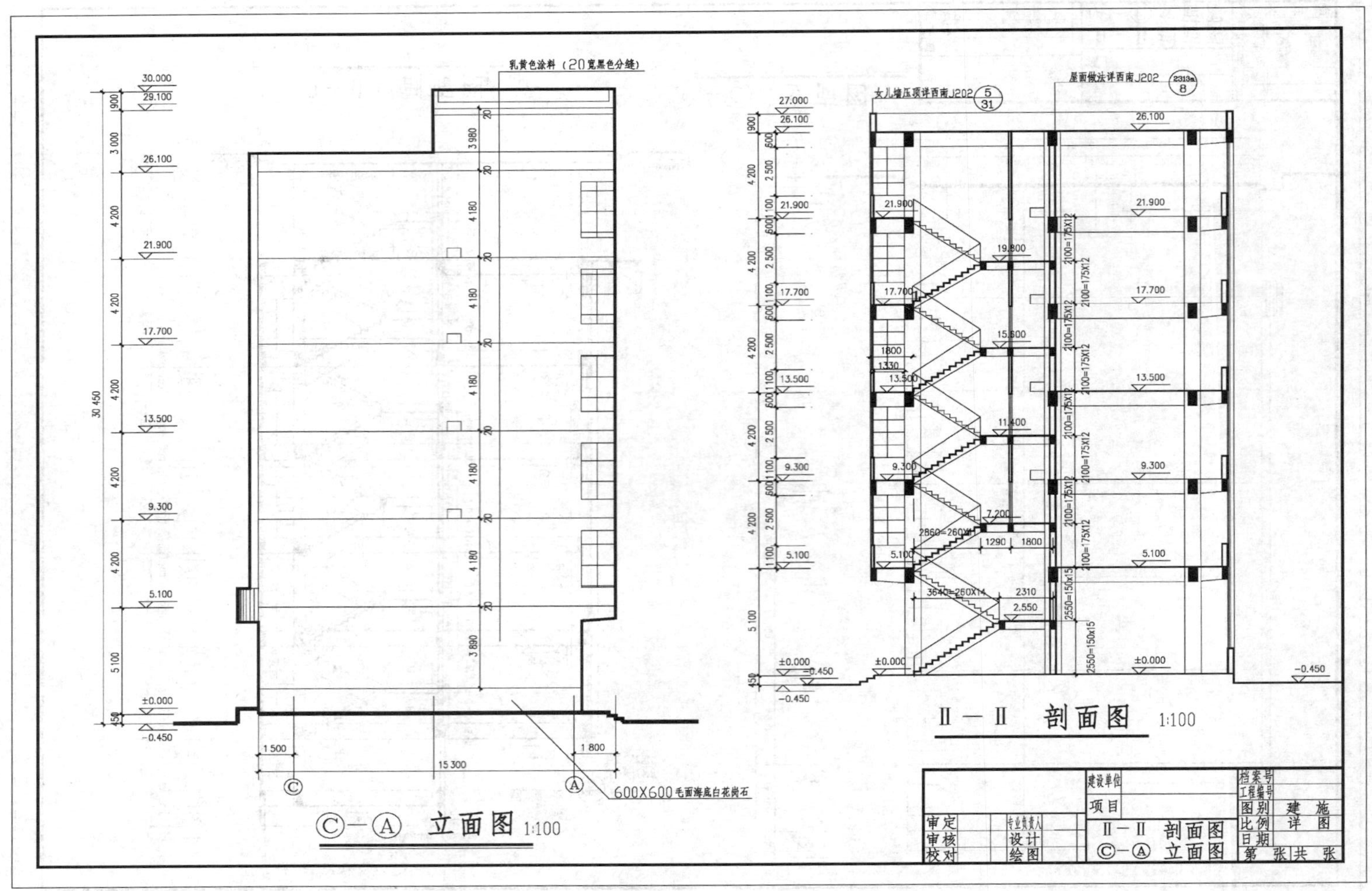

乳黄色涂料（20宽黑色分缝）
600X600毛面海底白花岗石
Ⓒ—Ⓐ 立面图 1:100
女儿墙压顶详西南J202
屋面做法详西南J202
Ⅱ—Ⅱ 剖面图 1:100
建设单位
项目
审定
审核
校对
专业负责人
设计
绘图
Ⅱ—Ⅱ 剖面图
Ⓒ—Ⓐ 立面图
档案号
工程编号
图别 建施
比例 详图
日期
第 张 共 张

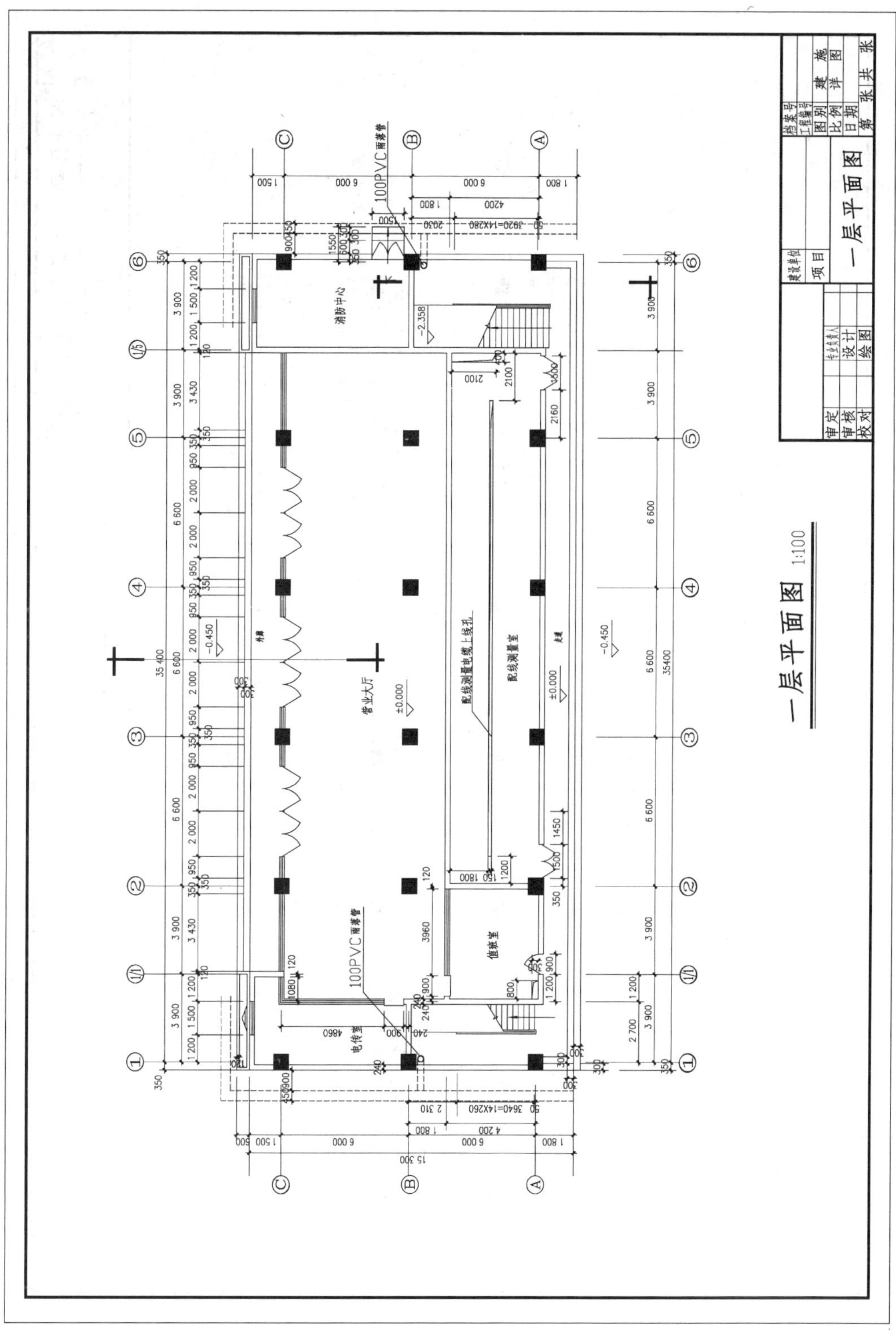
一层平面图 1:100
营业大厅
消防中心
配线测量室
值班室
电传室
配线测量电缆上线孔
100PVC 雨落管
审定
审核
校对
设计
绘图
项目
图别
比例
日期
建施
详图
一层平面图

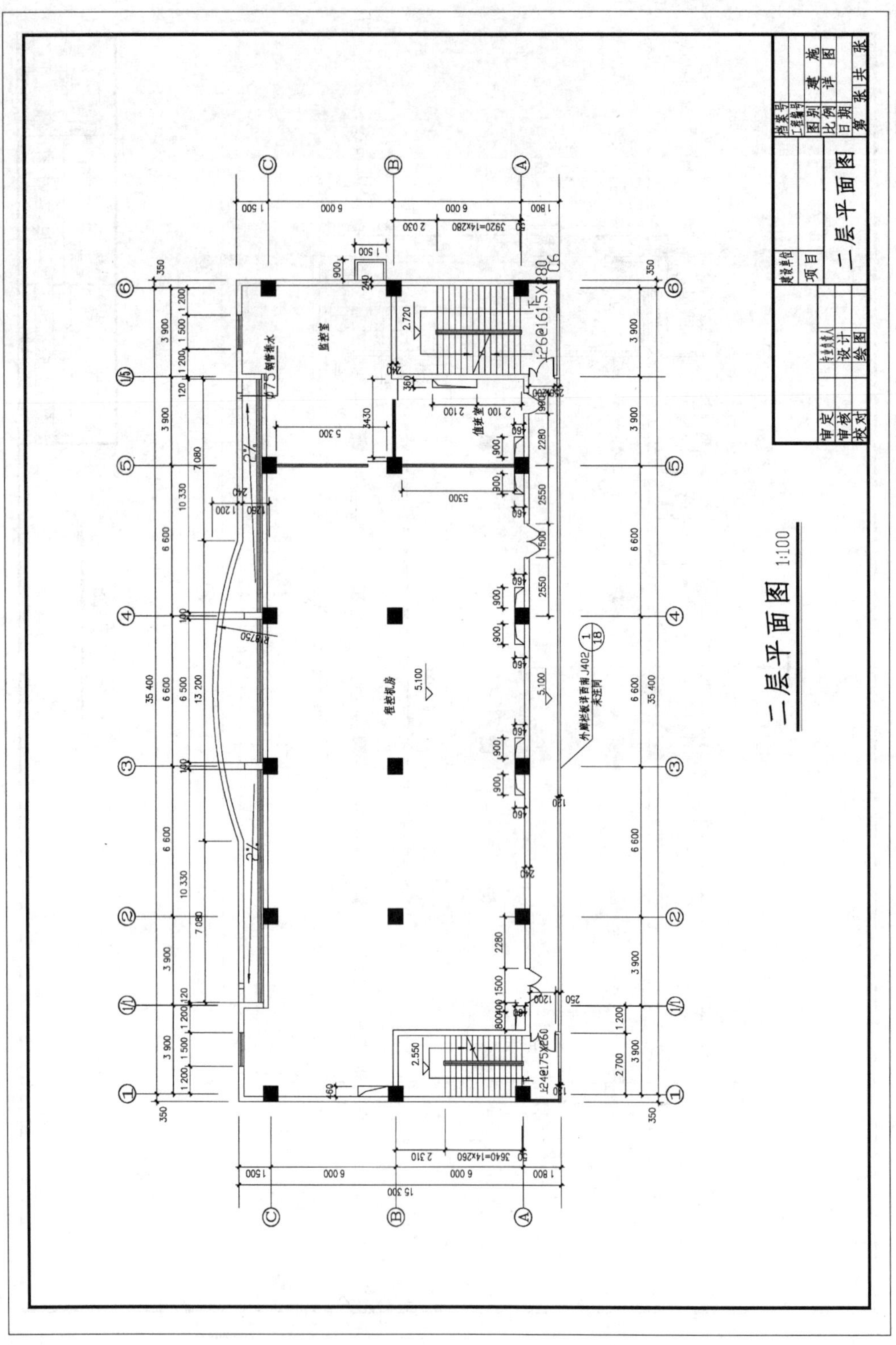
二层平面图 1:100
监控室
值班室
监控机房
外廊栏板详西南J402
未注同
审定
审核
校对
设计
绘图
建设单位
项目
二层平面图
图别
建施
比例
详图
日期
第 张 共 张

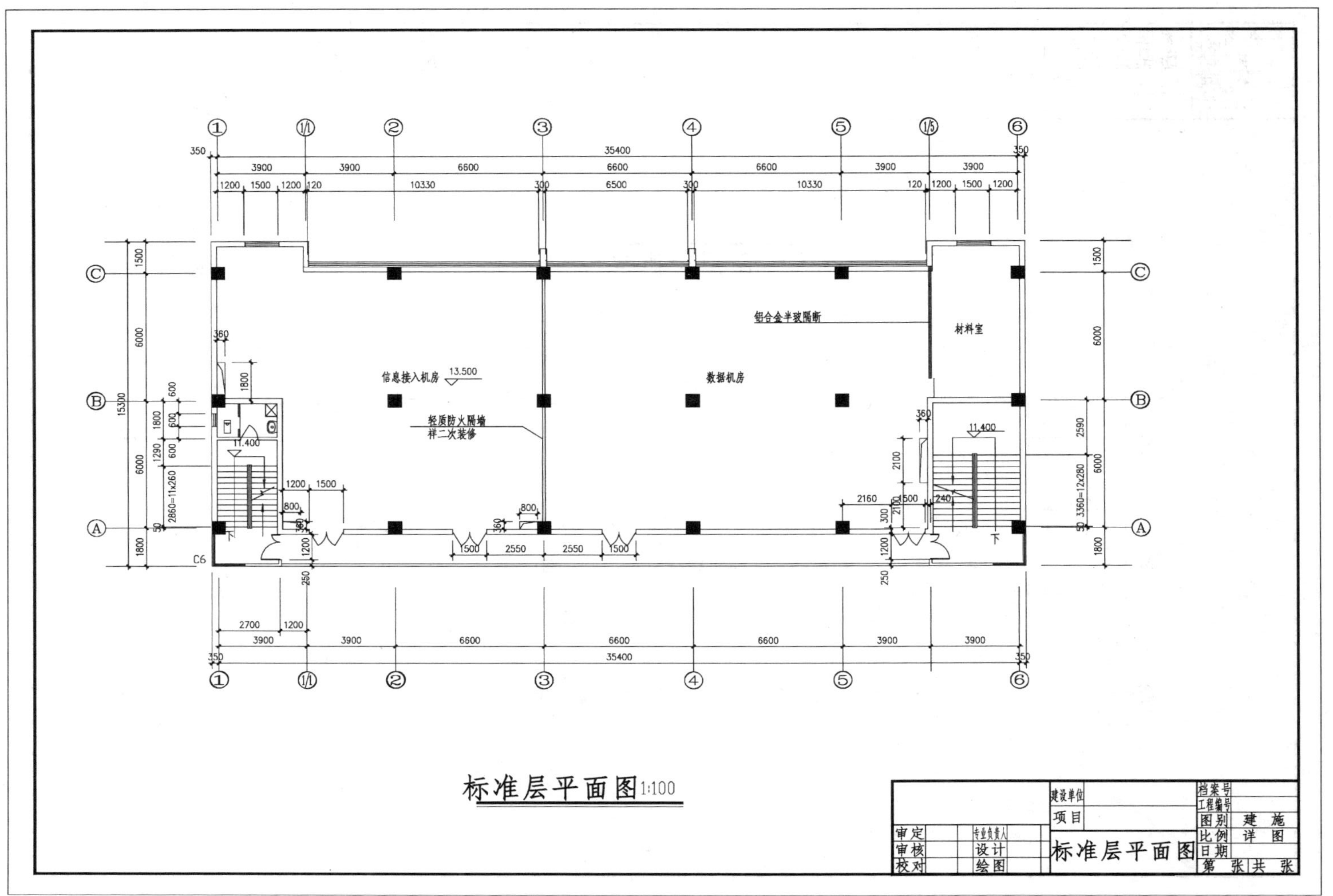

铝合金半玻隔断
材料室
信息接入机房 13.500
数据机房
轻质防火隔墙
祥二次装修
11.400
标准层平面图 1:100
审定
审核
校对
专业负责人
设计
绘图
建设单位
项目
标准层平面图
档案号
工程编号
图别 建施
比例 详图
日期
第 张 共 张

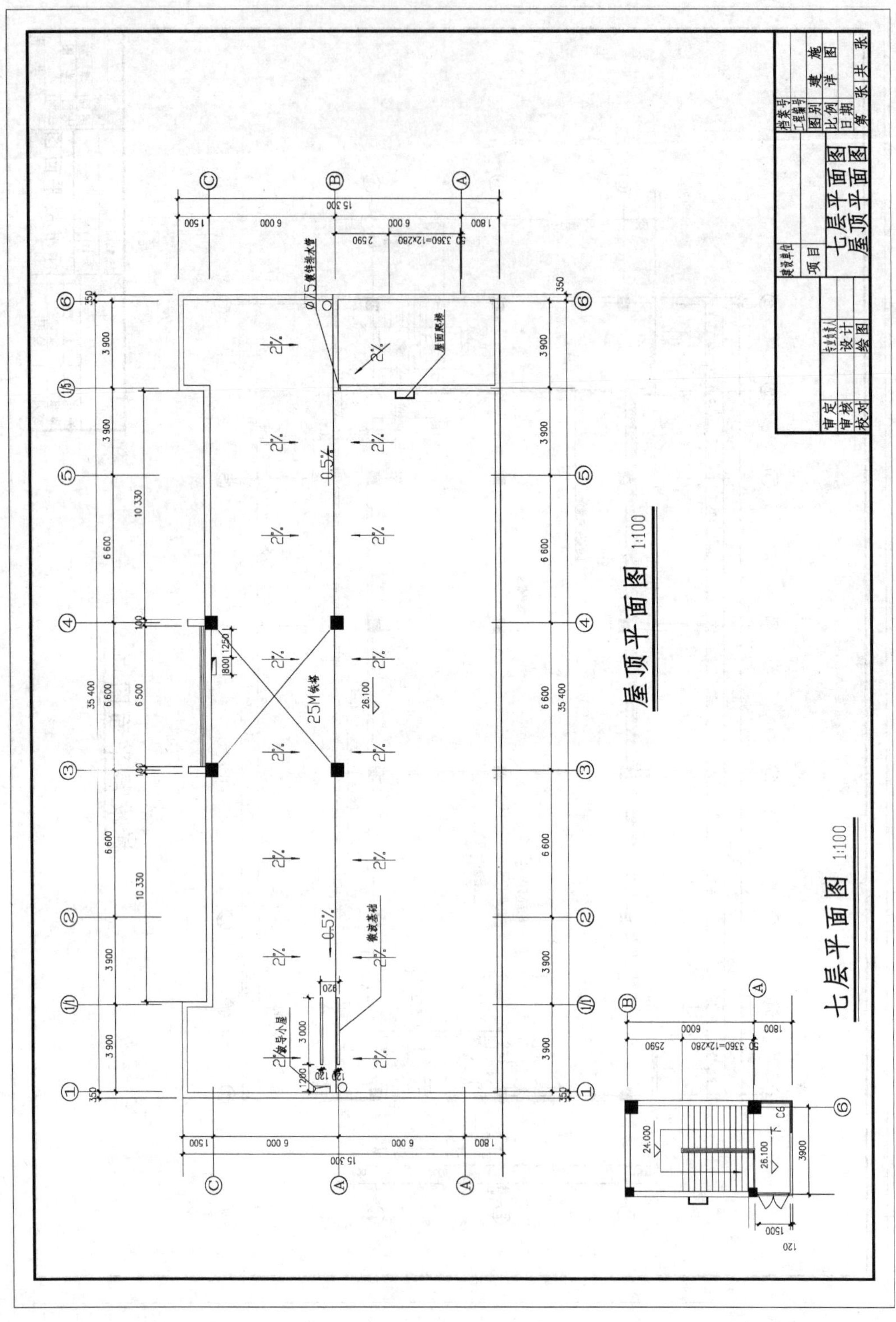
屋顶平面图 1:100
七层平面图 1:100
七层平面图
屋顶平面图
审定
审核
校对
设计
绘图
项目
图别
比例
日期
第 张 共 张

附录B 结构抗震设计时有关规范条款

一、建筑抗震设计规范(GB 50011—2010)

3.9.2 结构材料性能指标,应符合下列最低要求:

(1)砌体结构材料应符合下列规定:

1)普通砖和多孔砖的强度等级不应低于MU10,其砌筑砂浆强度等级不应低于M5;

2)混凝土小型空心砌块的强度等级不应低于MU7.5,其砌筑砂浆强度等级不应低于Mb7.5。

(2)混凝土结构材料应符合下列规定:

1)混凝土的强度等级,框支梁、框支柱及抗震等级为一级的框架梁、柱、节点核心区,不应低于C30;构造柱、芯柱、圈梁及其他各类构件不应低于C20;

2)抗震等级为一、二、三级的框架和斜撑构件(含梯段),其纵向受力钢筋采用普通钢筋时,钢筋的抗拉强度实测值与屈服强度实测值的比值不应小于1.25;钢筋的屈服强度实测值与屈服强度标准值的比值不应大于1.3,且钢筋在最大拉力下的总伸长率实测值不应小于9%。

(3)钢结构的钢材应符合下列规定:

1)钢材的屈服强度实测值与抗拉强度实测值的比值不应大于0.85;

2)钢材应有明显的屈服台阶,且伸长率应大于20%;

3)钢材应有良好的可焊性和合格的冲击韧性。

4.1.6 建筑的场地类别,应根据土层等效剪切波速和场地覆盖层厚度按表4.1.6划分为四类,其中Ⅰ类分为I_0、I_1两个亚类。当有可靠的剪切波速和覆盖层厚度且其值处于表4.1.6所列场地类别的分界线附近时,应允许按插值方法确定地震作用计算所用的设计特征周期。

表4.1.6 各类建筑场地的覆盖层厚度 单位:m

岩石的剪切波速或土的等效剪切波速/($m \cdot s^{-1}$)	场地类别				
	I_0	I_1	Ⅱ	Ⅲ	Ⅳ
$V_s > 800$	0				
$800 \geqslant V_s > 500$		0			
$500 \geqslant V_{se} > 250$		<5	≥5		
$250 \geqslant V_{se} > 150$		<3	3~50	>50	
$V_{se} \leqslant 150$		<3	3~15	15~80	>80

5.1.3 计算地震作用时,建筑的重力荷载代表值应取结构和构配件自重标准值和各可变荷载组合值之和。各可变荷载的组合值系数,应按表5.1.3采用。

表 5.1.3　组合值系数

可变荷载种类		组合值系数
雪荷载		0.5
屋面积灰荷载		0.5
屋面活荷载		不计入
按实际情况计算的楼面活荷载		1.0
按等效均布荷载计算的楼面活荷载	藏书库、档案库	0.8
	其他民用建筑	0.5
吊车悬吊物重力	硬钩吊车	0.3
	软钩吊车	不计入

注:硬钩吊车的吊重较大时,组合值系数应按实际情况采用。

5.1.4 建筑结构的地震影响系数应根据烈度、场地类别、设计地震分组和结构自振周期以及阻尼比确定。其水平地震影响系数最大值应按表 5.1.4-1 采用;特征周期应根据场地类别和设计地震分组按表 5.1.4-2 采用,计算罕遇地震作用时,特征周期应增加 0.05 s。

注:周期大于 6.0 s 的建筑结构所采用的地震影响系数应专门研究。

表 5.1.4-1　水平地震影响系数最大值

地震影响	6 度	7 度	8 度	9 度
多遇地震	0.04	0.08(0.12)	0.16(0.24)	0.32
设防地震	0.12	0.22(0.32)	0.42(0.60)	0.80
罕遇地震	0.28	0.50(0.72)	0.90(1.20)	1.40

注:括号中数值分别用于设计基本地震加速度为 0.15 g 和 0.30 g 的地区。

表 5.1.4-2　特征周期值　　单位:s

设计地震分组	场地类别				
	I_0	I_1	Ⅱ	Ⅲ	Ⅳ
第一组	0.20	0.25	0.35	0.45	0.65
第二组	0.25	0.30	0.40	0.55	0.75
第三组	0.30	0.35	0.45	0.65	0.90

5.2.5 抗震验算时,结构任意楼层的水平地震剪力应符合下式要求:

$$V_{Eki} > \lambda \sum_{j=i}^{n} G_j \tag{5.2.5}$$

式中　V_{Eki}——第 i 层对应于水平地震作用标准值的楼层剪力;

λ——剪力系数,不应小于表 5.2.5 规定的楼层最小地震剪力系数值,对竖向不规则结构的薄弱层,尚应乘以 1.15 的增大系数;

G_j——第 j 层的重力荷载代表值。

表 5.2.5　楼层最小地震剪力系数值

类　别	6 度	7 度	8 度	9 度
扭转效应明显或基本周期小于 3.5 s 的结构	0.008	0.016　(0.024)	0.032　(0.048)	0.064
基本周期大于 5.0 s 的结构	0.006	0.012　(0.018)	0.024　(0.032)	0.040

注:①基本周期介于 3.5 s 和 5 s 之间的结构,可插入取值;

②括号内数值分别用于设计基本地震加速度为 0.15 g 和 0.30 g 的地区。

5.4.2 结构构件的截面抗震验算,应采用下列设计表达式:

$$S \leqslant R / \gamma_{RE} \tag{5.4.2}$$

式中　γ_{RE}——承载力抗震调整系数,除另有规定外,应按表 5.4.2 采用;

R——结构构件承载力设计值。

表 5.4.2　承载力抗震调整系数

材　料	结构构件	受力、破坏状态	γ_{RE}
钢	柱,梁,支撑,节点板件,螺栓,焊缝柱,支撑	强度 稳定	0.75 0.80
砌体	两端均有构造柱、芯柱的抗震墙 其他抗震墙	受剪 受剪	0.9 1.0
混凝土	梁 轴压比小于 0.15 的柱 轴压比不小于 0.15 的柱 抗　震　墙 各类构件	受弯 偏压 偏压 偏压 受剪、偏拉	0.75 0.75 0.80 0.85 0.85

5.4.3 当仅计算竖向地震作用时,各类结构构件承载力抗震调整系数均宜采用 1.0。

5.5.1 表 5.5.1 所列各类结构应进行多遇地震作用下的抗震变形验算,其楼层内最大的弹性层间位移应符合下式要求:

$$\Delta u_e \leqslant [\theta_e]\, h \tag{5.5.1}$$

式中　Δu_e——多遇地震作用标准值产生的楼层内最大的弹性层间位移;计算时,除以弯曲变形为主的高层建筑外,可不扣除结构整体弯曲变形;应计入扭转变形,各作用分项系数均应采用 1.0;钢筋混凝土结构构件的截面刚度可采用弹性刚度;

$[\theta_e]$——弹性层间位移角限值,宜按表 5.5.1 采用;

h——计算楼层层高。

表 5.5.1　弹性层间位移角限值

结构类型	$[\theta_e]$
钢筋混凝土框架	1/550
钢筋混凝土框架-抗震墙、板柱-抗震墙、框架-核心筒	1/800

续表

结构类型	[θ_e]
钢筋混凝土抗震墙、筒中筒	1/1 000
钢筋混凝土框支层	1/1 000
多、高层钢结构	1/250

6.1.2 钢筋混凝土房屋应根据设防类别、烈度、结构类型和房屋高度采用不同的抗震等级，并应符合相应的计算和构造措施要求。丙类建筑抗震等级应按表 6.1.2 确定。

表 6.1.2 现浇钢筋混凝土结构的抗震等级

<table>
<tr><td colspan="3" rowspan="2">结构类型</td><td colspan="12">设防烈度</td></tr>
<tr><td colspan="2">6</td><td colspan="4">7</td><td colspan="4">8</td><td colspan="2">9</td></tr>
<tr><td rowspan="3">框架结构</td><td colspan="2">高度/m</td><td>≤24</td><td>>24</td><td colspan="2">≤24</td><td colspan="2">>30</td><td colspan="2">≤24</td><td colspan="2">>24</td><td colspan="2">≤24</td></tr>
<tr><td colspan="2">框架</td><td>四</td><td>三</td><td colspan="2">三</td><td colspan="2">二</td><td colspan="2">二</td><td colspan="2">一</td><td colspan="2">一</td></tr>
<tr><td colspan="2">大跨度结构</td><td colspan="2">三</td><td colspan="4">二</td><td colspan="4">一</td><td colspan="2">一</td></tr>
<tr><td rowspan="3">框架-抗震墙结构</td><td colspan="2">高度/m</td><td>≤60</td><td>>60</td><td>≤24</td><td colspan="2">25 – 60</td><td>>60</td><td>≤24</td><td colspan="2">25 – 60</td><td>>60</td><td>≤24</td><td>25 – 50</td></tr>
<tr><td colspan="2">框架</td><td>四</td><td>三</td><td>四</td><td colspan="2">三</td><td>二</td><td>三</td><td colspan="2">二</td><td>一</td><td>二</td><td>一</td></tr>
<tr><td colspan="2">抗震墙</td><td colspan="2">三</td><td>三</td><td colspan="3">二</td><td>二</td><td colspan="3">一</td><td colspan="2">一</td></tr>
<tr><td rowspan="2">抗震墙结构</td><td colspan="2">高度/m</td><td>≤80</td><td>>80</td><td>≤24</td><td colspan="2">25 – 80</td><td>>80</td><td>≤24</td><td colspan="2">25 – 60</td><td>>80</td><td>≤24</td><td>25 – 60</td></tr>
<tr><td colspan="2">抗震墙</td><td>四</td><td>三</td><td>四</td><td colspan="2">三</td><td>二</td><td>三</td><td colspan="2">二</td><td>一</td><td>二</td><td>一</td></tr>
<tr><td rowspan="4">部分框支抗震墙结构</td><td colspan="2">高度/m</td><td>≤80</td><td>>80</td><td>≤24</td><td colspan="2">25 – 80</td><td>>80</td><td>≤24</td><td colspan="2">25 – 60</td><td rowspan="4">不适用</td><td colspan="2" rowspan="4">不适用</td></tr>
<tr><td rowspan="2">抗震墙</td><td>一般部位</td><td>四</td><td>三</td><td>四</td><td colspan="2">三</td><td>二</td><td>三</td><td colspan="2">二</td></tr>
<tr><td>加强部位</td><td>三</td><td>二</td><td>三</td><td colspan="2">二</td><td>一</td><td>二</td><td colspan="2">一</td></tr>
<tr><td colspan="2">框支层框架</td><td colspan="2">二</td><td colspan="3">二</td><td>一</td><td colspan="3">一</td></tr>
<tr><td rowspan="2">框架-核心筒结构</td><td colspan="2">框架</td><td colspan="2">三</td><td colspan="4">二</td><td colspan="4">一</td><td colspan="2">一</td></tr>
<tr><td colspan="2">核心筒</td><td colspan="2">二</td><td colspan="4">二</td><td colspan="4">一</td><td colspan="2">一</td></tr>
<tr><td rowspan="2">筒中筒结构</td><td colspan="2">外筒</td><td colspan="2">三</td><td colspan="4">二</td><td colspan="4">一</td><td colspan="2">一</td></tr>
<tr><td colspan="2">内筒</td><td colspan="2">三</td><td colspan="4">二</td><td colspan="4">一</td><td colspan="2">一</td></tr>
<tr><td rowspan="3">板柱-抗震墙结构</td><td colspan="2">高度(m)</td><td>≤35</td><td>>35</td><td colspan="2">≤35</td><td colspan="2">>35</td><td colspan="2">≤35</td><td colspan="2">>35</td><td colspan="2" rowspan="3">不适用</td></tr>
<tr><td colspan="2">框架、板柱的柱</td><td>三</td><td>二</td><td colspan="2">二</td><td colspan="2">二</td><td colspan="4">一</td></tr>
<tr><td colspan="2">抗震墙</td><td>二</td><td>二</td><td colspan="2">二</td><td colspan="2">一</td><td colspan="2">二</td><td colspan="2">一</td></tr>
</table>

注：①建筑场地为Ⅰ类时，除 6 度外应允许按表内降低一度所对应的抗震等级采取抗震构造措施，但相应的计算要求不应降低；

②接近或等于高度分界时，应允许结合房屋不规则程度及场地、地基条件确定抗震等级；

③大跨度框架指跨度不小于 18 m 的框架；

④高度不超过 60 m 的框架-核心筒结构按框架-抗震墙的要求设计时，应按表中框架-抗震墙的规定确定其抗震等级。

6.3.1 梁的截面尺寸,应符合下列各项要求:

1)截面的宽度不宜小于200 mm;

2)截面的高宽比不宜大于4;

3)净跨与截面高度之比不宜小于4。

6.3.5 柱的截面尺寸,宜符合下列各项要求:

1)截面的宽度和高度,四级或不超过2层时不宜小于300 mm,一、二、三级且超过2层时不宜小于400 mm;圆柱的直径,四级或不超过2层时不宜小于350 mm,一、二、三级且超过2层时不宜小于450 mm。

2)剪跨比宜大于2。

3)截面长边与短边的边长比不宜大于3。

6.3.6 柱轴压比不宜超过表6.3.6的规定;建造于Ⅳ类场地且较高的高层建筑,柱轴压比限值应适当减小。

表6.3.6　柱轴压比限值

结构类型	抗震等级			
	一	二	三	四
框架结构	0.65	0.75	0.85	0.90
框架-抗震墙,板柱-抗震墙、框架-核心筒及筒中筒	0.75	0.85	0.90	0.95
部分框支抗震墙	0.6	0.7	—	

注:①轴压比指柱组合的轴压力设计值与柱的全截面面积和混凝土轴心抗压强度设计值乘积之比值;对本规范规定不进行地震作用计算的结构,可取无地震作用组合的轴力设计值计算。

②表内限值适用于剪跨比大于2、混凝土强度等级不高于C60的柱;剪跨比不大于2的柱轴压比限值应降低0.05;剪跨比小于1.5的柱,轴压比限值应专门研究并采取特殊构造措施。

③沿柱全高采用井字复合箍且箍筋肢距不大于200 mm、间距不大于100 mm、直径不小于12 mm,或沿柱全高采用复合螺旋箍、螺旋间距不大于100 mm、箍筋肢距不大于200 mm、直径不小于12 mm,或沿柱全高采用连续复合矩形螺旋箍、螺旋净距不大于80 mm、箍筋肢距不大于200 mm、直径不小于10 mm,轴压比限值均可增加0.10;上述三种箍筋的体积配箍率均应按增大的轴压比由6.3.9条确定。

④在柱的截面中部附加芯柱,其中另加的纵向钢筋的总面积不少于柱截面面积的0.8%,轴压比限值可增加0.05;此项措施与注3的措施共同采用时,轴压比限值可增加0.15,但箍筋的体积配箍率仍可按轴压比增加0.10的要求确定。

⑤柱轴压比不应大于1.05。

6.3.9 柱箍筋加密区的箍筋配置,尚应符合下列要求:

(1)柱的箍筋加密范围,应按下列规定采用:

1)柱端,取截面高度(圆柱直径),柱净高的1/6和500 mm三者的最大值。

2)底层柱,柱根不小于柱净高的1/3;以及刚性地面上下各500 mm。

注:柱根指框架底层柱的嵌固部位。

3)剪跨比不大于2的柱、因设置填充墙等形成的柱净高与柱截面高度之比不大于4的柱、框支柱、一级和二级框架的角柱,取全高。

(2)柱箍筋加密区箍筋肢距,一级不宜大于200 mm,二、三级不宜大于250 mm和20倍箍筋直径的较大值，四级不宜大于 300 mm。至少每隔一根纵向钢筋宜在两个方向有箍筋或拉筋约束；采用拉筋复合箍时，拉筋宜紧靠纵向钢筋并勾住箍筋。

（3）柱箍筋加密区的体积配箍率，应符合下列规定：

1）四级不应小于 0.4%；一、二、三级分别不应小于 0.8%、0.6%、0.4%；轴压比大于 0.30 时，应依据抗震等级、轴压比、混凝土和箍筋的材料强度按下式验算：

$$\rho_v \geqslant \frac{\lambda_v f_c}{f_{yv}} \tag{6.3.9}$$

式中 ρ_v——柱箍筋加密区的体积配箍率；计算复合箍的体积配箍率时，可不扣除重叠部分，其非螺旋箍的箍筋体积应乘以折减系数 0.80；

f_c——混凝土轴心抗压强度设计值；强度等级低于 C35 时，应按 C35 计算；

f_{yv}——箍筋或拉筋抗拉强度设计值，超过 360 N/mm^2 时，应取 360 N/mm^2 计算；

λ_v——最小配箍特征值，宜按表 6.3.9 采用。

表 6.3.9　柱箍筋加密区的箍筋最小配箍特征值

抗震等级	箍筋形式	柱轴压比								
		≤0.3	0.4	0.5	0.6	0.7	0.8	0.9	1.0	1.05
一	普通箍、复合箍	0.10	0.11	0.13	0.15	0.17	0.20	0.23		
	螺旋箍、复合或连续复合矩形螺旋箍	0.08	0.09	0.11	0.13	0.15	0.18	0.21		
二	普通箍、复合箍	0.08	0.09	0.11	0.13	0.15	0.17	0.19	0.22	0.24
	螺旋箍、复合或连续复合矩形螺旋箍	0.06	0.07	0.09	0.11	0.13	0.15	0.17	0.20	0.22
三	普通箍、复合箍	0.06	0.07	0.09	0.11	0.13	0.15	0.17	0.20	0.22
	螺旋箍、复合或连续复合矩形螺旋箍	0.05	0.06	0.07	0.09	0.11	0.13	0.15	0.18	0.20

注：普通箍指单个矩形箍和单个圆形箍，复合箍指由矩形、多边形、圆形箍或拉筋组成的箍筋；复合螺旋箍指由螺旋箍与矩形、多边形、圆形箍或拉筋组成的箍筋；连续复合矩形螺旋箍指全部螺旋箍为同一根钢筋加工而成的箍筋。

2）框支柱宜采用复合螺旋箍或井字复合箍，其最小配箍特征值应比表 6.3.9 内数值增加 0.02，且体积配箍率不应小于 1.5%。

3）剪跨比不大于 2 的柱，宜采用复合螺旋箍或井字复合箍，其体积配箍率不应小于 1.2%，9 度一级时不应小于 1.5%。

（4）柱箍筋非加密区的箍筋配置，应符合下列要求：

1）柱箍筋非加密区的体积配箍率不宜小于加密区的 50%。

2）箍筋间距，一、二级框架柱不应大于 10 倍纵向钢筋直径，三、四级框架柱不应大于 15 倍纵向钢筋直径。

二、混凝土结构设计规范（GBJ 50010—2010）

6.2.20 轴心受压和偏心受压柱的计算长度 l_0 可按下列规定确定：

（1）刚性屋盖单层房屋排架柱、露天吊车柱和栈桥柱，其计算长度 l_0 可按表 6.2.20-1 取用。

表 6.2.20-1 刚性屋盖单层房屋排架柱、露天吊车柱和栈桥柱的计算长度

柱的类别		l_0		
		排架方向	垂直排架方向	
			有柱间支撑	无柱间支撑
无吊车房屋柱	单跨	1.5H	1.0H	1.2H
	两跨及多跨	1.25H	1.0H	1.2H
有吊车房屋柱	上柱	2.0H_u	1.25H_u	1.5H_u
	下柱	1.0H_l	0.8H_l	1.0H_l
露天吊车柱和栈桥柱		2.0H_l	1.0H_l	—

注:①表中 H 为从基础顶面算起的柱子全高;H_l 为从基础顶面至装配式吊车梁底面或现浇式吊车梁顶面的柱子下部高度;H_u 为从装配式吊车梁底面或从现浇式吊车梁顶面算起的柱子上部高度。

②表中有吊车房屋排架柱的计算长度,当计算中不考虑吊车荷载时,可按无吊车房屋柱的计算长度采用,但上柱的计算长度仍可按有吊车房屋采用。

③表中有吊车房屋排架柱的上柱在排架方向的计算长度,仅适用于 $H_u/H_l \geqslant 0.3$ 的情况;当 $H_u/H_l < 0.3$ 时,计算长度宜采用 2.5H_o。

(2)一般多层房屋中梁柱为刚接的框架结构,各层柱的计算长度 l_0 可按表 6.2.20-2 取用。

表 6.2.20-2 框架结构各层柱的计算长度

楼盖类型	柱的类别	l_0
现浇楼盖	底层柱	1.0H
	其余各层柱	1.25H
装配式楼盖	底层柱	1.25H
	其余各层柱	1.5H

注:表中 H 对底层柱为从基础顶面到一层楼盖顶面的高度;对其余各层柱为上、下两层楼盖之间的高度。

8.2.1 构件中普通钢筋及预应力筋的混凝土保护层厚度应满足下列要求:

1)构件中受力钢筋的保护层厚度不应小于钢筋的公称直径 d;

2)设计使用年限为 50 年的混凝土结构,最外层钢筋的保护层厚度应符合表 8.2.1 的规定;设计使用年限为 100 年的混凝土结构,最外层钢筋的保护层厚度应符合表 8.2.1 中数值的 1.4 倍。

表 8.2.1 纵向受力钢筋的混凝土保护层最小厚度 单位:mm

环境类别	板、墙、壳	梁、柱、杆
一	15	20
二 a	20	25
二 b	25	35

续表

环境类别	板、墙、壳	梁、柱、杆
三 a	30	40
三 b	40	50

注:①混凝土强度等级不大于 C25 时,表中保护层厚度数值应增加 5 mm;
②钢筋混凝土基础宜设置混凝土垫层,基础钢筋的混凝土保护层厚度应从垫层顶面算起,且不应小于 40 mm。

8.2.2 当有充分依据并采取下列措施时,可适当减小混凝土保护层厚度。

①构件表面有可靠的保护层;

②采用工厂化生产的预制构件;

③在混凝土中掺加阻锈剂或采用阴极保护处理等防锈措施;

④当对地下室墙体采取可靠的建筑防水做法或防护措施时,与土层接触一侧钢筋的保护层厚度可适当减少,但不应小于 25 mm。

8.2.3 当梁、柱、墙中纵向受力钢筋的保护层厚度大于 50 mm 时,宜对保护层采取有效的构造措施。当在保护层内配置防裂、防剥落的钢筋网片时,网片钢筋的保护层厚度不应小于 25 mm。

8.3.1 当计算中充分利用纵向受拉钢筋强度时,受拉钢筋的锚固长度应符合下列要求:

1)基本锚固长度应按下列公式计算:

普通钢筋

$$l_{ab} = \alpha \frac{f_y}{f_t} d \quad (8.3.1\text{-}1)$$

预应力钢筋

$$l_{ab} = \alpha \frac{f_{py}}{f_t} d \quad (8.3.1\text{-}2)$$

式中 l_{ab}——受拉钢筋的锚固长度;

f_y、f_{py}——普通钢筋、预应力钢筋的抗拉强度设计值;

f_t——混凝土轴心抗拉强度设计值,当混凝土强度等级高于 C60 时,按 C60 取值;

d——钢筋的公称直径;

α——钢筋的外形系数,按表 8.3.1 取用。

表 8.3.1 钢筋的外形系数

钢筋类型	光面钢筋	带肋钢筋	刻痕钢丝	螺旋肋钢丝	三股钢绞线	七股钢绞线
α	0.16	0.14	0.19	0.13	0.16	0.17

注:光圆钢筋末端应做 180°弯钩,弯后平直段长度不应小于 $3d$,但作受压钢筋时可不做弯钩。

2)受拉钢筋的锚固长度应根据锚固条件按下列公式计算,且不应小于 200 mm:

$$l_a = \zeta_a l_{ab} \quad (8.3.1\text{-}3)$$

式中 l_a——受拉钢筋的锚固长度;

ζ_a——锚固长度修正系数,对普通钢筋按本规范 8.3.2 条的规定取用,当多于一项时,可按连乘计算,但不应小于 0.6;对预应力筋,可取 1.0。

梁柱节点中纵向受拉钢筋的锚固要求应按本规范第9.3节中的规定执行。

3)当锚固钢筋的保护层厚度不大于$5d$时,锚固长度范围内应配置横向构造钢筋,其直径不应小于$d/4$;对梁、柱、斜撑等构件间距不应大于$5d$,对板、墙等平面构件间距不应大于$10d$,且均不应大于100 mm,此处d为锚固钢筋的直径。

8.3.2 纵向受拉普通钢筋的锚固长度修正系数ζ_a应按下列规定取用:

1)当带肋钢筋的公称直径大于25 mm时取1.10;

2)环氧树脂涂层带肋钢筋取1.25;

3)施工过程中易受扰动的钢筋取1.10;

4)当纵向受力钢筋的实际配筋面积大于其设计计算面积时,修正系数取设计计算面积与实际配筋面积的比值,但对有抗震设防要求及直接承受动力荷载的结构构件,不应考虑此项修正;

5)锚固钢筋的保护层厚度为$3d$时修正系数可取0.80,保护层厚度为$5d$时修正系数可取0.70,中间按内插值,此处d为锚固钢筋的直径。

8.3.3 当纵向受拉普通钢筋末端采用弯钩或机械锚固措施时,包括弯钩或锚固端头在内的锚固长度(投影长度)可取为基本锚固长度l_{ab}的60%。弯钩和机械锚固的形式(图8.3.3)和技术要求应符合表8.3.3的规定。

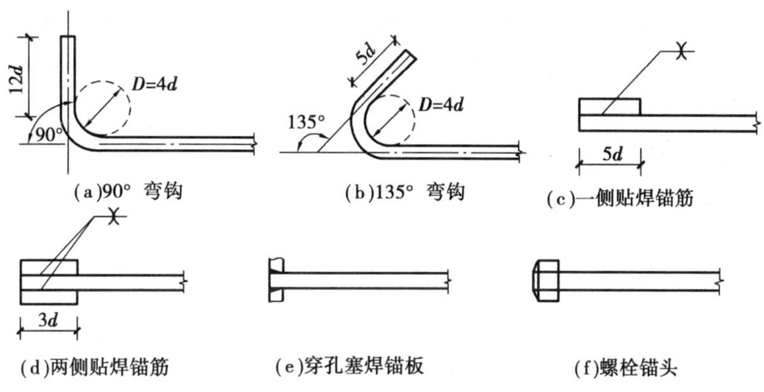

图8.3.3　弯钩和机械锚固的形式和技术要求

表8.3.3　钢筋弯钩和机械锚固的形式和技术要求

锚固形式	技术要求
90°弯钩	末端90°弯钩,弯钩内径$4d$,弯后直段长度$12d$
135°弯钩	末端135°弯钩,弯钩内径$4d$,弯后直段长度$5d$
一侧贴焊锚筋	末端一侧贴焊长$5d$同直径钢筋
两侧贴焊锚筋	末端两侧贴焊长$3d$同直径钢筋
焊端锚板	末端与厚度d的锚板穿孔塞焊
螺栓锚头	末端旋入螺栓锚头

注:①焊缝和螺纹长度应满足承载力要求;

②螺栓锚头和焊接铆板的承压净面积不应小于锚固钢筋截面积的4倍;

③螺栓锚头的规格应符合相关标准的要求;

④螺栓锚头和焊接铆板的钢筋净间距不宜小于$4d$,否则应考虑群锚效应的不利影响;

⑤截面角部的弯钩和一侧贴焊锚固的布筋方向宜向截面内侧偏置。

8.3.4 混凝土结构中的纵向受压钢筋，当计算中充分利用其抗压强度时，锚固长度不应小于相应受拉锚固长度的70%。

受压钢筋不应采用末端弯钩和一侧贴焊锚筋的锚固措施。

受压钢筋的锚固长度范围内的横向构造钢筋应符合本规范第8.3.1条的有关规定。

9.2.3 钢筋混凝土梁支座截面负弯矩纵向受拉钢筋不宜在受拉区截断。必须截断时，应符合以下规定：

1）当 V 不大于 $0.7f_tbh_0$ 时，应延伸至按正截面受弯承载力计算不需要该钢筋的截面以外不小于 $20d$ 处截断，且应从钢筋强度充分利用截面伸出的长度不应小于 $1.2l_a$；

2）当 V 大于 $0.7f_tbh_0$ 时，应延伸至按正截面承载力计算不需要该钢筋的截面以外不小于 h_0 且不小于 $20d$ 处截断，且从该钢筋强度充分利用截面伸出的长度不应小于 $1.2l_a$ 与 h_0 之和；

3）若按上述规定确定的截断点仍位于负弯矩受拉区内，则应延伸至按正截面承载力计算不需要该钢筋的截面以外不小于 $1.3l_a$ 且不小于 $20d$ 处截断，且从该钢筋充分利用截面伸出的延伸长度不应小于 $1.2l_a$ 与 $1.7\ h_0$ 之和。

9.2.6 梁的上部纵向构造钢筋应符合下列要求：

1）当梁端按简支计算但实际收到部分约束时，应在支座区上部设置纵向构造钢筋。其截面面积不应小于梁跨中下部纵向受力钢筋计算所需截面面积的1/4，且不应少于2根。该纵向构造钢筋自支座边缘向跨内伸出的长度不应小于 $l_0/5$，l_0 为梁的计算跨度。

2）对架立钢筋，当梁的跨度小于4 m时，不宜小于8 mm；当梁的跨度为4～6 m时，不宜小于10 mm；当梁的跨度大于6 m时，不宜小于12 mm。

9.2.9 梁中箍筋的配置应符合下列规定：

1）按承载力计算不需要箍筋的梁当截面高度大于300 mm时，应沿梁全长设置箍筋；当截面高度 $h=150\sim300$ mm时，可仅在构件端部各四分之一跨度范围内设置箍筋；但当在构件中部二分之一跨度范围内有集中荷载作用时，则应沿梁全长设置箍筋；当截面高度小于150 mm时，可不设箍筋。

2）截面高度大于800 mm的梁，箍筋直径不宜小于8 mm；对于截面高度不大于800 mm的梁，不宜小于6 mm。梁中配有计算需要的纵向受压钢筋时，箍筋直径尚不应小于 $d/4$，d 为受压钢筋的最大直径。

3）梁中箍筋的最大间距宜符合表9.2.9的规定，当 V 大于 $0.7f_tbh_0+0.05N_{p0}$ 时，箍筋的配筋率 ρ_{sv}（$\rho_{sv}=A_{sv}/(bs)$）尚不应小于 $0.24\,f_t/f_{yv}$；

表9.2.9　梁中箍筋的最大间距　　单位：mm

梁高 h	$V>0.7f_tbh_0+0.05N_{p0}$	$V\leqslant0.7f_tbh_0+0.05N_{p0}$
$150<h<300$	150	200
$300<h\leqslant500$	200	300
$500<h\leqslant800$	250	350
$h>800$	300	400

4）当梁中配有按计算需要的纵向受压钢筋时，箍筋应符合以下规定：

①箍筋应做成封闭式，且弯钩直线端长度不应小于 $5d$，d 为箍筋直径。

②箍筋的间距不应大于 $15d$，并不应大于 400 mm。当一层内的纵向受钢筋多于 5 根且直径大于 18 mm 时，箍筋间距不应大于 $10d$，d 为纵向受压钢筋的最小直径。

③当梁的宽度大于 400 mm 且一层内的纵向受压钢筋多于 3 根时，或当梁的宽度不大于 400 mm 但一层内的纵向受压钢筋多于 4 根时，应设置复合箍筋。

9.2.13 梁的腹板高度 h_w 不小于 450 mm 时，在梁的两个侧面应沿高度配置纵向构造钢筋，每侧纵向构造钢筋（不包括梁上、下部受力钢筋及架立钢筋）的间距不宜大于 200 mm，截面面积不应小于腹板截面面积 bh_w 的 0.1%，但当梁宽度较大时可以适当放松。此处腹板高度 h_w 按本规范 6.3.1 条的规定取用。

三、建筑结构荷载规范（GB 50009—2012）

3.1.2 建筑结构设计时，对不同荷载应采用不同的代表值。

1）对永久荷载应采用标准值作为代表值；

2）对可变荷载应根据设计要求采用标准值、组合值、频遇值或准永久值作为代表值；

3）对偶然荷载应按建筑结构使用特点确定其代表值。

3.1.3 确定可变荷载代表值时应采用 50 年设计基准期。

3.1.4 荷载的标准值，应按本规范各章中的规定采用。

3.1.5 承载能力极限状态设计或正常使用极限状态按标准组合设计时，对可变荷载应按规定的荷载组合采用荷载的组合值或标准值作为代表值。可变荷载组合值，应为可变荷载标准值乘以荷载组合系数。

3.1.6 正常使用极限状态按频遇组合设计时，应采用可变荷载的频遇值或准永久值作为其荷载的代表值；按准永久组合设计时，应采用准永久值作为其荷载的代表值。可变荷载的频遇值，应为可变荷载标准值乘以频遇值系数。可变荷载准永久值，应为可变荷载标准值乘以准永久值系数。

3.2.3 荷载基本组合的效应设计值 S_d，应从下列荷载组合值中取用最不利的效应设计值确定：

1）由可变荷载效应控制的组合设计值，应按下式进行计算：

$$S_d = \sum_{j=1}^{m} \gamma_{G_j} S_{G_j k} + \gamma_{Q_1} \gamma_{L_1} S_{Q_1 k} + \sum_{i=2}^{n} \gamma_{Q_i} \gamma_{L_i} \psi_{c_i} S_{Q_i k} \tag{3.2.3.1}$$

式中 γ_{G_j}——第 j 个永久荷载的分项系数。当永久荷载效应对结构不利时，对由可变荷载效应控制的组合应取 1.2，对由永久荷载效应控制的组合应取 1.35；当永久荷载效应对结构有利时，不应大于 1.0；

γ_{Q_i}——第 i 个可变荷载的分项系数，其中当 $i=1$ 时为主导可变荷载 Q_1 的分项系数，对于标准值大于 4 kN/m^2 的工业房屋楼面活荷载应取 1.3，其他情况应取 1.4；

γ_{L_i}——第 i 个可变荷载考虑设计使用年限的调整系数，其中当 $i=1$ 时为主导可变荷载 Q_1 考虑设计使用年限的调整系数；

$S_{G_j k}$——按第 j 个永久荷载标准值 G_{jk} 计算的荷载效应值；

$S_{Q_i k}$——按第 i 个可变荷载标准值 Q_{ik} 计算的荷载效应，其中 $i=1$ 为诸可变荷载效应中起控制作用者；

ψ_{c_i}——第 i 个可变荷载 Q_i 的组合值系数；

m——参与组合的永久荷载数；

n——参与组合的可变荷载数。

2）由永久荷载效应控制的组合设计值，应按下式进行计算：

$$S_d = \sum_{j=1}^{m} \gamma_{G_j} S_{G_j k} + \sum_{i=1}^{n} \gamma_{Q_i} \gamma_{L_i} \psi_{c_i} S_{Q_i k} \tag{3.2.3.2}$$

注：1. 基本组合中的效应设计值仅适用于荷载与荷载效应为线性的情况；

2. 当对 S_{Q_1k} 无法明显判断时，应轮次以各种可变荷载效应作为 S_{Q_1k}，并选其中最不利的荷载组合的效应设计值。

3.2.4 基本组合的荷载分项系数，应按下列规定采用：

1）永久荷载的分项系数应符合下列规定：

①当其效应对结构不利时，对由可变荷载效应控制的组合，应取 1.2；对由永久荷载效应控制的组合，应取 1.35；

②当其效应对结构有利时，不应大于 1.0。

2）可变荷载的分项系数应符合下列规定：

①对标准值大于 4 kN/m² 的工业房屋楼面结构的活荷载，应取 1.3。

②其他情况，应取 1.4。

3）对结构的倾覆、滑移或漂浮验算，荷载的分项系数应满足有关建筑结构设计规范的规定。

5.1.1 民用建筑楼面均布活荷载的标准值及其组合值系数、频遇值系数和准永久值系数的取值，不应小于表 5.1.1 的规定。

表 5.1.1　民用建筑楼面均布活荷载标准值及其组合值、频遇值和准永久值系数

项次	类别	标准值 $(\mathrm{kN/m})^2$	组合值系数 Ψ_c	频遇值系数 Ψ_f	准永久值系数 Ψ_q
1	(1)住宅、宿舍、旅馆、办公楼、医院病房、托儿所、幼儿园	2.0	0.7	0.5	0.4
	(2)试验室、阅览室、会议室、医院门诊室	2.0	0.7	0.6	0.5
2	教室、食堂、餐厅、一般资料档案室	2.5	0.7	0.6	0.5
3	(1)礼堂、剧场、影院、有固定座位的看台	3.0	0.7	0.5	0.3
	(2)公共洗衣房	3.0	0.7	0.6	0.5
4	(1)商店、展览厅、车站、港口、机场大厅及其旅客等候室	3.5	0.7	0.6	0.5
	(2)无固定座位的看台	3.5	0.7	0.5	0.3
5	(1)健身房、演出舞台	4.0	0.7	0.6	0.5
	(2)运动场、舞厅	4.0	0.7	0.6	0.3

续表

项次	类别			标准值 $(kN/m)^2$	组合值系数 Ψ_c	频遇值系数 Ψ_f	准永久值系数 Ψ_q
6	(1)车库、档案室、贮藏室			5.0	0.9	0.9	0.8
6	(2)密集柜书库			12.0	0.9	0.9	0.8
7	通风机房、电梯机房			7.0	0.9	0.9	0.8
8	汽车通道及停车库	(1)单向板楼盖(板跨不小于2 m)和双向板楼盖(板跨不小于3 m×3 m)	客车	4.0	0.7	0.7	0.6
8	汽车通道及停车库	(1)单向板楼盖(板跨不小于2 m)和双向板楼盖(板跨不小于3 m×3 m)	消防车	35.0	0.7	0.5	0.0
8	汽车通道及停车库	(2)双向板楼盖(板跨不小于6 m×6 m)和无梁楼盖(柱网尺寸不小于6 m×6 m)	客车	2.5	0.7	0.7	0.6
8	汽车通道及停车库	(2)双向板楼盖(板跨不小于6 m×6 m)和无梁楼盖(柱网尺寸不小于6 m×6 m)	消防车	20.0	0.7	0.5	0.0
9	厨房	(1)餐厅		4.0	0.7	0.7	0.7
9	厨房	(2)其他		2.0	0.7	0.6	0.5
10	浴室、厕所、盥洗室:			2.5	0.7	0.6	0.5
11	走廊、门厅	(1)宿舍、旅馆、医院病房、托儿所、幼儿园、住宅		2.0	0.7	0.5	0.4
11	走廊、门厅	(2)办公楼、教室、餐厅、医院门诊部		2.5	0.7	0.6	0.5
11	走廊、门厅	(3)消防疏散楼梯,其他民用建筑		3.5	0.7	0.5	0.3
12	楼梯	(1)多层住宅		2.0	0.7	0.5	0.4
12	楼梯	(2)其他民用建筑		3.5	0.7	0.5	0.3
13	阳台	(1)可能出现人员密集的情况		3.5	0.7	0.6	0.5
13	阳台	(2)其他		2.5	0.7	0.6	0.5

注:①本表所给各项活荷载适用于一般使用条件,当使用荷载较大或情况特殊时,应按实际情况采用。

②第6项书库活荷载当书架高度大于2 m时,书库活荷载尚应按每米书架高度不小于2.5 kN/m^2 确定。

③第8项的客车活荷载,仅适用于停放载人少于9人的客车;消防车活荷载是适用于满载总量为300 kN的大型车辆;当不符合本表的要求时,应将车轮的局部荷载按结构效应的等效原则,换算为等效的均布荷载。

④第8项消防车活荷载,当双向板楼盖板跨为3 m×3 m~6 m×6 m时,应按跨度线性插值确定。

⑤第12项楼梯活荷载,对预制楼梯踏步平板,尚应按比例1 .5 kN集中荷载验算。

⑥本表各项荷载不包括隔墙自重和二次装修荷载;对固定隔墙的自重应按恒荷载考虑,当隔墙位置可灵活自由布置时,非固定隔墙的自重应取不小于1/3每延米长墙重(kN/m)作为楼面活荷载的附加值(kN/m^2)计入,且附加值不小于1.0 kN/m^2。

5.1.2 设计楼面梁、墙、柱及基础时,本规范表5.1.1中的楼面活荷的标准值的折减系数取值不应小于下列规定:

(1)设计楼面梁时:

1)第1(1)项当楼面梁从属面积超过25 m^2 时,应取0.9;

2)第1(2)~7项当楼面梁从属面积超过50 m^2 时,应取0.9;

3)第 8 项对单向板楼盖的次梁和槽形板的纵肋取 0.8；

对单向板楼盖的主梁取 0.6；对双向板楼盖的梁取 0.8；

4)第 9 ~ 13 项应采用与所属房屋类别相同的折减系数。

(2)设计墙、柱和基础时：

1)第 1(1)项应按表 5.1.2 规定采用；

2)第 1(2) ~ 7 项应采用与其楼面梁相同的折减系数；

3)第 8 项的客车，对单向板楼盖取 0.5；对双向板楼盖和无梁楼盖取 0.8；

4)第 9 ~ 13 项应采用与所属房屋类别相同的折减系数。

注：楼面梁的从属面积应按梁两侧各延伸二分之一梁间距的范围内的实际面积确定。

表 5.1.2　活荷载按楼层数的折减系数

墙、柱和基础计算截面以上的层数	1	2 ~ 3	4 ~ 5	6 ~ 8	9 ~ 20	> 20
计算截面以上各楼层活荷载总和的折减系数	1.00 (0.90)	0.85	0.70	0.65	0.60	0.55

注：当楼面梁的从属面积超过 25 m^2 时，采用括号内的系数。

5.3.1 房屋建筑的屋面，其水平投影面上的屋面均布活荷载的标准值及其组合值系数、频遇值系数和准永久值系数的取值，不应小于表 5.3.1 的规定。

表 5.3.1　屋面均布活荷载标准值及其组合值系数、频遇值系数和准永久值系数

项次	类　别	标准值/($kN \cdot m^{-2}$)	组合值系数 Ψ_c	频遇值系数 Ψ_f	准永久值系数 Ψ_q
1	不上人的屋面	0.5	0.7	0.5	0.0
2	上人的屋面	2.0	0.7	0.5	0.4
3	屋顶花园	3.0	0.7	0.6	0.5
4	屋顶运动场地	3.0	0.7	0.6	0.4

注：①不上人的屋面，当施工荷载或维修荷载较大时，应按实际情况采用；对不同结构应按有关设计规定采用，但不得低于 0.3 kN/m^2。

②当上人的屋面兼作其他用途时，应按相应楼面或荷载采用。

③对于因屋面排水不畅、堵塞等引起的积水荷载，应采取构造措施加以防止；必要时，应按积水的可能深度确定屋面活荷载。

④屋顶花园活荷载不应包括花圃土石等材料自重。

5.5.2 楼梯、看台、阳台和上人屋面等的栏杆活荷载标准值，不应小于下列规定：

1)住宅、宿舍、办公楼、旅馆、医院、托儿所、幼儿园，栏杆顶部的水平荷载应取 1.0 kN/m；

2)学校、食堂、剧场、电影院、车站、礼堂、展览馆或体育场，栏杆顶部的水平荷载应取 1.0 kN/m，竖向荷载应取 1.2 kN/m，水平荷载和竖向荷载应分别考虑。

6.1.1 吊车竖向荷载标准值，应采用吊车的最大轮压或最小轮压。

6.1.2 吊车纵向和横向水平荷载，应按下列规定采用：

1)吊车纵向水平荷载标准值,应按作用在一边轨道上所有刹车轮的最大轮压之和的10%采用;该项荷载的作用点位于刹车轮与轨道的接触点,其方向与轨道方向一致。

2)吊车向横水平荷载标准值,应取横行小车重量与额定起重量之和的百分数,并乘以重力加速度,吊车横向水平荷载标准值的百分数应按表6.1.2采用。

表6.1.2　吊车横向水平荷载标准值的百分数

吊车类型	额定起重量	百分数/%
软构吊车	≤10	12
	16 ~ 50	10
	≥75	8
硬钩吊车	—	20

3)吊车横向水平荷载应等分于桥架两端,分别由轨道上的车轮平均传自轨道,其方向与轨道垂直,并应考虑正反两个方向的刹车情况。

注:①悬挂吊车的水平荷载应由支撑系统承受;设计该支撑系统时,尚应考虑风荷载与悬挂吊车的水平荷载的组合;

②手动吊车及电动葫芦可不考虑水平荷载。

6.2.1 计算排架考虑多台吊车竖向荷载时,对单层吊车单跨厂房的每个排架,参与组合的吊车台数不宜多于2台;对单层吊车多跨厂房的每个排架,不宜多于4台。对双层吊车的单跨厂房宜按上层和下层分别不多于2台进行组合;对双层吊车的多跨厂房宜按上层和下层分别不多于4台进行组合,且当下层吊车满载时,上层吊车应按空载计算;上层吊车满载时,下层吊车不应计入。考虑多台吊车水平荷载时,对单跨或多跨厂房的每个排架,参与组合的吊车台数不应多于2台。

注:当情况特殊时,应按特殊情况考虑。

参考文献

[1] 曹屹立,等. AutoCAD 2008 建筑设计典型案例详解[M]. 北京:机械工业出版社,2008.

[2] 张云杰. AutoCAD 2007 从入门到精通[M]. 北京:电子工业出版社,2007.

[3] 王玉琨,任卫红. CAD 二次开发技术及其工程应用[M]. 北京:清华大学出版社,2008.

[4] TSSD2014 使用手册. 北京探索者软件技术有限公司. 2014.

[5] 天正 2014 使用手册. 天正公司. 2014.

[6] 李星容,张守斌. PKPM 结构系列软件应用与设计实例[M]. 北京:机械工业出版社,2007.

[7] 梁峰,张叙. 框架结构(结构专业)施工图设计实例[M]. 北京:中国建筑工程出版社,2007.

[8] PMCAD S-1 (2) 结构平面 CAD 软件用户手册及技术条件. 中国建筑科学研究院 PKPM CAD 工程部. 2014.

[9] SATWE S-3 多层及高层建筑结构空间有限元分析与设计软件(墙元模型)用户手册及技术条件. 中国建筑科学研究院 PKPM CAD 工程部. 2014.

[10] STS 钢结构 CAD 软件用户手册. 中国建筑科学研究院 PKPM CAD 工程部,2014.

[11] JCCAD S-5 独基、条基、钢筋混凝土地基梁、桩基础和筏板基础设计软件用户手册及技术条件. 中国建筑科学研究院 PKPM CAD 工程部. 2014.

[12] LTCAD S-4 (1). 普通楼梯及异形楼梯 CAD 软件用户手册及技术条件. 中国建筑科学研究院 PKPM CAD 工程部. 2014.

[13] 陈岱林,金新阳,张志宏. 钢筋混凝土构件设计原理及算例[M]. 北京:中国建筑工程出版社,2006.

[14] 陈岱林,李云贵,魏文郎. 多层及高层结构 CAD 软件高级应用[M]. 北京:中国建筑工程出版社,2006.

[15] 张宇鑫,刘海成,张星源. PKPM 结构设计应用[M]. 上海:同济大学出版社,2010.

[16] 李永康,马国祝. PKPM2010 结构 CAD 软件应用与结构设计实例[M]. 北京:机械工业出版社,2012.

[17] 中华人民共和国住房和城乡建设部(GB 50068—2001)建筑结构可靠度设计统一标准[S].北京:中国建筑工业出版社,2009.
[18] 中华人民共和国住房和城乡建设部(GB 50223—2008)建筑工程抗震设防分类标准[S].北京:中国建筑工业出版社,2008.
[19] 中华人民共和国住房和城乡建设部(GB 50009—2012)建筑结构荷载规范[S].北京:中国建筑工业出版社,2012.
[20] 中华人民共和国住房和城乡建设部(GB 50011—2010)建筑抗震设计规范[S].北京:中国建筑工业出版社,2010.
[21] 中华人民共和国住房和城乡建设部(GB 50007—2011)建筑地基基础设计规范[S].北京:中国建筑工业出版社,2012.
[22] 中华人民共和国住房和城乡建设部(GB 50010—2010)混凝土结构设计规范[S].北京:中国建筑工业出版社,2010.
[23] 中华人民共和国住房和城乡建设部(GB 50017—2003)钢结构设计规范[S].北京:中国计划出版社,2003.
[24] 中华人民共和国行业标准.JTG D60—2004 公路桥涵设计通用规范[S].北京:人民交通出版社,2004.
[25] 中华人民共和国行业标准.JTG D62—2004 公路钢筋混凝土及预应力混凝土桥涵设计规范[S].北京:人民交通出版社,2004.
[26] 中华人民共和国行业标准.JTG B01-2003 公路工程技术标准[S].北京:人民交通出版社,2003.
[27] 北京迈达斯技术有限公司.Midas Civil 使用说明.2014.
[28] 北京迈达斯技术有限公司.分析设计原理. 2014.
[29] 刘美兰.Midas Civil 在桥梁结构分析中的应用(一)[M].北京:人民交通出版社.2013.
[30] 周水兴,王小松,田维锋,等.桥梁结构电算—有限元分析方法及其在 MidasCivil 中的应用[M].北京:人民交通出版社,2013.